建筑设备系统全过程调试技术指南
——Commissioning

曹 勇 徐 伟 主编

中国建筑工业出版社

图书在版编目（CIP）数据

建筑设备系统全过程调试技术指南——Commissioning/
曹勇，徐伟主编. —北京：中国建筑工业出版社，2013.3
ISBN 978-7-112-15281-0

Ⅰ.①建… Ⅱ.①曹… ②徐… Ⅲ.①房屋建筑设
备-设备管理-指南 Ⅳ.①TU8-62

中国版本图书馆 CIP 数据核字（2013）第 054256 号

　　本书是一本系统地介绍了建筑设备系统全过程调试技术（Commissioning）的著作，包括 Commissioning 技术体系的研究进展；系统调试项目管理体系及文件，专项调试技术，系统联合调试技术与验收，系统调试培训；最新空调系统检测方法及技术发展状况；空调系统调试案例等内容。

　　该书可供建筑设备系统调试的相关工程技术人员、科研人员以及第三方检测和 LEED 认证咨询人员学习使用。同时对高等院校建筑环境与设备工程专业的教师、研究生及其本科生对实际工程问题的理解和了解也是一本很好的参考读物。

＊　　＊　　＊

责任编辑：石枫华
责任设计：张　虹
责任校对：陈晶晶　王雪竹

建筑设备系统全过程调试技术指南
——Commissioning
曹　勇　徐　伟　主编
＊
中国建筑工业出版社出版、发行（北京西郊百万庄）
各地新华书店、建筑书店经销
北京红光制版公司制版
北京建筑工业印刷厂印刷
＊
开本：787×960 毫米　1/16　印张：16¾　字数：328 千字
2013 年 5 月第一版　　2013 年 5 月第一次印刷
定价：**48.00** 元
ISBN 978-7-112-15281-0
　　　（23204）

本书编委会

主　　编：曹勇　徐伟

编委会成员：宋业辉　刘　辉　牛利敏　魏　峥

　　　　　　于　丹　刘　刚　郎麒麟　廖　滟

　　　　　　张时聪　孟　冲　毛晓峰　喻银平

　　　　　　薛世伟　常文成　孙洪鹏

前　言

"If commissioning is not the most important topic in ASHRAE，it's probably close"，这是《ASHRAE Journal》主编 Fred Turner 在 2010 年 12 月美国供暖、制冷与空调工程师学会全年总结评论的开头语，笔者认为这也是作为本书前言的最好开篇语。Commissioning 这个词将其含义正确翻译成中文还是存在一定的难度，对于等同我国建筑"全过程调试"的准确定义还存在不小的争议。其实质是管理和技术体系，通过在设计、施工、验收和运行维护阶段的全过程监督和管理，保证建筑能够按照设计和用户的使用要求，实现安全、高效的运行和控制，避免由于设计缺陷、施工质量和设备运行问题，影响建筑的正常运行。Commissioning 作为一种质量保证工具，包括调试和优化两重内涵，是保证新建建筑系统质量和能够实现既有建筑系统优化运行的重要环节。

随着我国建筑市场的快速发展，建筑类型和功能的多样化成为主要特点，建筑设备系统的复杂性不断增强，同时设备系统同各专业之间的耦合性也越来越紧密。现在，各专业技术人员已逐步认识到，决定建筑设备系统运行是否良好的技术关键是设备系统调试。

在管理体系方面，传统的工程建设体制是由设计院设计、业主订货、施工安装等多方构成，在工程建设环节上没有 Commissioning 的制度设置，也没有这方面的财务预算，因此在空调设备、电气、控制专业结合的分界面上经常出现脱节、管理混乱、联合调试相互扯皮、调试困难的现象，经常造成"节能系统不节能"的现象，传统的设备系统管理体系已不能满足现在复杂、多功能和多专业系统调试要求。必须建立新的、适宜的、先进的调试体系及技术方法。

在技术体系方面，欧美一些发达国家，已经将系统调试独立成立技术体系，已颁布专门针对系统调试的标准，成立专门的调试技术协会组织，并每年进行系统调试年会交流，形成了较为完整的过程控制技术体系。Commissioning 作为美国绿色建筑 LEED 认证的必要条件。然而，在我国长期以来关于系统调试的理解仅限于风水系统平衡的调试（TAB，Testing，Adjust and Balancing）或系统试车运行，在现行的标准规范中对于系统调试的具体要求没有明确说明和实施方法，更多的是强调结果的要求，对系统调试的理解具有一定的局限性。

在建筑节能工作不断深入的今天，Commissioning 系统调试不但对实现楼宇机电系统的正常可靠运行起到至关重要的作用，更重要的是实现建筑有效节能的关键措施，欧美发达国家在这方面取得的经验值得我们借鉴，我们非常需要尽快建立起 Commissioning 的管理和技术体系，务实地推进建筑节能工作。

本书的编者们长期从事工程测评和系统调试工作，具有扎实的专业基础知识和丰富的工程实践经验，承担了科技部国际科技合作课题——中美清洁能源合作研究中心建筑节能项目（CERC/BEE）中的课题"先进建筑设备系统技术的适应性研究和示范"，本书是该项课题的研究成果之一。本书的出版，得到了 CERC/BEE 项目中美有关专家的大力支持和帮助。课题原定本书题目为《适合中国国情的空调系统指南》，由于该题目时效性强，经与项目承担单位协商，将本书题目最终定为《建筑设备系统全过程调试技术指南——Commissioning》。

本书各章节作者分别是：第 1 章：徐伟、曹勇、刘刚、刘辉；第 2 章：曹勇、郎麒麟、牛利敏；第 3 章：曹勇、郎麒麟、魏峥；第 4 章：廖滟、宋业辉、喻银平；第 5 章：廖滟，喻银平，孟冲；第 6 章：魏峥、张时聪、曹勇、牛利敏、薛世伟、常文成；第 7 章：于丹、毛晓峰、孙洪鹏、曹勇；第 8 章：徐伟、曹勇、刘辉、刘刚、魏峥。

全书由徐伟和曹勇统稿，徐伟对各章节做了详尽的校阅、修改和补充。内容集成了编者们在实际项目和研究过程中的研究成果。但因时间仓促，有一些设想和内容来不及准备和完善，未能在本书中体现，对此感到遗憾，待以后进一步补充提高。因编者水平有限，书中难免有错误和不妥之处，敬请批评指正。

Commissioning 在我国是一个全新的调试技术领域，本书在该领域的开拓和工程实践中刚走出了第一步，诚挚地期盼读者们能对本书的内容提出批评和建议，并通过大家的工程实践充实和丰富调试技术体系，在 Commissioning 技术的基础上，形成适合我国的先进的建筑设备全过程系统调试技术体系。

目　　录

Contents

第1章 绪 论

1.1 介绍

建筑行业中的 Commissioning（以下简称 Cx），源于欧美发达国家，属于北美建筑行业成熟的管理和技术体系。通过在设计、施工、验收和运行维护阶段的全过程监督和管理，保证建筑能够按照设计和用户的要求，实现安全、高效的运行和控制，避免由于设计缺陷、施工质量和设备运行问题，影响建筑的正常运行，甚至造成系统的重大故障。Cx 作为一种质量保证工具，包括调试和优化双重内涵，是保证建筑系统能够实现优化运行的重要环节。

调试过程是以业主、设备工程师、设计师、承包商和建筑工程师、操作人员和维护方对他们工作的质量完全负责为前提。调试的实施是一个质量指向型的过程，调试是为了完成、确认和记录设备、系统和配件的运行情况是否满足既定的目标和标准。既定的目标和标准一般被称为业主的项目要求（OPR，Owner's Project Requirement）。调试工作过程使用业主项目要求来作为验收设计的参照。

建筑 Cx 尽管在国外不是一个全新的概念，但将其含义正确翻译成中文还是存在一定的难度，对于等同我国建筑调试的准确定义还存在不小的争议。这是因为关于建筑调试的实践已经在近些年发生了极大的变化。在最初，建筑调试是作为一个质量控制和检查的工作出现的，与暖通系统的测试与平衡（TAB，Testing，Adjust and Balancing）相同。这个过程包括某些在工程收尾时开展的工作，主要包括测试、调整、平衡和向业主移交。

然而，这种狭义上调试的定义很快就发生了改变。调试经验表明，许多建筑系统的问题出现在工程项目的早期阶段。所以，当 ASHRAE（美国采暖，制冷与空调工程师学会）在 1989 年颁布它的第一版调试指南时，就将调试作为一个独立的过程，开始于设计阶段，并且用文件记录了暖通系统的性能状况，使其符合设计意图。

1.2　Cx 的内涵

Cx 一般始于方案设计阶段，贯穿图纸设计、施工安装、单机试运转、性能测试、运行维护和培训各个阶段，确保设备和系统在建筑整个使用过程中能够实现设计功能。

ASHRAE 指南 1—1996 中将 Cx 定义为："以质量为向导，完成、验证和记录有关设备和系统的安装性能和质量，使其满足标准规范要求的一种工作程序和方法。"或定义为："一种使得建筑各个系统在方案设计、图纸设计、安装、单机试运转、性能测试、运行和维护的整个过程中确保能够实现设计意图和满足业主使用要求的工作程序和方法。"

1992 年第一届全美建筑调试年会上，主要的调试工作的倡导者——波特兰节能股份有限公司（PECI）把调试定义为："一个系统的过程——始于设计阶段，至少一直持续到项目收尾工作后一年，且包括操作人员的培训——需要确保所有的建筑的系统之间的相互作用符合业主的使用要求和设计师的设计意图。"

这个定义介绍了从传统建筑调试观念的两个主要转变：第一，建筑调试的范围重点延伸到了建筑系统的整体性能以及他们之间的互相作用的整体情况。作为对立面的传统的建筑调试过程只包括了暖通空调系统。第二个转变比第一个更为重要，它将建筑调试作为一种质量保证工具。即建筑调试被定义为一系列跨越整个工程项目周期的工作，它的目的是确保在整个过程中的每个阶段都要符合设计意图和满足业主的项目需求。

建筑调试从这个角度被定义为包括两个步骤的过程。第一，业主的项目要求在工程项目的初期阶段以文件形式进行明确的记录。第二，从设计阶段开始，并且一直持续至使用阶段，经常对工程进行检查和测试，确保可以满足业主的要求。

近年来，建筑调试的全面质量管理观念在建筑工业领域呈现了强劲的发展势头。建筑调试更是被认为一种综合性的工作，确保建筑整体满足用户的需求。尽管实施全面综合调试过程的例子在现实中并不存在，但是调试工作正在被越来越多的应用在包括暖通系统在内的各种建筑系统的质量保证工作中。

一直以来，调试主要是针对暖通空调系统。现在，业主提出更多的系统需要调试。广义的 Cx 包括建筑材料、围护结构、垂直和水平运输系统、景观和机电系统等。目前 Cx 在建筑机电系统中的应用较为常见，主要包括暖通空调系统、电气系统、给水排水系统、消防系统、智能建筑系统（广播影视系统、通信系统、控制系统、安防系统）等。但有过调试应用实例的建筑系统包括：建筑外围护结构；通信系统；消防系统和安保系统。具体的范围会有所不同，但各种系统的 Cx 具备通用的工作思路。

为了满足业主的使用要求，一般将 Cx 的整个过程分解为若干阶段进行过程控制，每个阶段设置一套科学合理，规范易行的工作程序。按照各个阶段的程序要求认真地执行，其结果必定能够满足相关规范和标准的要求，并满足业主的使用要求。

机电系统 Cx 含义的要点归纳为三点：

(1) Cx 是一种过程控制的程序和方法；

(2) Cx 的目标是对质量和性能的控制；

(3) Cx 的重点从设备扩充到系统及各个系统之间。

1.3 Cx 的发展历史与演化

1.3.1 Cx 的历史由来

历史上，"调试"一词最早是指海军舰艇建造完成后，在加入战备值班之前所需要的一系列操作活动，确保舰船不会在值班时遇到任何操作上的错误。有两层含义：一是指舰船设备不会出问题；二是指操作人员的培训良好，才会出现错误操作问题。

建筑的 Cx 的概念可以追溯到 20 世纪 50～60 年代能源危机的欧洲。Cx 最初是作为质量控制和检查工作出现的，与暖通系统的测试与平衡（TAB）的含义相同。

北美地区第一个调试工作是 20 世纪 70 年代加拿大进行的阿尔伯塔省公共工程供应和服务（APWSS）项目中的系统试运转。

20 世纪 80～90 年代，建筑 Cx 在美国开始呈现出发展的势头。第一个主要的 Cx 工程项目是在 1981 迪斯尼位于佛罗里达州的 15Epcot 工厂。

1984 年，美国威斯康星大学麦迪逊分校开始开设有关调试的课程。

1989 年，美国采暖，制冷与空调工程师学会（ASHRAE）出版了有关暖通空调系统调试的第一本指南。并于 90 年代中期开始召开建筑 Cx 专业发展年会。

1989 年，在马里兰州蒙哥马利郡，当地政府将 ASHRAE 的调试指导方针整合到一个被称为建设质量控制（CQC）的全面质量计划中。

高等教育设施人员协会（The Association of Higher Education Facilities Officers）是早期开展 Cx 研究工作的单位之一，在 20 世纪 90 年代早期召开了建筑 Cx 学术研讨会，并于 1996 年出版了第一版的 Cx 著作。

90 年代后期，建筑调试协会（The commissioning Association）为了促进行业的发展，开设了专门的建筑 Cx 服务培训课程。

建筑调试正呈指数型增长。建筑调试正在很大范围的设施调试中迅速发展成为一种标准的做法，包括（但不限于）数据中心，图书馆、实验室，学校，医院、科研机构和办公大楼。

1.3.2　在国外的发展

Cx 的重要性在美国等发达国家已得到充分重视，已成为建筑节能的一个重要手段，相应的研究工作已开展 10 多年。美国采暖，制冷与空调工程师学会（ASHRAE）、美国环境平衡局（NEBB）、波特兰节能研究所和美国建筑系统调试协会都在此方面进行了大量研究和工程实践，制订了相对完善的标准与规范，包括主要设备如制冷机、锅炉、冷却塔、水泵、空调机组的调试流程，同时也包括空调水系统、风系统、生活热水、自控系统等子系统的调试流程。Cx 已经成为美国建筑管理体系的重要环节，是 LEED 认证的必要条件，也成为多个重大国家项目提高建筑环境质量的主要组成部分。

Cx 在美国也越来越得到联邦政府的关注。美国 1992 年颁布的能源政策法案为建筑调试在建筑设施中的应用起到极大的推动作用。这项法规要求联邦各部门负责人都采取必要步骤，以确保联邦新建建筑物都符合或者优于美国能源部（DOE）颁布的联邦能源标准。

美国总务管理局（GSA）和美国国家航空航天局（NASA）明确其所有新建建筑和主要的改造项目都要进行 Cx 过程作为工程质量的保证手段。美国总务管理局（GSA）规定，从 2006 年开始，所有新建建筑和主要的改造项目都要采用一定形式的总建筑调试作为工程质量的保证工具。

美国佐治亚州经济和投资委员会于 2002 年 9 月出版了临时的推荐性的建筑 Cx 指南。

美国加利福尼亚州于 2006 年推出了新建建筑和既有建筑 Cx 指南，并在全州进行应用。

美国德克萨斯州农机大学在持续性调试（Ongoing Commissioning）基础上提出了建筑暖通空调系统调试的 Continuous Commissioning 概念，并进行了商标注册。

目前美国的零售业巨头沃尔玛，正在它所有的新设施中执行建筑调试。

总部设于加拿大多伦多四季酒店集团（Four Seasons Hotel）也将 Cx 应用在它全球的所有酒店建设与管理中，并制订自己的相关调试管理标准。

在日本，对建筑空调系统进行 Cx 的意识变得越来越普遍，并且不断得到强化。同时越来越多的实际建筑空调系统 Cx 过程作为工程实例得到实施。此外，到 2006 年 4 月为止，对空调系统主要的耗能部件，如空气处理机组、冷水机组、热泵系统等进行性能测试，已经成为其国内节约能源法的强制性政策。

Nakahara 介绍了在 Pre-Cx 指导方针的指导下所开展的空调系统 Cx 的相关实践活动，以及在 Pre-Cx 和 CC 工作中的一些经验。介绍了在 Annex40 和日本 Cx 指导方针委员会所确定的空调系统 Cx 进程的指导原则。Nakahara 综述了 Cx 在日本和亚洲国家的开展情况，并将其与美国和英国的发展状况进行了对比，同时还介绍了 Annex 40 项目的工作进展。

东京大学的 Fulin Wang 及 Harunori Yashida 等对日本 yamatake 建筑设备公司的一幢办公建筑 VAV 空调风系统进行了一系列的试验测试，对系统 CC 特性进行了研究。通过对系统的设置，利用 BEMS 系统进行运行数据的记录及对试验结果进行分析，从而对持续 CC 能够改善系统运行特性的功能进行了验证。并且开发了一套新的基于模型的 Cx 方法，该方法可以对建筑通风系统排风热回收换热器进行性能研究与验证。通过对可能出现的错误特性与实际安装的板式换热器的热回收设备的特性进行比较，对使用中的设备进行 Cx 诊断，从而验证了该 Cx 方法的可靠性和可信度。

韩国已经完成了若干个空调系统的 Cx 工程，但是还没有从最初规划阶段就开始的"整体建筑 Cx 工程"。韩国能源研究组织与 TAB 协作确立了空调系统 Cx 过程及其指导原则，但是还没有被空调与制冷工程师协会认可。目前韩国政府还没有成立关于 Cx 过程的组织，Cx 程序还没有合法化。推广 Cx 观念在韩国还需要一定的时间。

1.3.3 国内的发展

中国香港地区在 20 世纪 80 年代早期，业内已经接受了 Cx 的概念。2001 年建筑业评估委员会提出了修订建设程序与质量控制的建议。一些工程技术人员、高校学术机构的研究人员、承包者及供应商就建筑的一些 Cx 问题进行了广泛的讨论，提出了适合当地建筑的 Cx 方法。2002 年成立了香港建筑 Cx 中心（HK-BCxC），其主要是为了建立一套更完善的建筑 Cx 方法，更好地促进建筑 Cx 的实际应用。目前 HKBCxC 正在继续研究实施系统 Cx 的方法和应用。

空调系统 Cx 的思想和方法在国内的正式引入始于 20 世纪 90 年代清华大学与日本的 Nakahara 的交流与合作。

清华大学朱颖心、夏春海等与日本山武公司合作，以北京某高档写字楼变风量空调系统改造工程为对象，较为全面地对其实施了既有建筑空调系统改造 Cx 过程，并以此为例，在国内详细介绍了既有建筑空调系统实施 Cx 的步骤及实施过程中业主、咨询方、控制公司和设计单位的相互关系，从能耗状况出发分析了变风量空调系统 Cx 的实施效果，并在实测分析的基础上提出了对该工程进行进一步 Cx 的必要性，从中总结了对既有建筑空调改造工程开展 Cx 的方法。

由于经济的快速发展，中国每年新建包括酒店、办公楼、医院、商场等大量公共建筑，但大部分存在运行能耗高、维护费用大、建筑寿命短的特点。但是，我国对暖通空调系统优化调试的重要性尚未引起足够重视，仅由施工单位在项目竣工时进行简单的调试。Cx 已经引起国内建筑行业的重视，但缺乏相应的标准规范进行指导。有关"COMMISSIONING"概念还未被广泛接收，也未建立相应的技术规范，急需在此方面开展研究。

自 2008 年开始，中国建筑科学研究院在暖通空调系统的 Cx 方面展开了研究、应用和积累。2010 年以国外标准规范为指导，结合自身的研究积累，完成了国内第一个机电系统 Cx 项目——杭州西子湖四季酒店。以后陆续完成了北京四季世家公寓、淄博市运动员公寓项目。目前与加拿大四季酒店集团展开合作，正在开展广州国际金融中心、北京四季酒店机电系统的 Cx 工作。

2011 年，中国科技部、国家能源局和美国能源部共同成立的中美清洁能源联合研究中心建筑节能合作项目——"先进建筑设备系统技术的适应性研究和示范课题"已经顺利启动，建筑暖通空调系统的 Cx 是该课题的主要组成部分。

1.4 Cx 的发展与演化

1.4.1 种类与含义

随着建筑调试背后引申概念的演变，实践做法本身已经演变成几个分支。每个分支涉及到有关调试过程的观念。因此，描述每个做法，并且确定调试工程对本文研究的主题是很重要的。

为了应对关于调试的多个名词带来的混淆，ASHRAE 在 0－2005 调试过程指南中对其作出明确定义，并给出了其他几个相关名词的定义。

表 1-1 列举了目前 Cx 的主要几种类型：

虽然每种调试的特定细节不同，但核心概念基本相同：

(1) 确定工作意图，对如何确定这些目标已经被满足达成一致意见；

(2) 通过早期介入和检测来核查过程中的质量控制。这种方法适用于工程的施工和设计阶段；

(3) 培训操作人员；

(4) 制定维护条款；

（5）效益的量化。

Cx 的种类和含义   表 1-1

新 建 建 筑	既 有 建 筑
Commissioning（Cx） 　这是最常见的新建建筑的调试类型。在这个工作过程中，建筑的某些特定系统（如常见的机电系统、暖通空调系统）将通过 Cx 过程，记录设备及其所有子系统和配件的方案、设计、安装、测试、执行以及维护是否能达到业主项目需求（OPR）	Retro-Commissioning（Retro-Cx） 　既有建筑调试。对于没有进行过 Cx 的既有建筑进行 Cx 的过程。在这个过程中，对目前建筑各个系统进行详细的诊断，修改和完善、解决其存在的问题，降低建筑能耗，提高整个建筑运行状况。Retro-Cx 主要是关注运行维护（O&M）中的问题，并通过简单有效的措施来解决问题
Commissioning（Cx） 　这是最常见的新建建筑的调试类型。在这个工作过程中，建筑的某些特定系统（如常见的机电系统、暖通空调系统）将通过 Cx 过程，记录设备及其所有子系统和配件的方案、设计、安装、测试、执行以及维护是否能达到业主项目需求（OPR）	Re-Commissioning（Re-Cx） 　周期性调试。它是指对已经做过调试的工程进行周期性调试。在这个过程中，对目前的建筑问题进行详细的诊断。这一诊断结果将会被用来修改和完善建筑系统而且提高整个建筑运行状况。它与 Retro-Cx 的区别在于既有建筑是否进行有计划的周期性调试
Total Building Commissioning（TB-Cx） 　称作"整体建筑调试"。这个过程涉及到调试过程新的定义，主要是关注所有建筑系统的整体运行状况，如建筑外围护结构、HVAC 系统、变配电系统、火警消防系统，安保系统、通讯系统、管道系统等。它一般是在项目的早期阶段（比如方案设计阶段）就开始，一直持续到建造完工并且至少持续到移交使用后的一年	Continuous Commissioning（CC） 　连续（持续）调试。对系统在使用和运行阶段进行性能验证，以保持系统达到目前和不断发展的 OPR 的连续调试过程。持续性调试（CC）是一个持续的过程，可以解决运行中存在的问题，改善热舒适，节约能耗，并发现商业、公共建筑以及集中供热站中需要改进的设备。CC 主要关注点在于现有设备的使用状况，并致力于改善和优化建筑中所有的系统所存在的运行和控制。通过科学的测试并结合工程学的分析，从而给出了新的运行解决方案。并对方案进行整合，从而保证这些措施既适用于系统的各部分也适用于系统的整体优化，并且可以得到持续的执行

1.4.2　不同 Cx 主导模式的优缺点

　　CA（Commissioning Authority）的角色一般可由独立的第三方、业主、设计方、总承包商、分包商等进行承担。

　　1. 第三方调试

　　这是最常见的方法。业主聘请第三方顾问作为调试管理方。第三方调试的主要优势在于独立调试实体的客观性和给项目带来看问题的新角度。同时，这种调试的形式的诟病在于增加了工程项目的复杂性，以及增加了传统参与者的风险。

　　2. 业主主导的调试

　　这基本上是一个"DIY"的模式，在这种模式中，业主通过使用自己的内部技术力量来进行调试工作。在这种情况下，业主代表（也可能是建造项目的管理者）通常扮演着调试管理方的角色。在调试工作过程中，以业主为主导的调试方

7

式，主要的优势在于业主的工作人员可以积极参与进来，而这些工作人员清楚业主的项目要求。但争议在于很多情况下，缺乏调试项目所需的资源和技术知识。

3. 设计方为主导的调试

在这种模式下，调试服务会被认为是项目设计者的一项附加责任。换而言之，在这种类型的调试中，建筑师/工程师扮演调试管理方。调试工作作为现有设计合同的一部分。但更常见的是除了原有的设计合同，还需要签订一份独立的调试合同。以设计方为主导的调试工作较其他方法的优势在于设计专业人员对项目工程的已有知识的运用，以及专业设计人员熟悉设计和建造的不同过程。同时，这种方法的缺点在于设计者对自己作品开展调试工作时存在利益冲突，以及缺乏客观性。

4. 承包商为主导的调试

承包商是负责执行调试工作的。当然，调试可以是原本建造合同的一部分。但是，更常见的方法是业主与承包商之间签订一份独立的调试服务合同。以承包商为主导的调试主要优势是承包商在实施调试工作中定位明确，减少了协调方面的问题。但颇受争议是和以设计方为主导的调试一样，同样存在利益冲突，以及缺乏客观性等问题。另外，由于在传统的交付系统内，承包商在工程的早期并没有出现，所以这种方法并没有在更全面的调试类型中得到运用，例如总建筑调试。

5. 分包商为主导的调试

与承包商调试相类似，在这种方法中，不同的二级承包商都需要对调试系统负责。主要的不同点是每个二级承包商是负责调试装配在建筑中单个系统。当然，这种调试方法不可以运用于全面调试的类型中，因为二级承包商通常不会在项目工程的早期出现。另外，分包商为主导的调试限制了调试特定系统的重点，而且会破坏调试的整体性，但是它考虑所有主要的建筑系统以及它们之间的关系。

大家普遍相信由建筑师/工程师或者总承包商进行的调试服务工作会对工程项目的进展有好处，因为这些人已经有充足工程知识，而且可以将知识运用于调试工作中，来提高他们服务的质量。但依据避让利益相关方的原则，一般不能由承包商和设计方担任 CA，业主由于普遍缺乏专业技术力量，也不宜承担 CA。尽管第三方调试已在行业中被广泛应用，但是谁应该负责建筑调试仍然是一个存在争议的问题，因为每种模式都有它自身优势和缺点。

这个争议的一方面为了充分代表和维护业主的利益，调试管理方直接为业主服务。但另一方面颇受争议的是在业主与服务供应商之间已经很复杂的关系中引入另一方，将会给工程项目引入一种敌对关系，从而增加了工程的复杂性。

1.5 Cx 的支出和收益分析

1.5.1 Cx 的支出

国外工程经验表明，Cx 的支出占整个机电系统造价的 2%～5%。如果建筑的机电系统和控制逻辑较为简单，则花费将进一步降低。如果机电系统较为复杂，各个子系统之间的关系错综复杂，则 Cx 的支出可能会有所增加。机电系统建造阶段 Cx 的支出占整个 Cx 工作支出的 50%～70%左右。

Cx 的支出与建筑投入使用后增加的收益相比，也只是很小的一部分。通过机电系统的 Cx 避免了后期大量的整改工作，而且很多收益将会在建筑和机电设备的生命周期内延续。

1.5.2 Cx 的收益

波特兰能源公司自 1994 年起，通过对 175 个项目的业主进行调查得出，采取建筑 Cx 最主要的原因是确保系统的性能和降低能耗。

通过走访调查，表 1-2 总结得出了业主采取建筑 Cx 的最主要的六个原因，而表 1-3 给出了实际 Cx 工作中部分费用节省数据。

建筑 Cx 的最主要的六个原因 表 1-2

序号	原　因	所占比例
1	确保系统的性能	81%
2	节能潜力	80%
3	提高客户的满意度	53%
4	公共经费	41%
5	研究	37%
6	提高舒适性	25%

实际 Cx 工作中部分费用节省数据 表 1-3

1. 节能 20%～50%；每平方英尺节省 0.5～1.25 美元。

2. 降低维护费用 15%～35%；每平方英尺节省 0.5～1.25 美元。

3. 减少工程 2%～10%规模的返工率。

4. 消除纸面上超出的花费，确保高效的工作。

5. 降低解决问题的费用，使得设备正常运行。

注：依据建筑业主和管理者协会（BOMA）的办公建筑参考费用数据。

机电系统 Cx 的收益主要包含以下几个方面的内容：

（1）业主能够更加清楚地理解自身对机电系统的需要；业主通过设计计算说明书能够清楚地理解设计师的设计意图；通过专家的审核，能够提高 Cx 的水准和效率。

（2）尽可能减少机电系统潜在的设计问题。一方面设计师通过与业主的良好沟通，能够降低在机电设计中的设计失误和风险。另一方面 CA 可以依据 Cx 计划对设计图纸和各个分包商提交的文件进行审核，这可以发现系统设计中的潜在问题，避免以后的整改和索赔。

（3）减少安装完工时的缺陷。达到业主的既定要求。Cx 通过一系列规范而严格的检查表，能够促使各个分包商规范地进行施工，实现设计意图，早期发现错误的或是建造阶段不完善的工作。因此很多的问题可以在早期被解决，避免后期的整改。如果在竣工时还存在未能解决的问题，这部分必须是有记录的，并被明确了责任的内容。

（4）减少工期的延误。详细的 Cx 计划可以提高分包商工作的效率。在发现问题后能够迅速解决，确保工程始终按照计划进行。

（5）缩短建筑移交周期。通过机电系统 Cx 工作，建筑的机电系统运行良好，运行管理人员经过良好的培训。因此运行管理人员就能集中精力保持机电系统的正常运行，而不是去应对由于安装问题而产生的机电系统问题。

（6）最大程度的降低设计变更带来的负面影响。早期介入的机电系统 Cx 工作可以减少设计中的潜在问题，如缺少检修口、缺少 TAB 位置、缺少完善的控制逻辑等。

（7）提高室内空气品质，提高人员工作效率。

（8）通过一系列有效的检查、测试和调试，能够实现机电系统的功能；从而使机电系统良好地运行，维护和提高可靠性。增强系统的安装质量检查和功能验证水平。

（9）减少能源消耗，降低运行成本；

（10）有效地提升建筑的品质，增加建筑的价值；

（11）通过相关建造文件可以明确运行和维护工作的培训任务；通过培训增强人员的技能，提高运行和管理水平。

（12）完善的资料；移交时全面的验收测试。

1.6 Cx 的相关标准和指南

国外有关 Cx 的研究机构很多，很多地方政府也参与其中，出版了各种关于

Cx 的指南、手册和规范。其中影响较大的如下所示：

（1）ASHRAE Guideline 0－2005 The Commissioning Process；

（2）ASHRAE Guideline 1.1－2007 HVAC&R Technical Requirements for The Commissioning Process；

（3）Procedural standards for retro-Commissioning of Existing Building 2009 The 1st Edition；

（4）Procedural standards for whole building systems commissioning of new construction 2009 The 3rd Edition；

（5）ACG Commissioning Guideline 2005；

（6）Procedural standards for testing、adjusting and commissioning of environmental systems NEBB 2005 the 7th ED；

（7）HVAC System Test－Adjust－Balance；SMACNA 3rd Edition － AUGUST，2002；

（8）A practical guide for commissioning existing building Portland energy conservation Inc ，April 1999；

（9）California commissioning guide：existing buildings，2006 California commissioning collaboration；

（10）California commissioning guide：new buildings，2006 California commissioning collaboration；

为了规范建筑调试工作，ASHRAE 在 1989 年为调试暖通空调系统推出了第一本指南（后来命名为"指南 1"）。后来，在应对不断增长的在建造工程中实施总建筑调试的需求，美国建筑科学研究院（NIBS）与 ASHRAE 合作推出了一个综合性的调试指南，被称为指南 0。除了在特殊建筑系统中的应用之外，指南 0 是一个定义建筑调试过程的文件，即指南 0 定义了所有不同类型的建筑系统中，调试工作的基本步骤和内容。

在实际的工程中，指南 0 是与特定系统指南配合使用来调试一个或多个的建筑系统。各专业机构的工作组负责完善特定的系统指南，如表 1-4 所示：

各专业机构负责的系统指南

表 1-4

指　南　名　称	机　构　组　织
指南 0——综合调试指南	NIBS
指南 1—暖通制冷系统	ASHRAE
指南 2—结构系统	ASCE
指南 3—外围结构系统	BETEC

指　南　名　称	机　构　组　织
指南 4—屋面系统	NRCA
指南 5—内部系统	AWCI
指南 6—电梯系统	NEIL
指南 7—管道系统	ASPE
指南 8—照明系统	IES
指南 9—电力系统	IEEE
指南 10—消防系统	NFPA
指南 11—通信系统	TIA

　　国内目前的 Cx 工作没有专门的规范和指南，只能依照现行的设计、验收和检测规范和标准开展工作。主要的规范如表 1-5 所示：

国内机电系统主要的设计和验收规范　　　　　　　　　　表 1-5

标　准　号	标　准　名　称
GB 50736	民用建筑供暖通风与空气调节设计规范
GB 50019	采暖通风与空气调节设计规范
GB 50243	通风与空调工程施工质量验收规范
JGJ/T 177	公共建筑节能检验标准
JGJ 16	民用建筑电气设计规范
GB 50268	给水排水管道工程施工及验收规范
GB 50015	建筑给水排水设计规范
GB 50016	建筑设计防火规范
GB 50045	高层民用建筑设计防火规范
GB 50098	人民防空工程设计防火规范
GB 50411	建筑节能工程施工质量验收规范
GB 50242	建筑给水排水及采暖工程施工质量验收规范
DGT J08—802	通风与空调系统性能检测规程
JGJ/T 260—2011	采暖通风与空气调节工程检测技术规程

第2章 调试项目管理体系

空调系统是现代建筑必不可少且十分重要的系统，它包括冷热源系统、输配系统、末端系统及其控制系统，各系统相互依存形成一个复杂的整体。在空调系统设计、设备选型、安装及运行过程中，某一个环节的缺陷或不足都将造成整个空调系统不正常运行或无法达到最佳的运行状态。因此在空调系统形成的过程中，完整的过程调试是非常必要的。

调试是一个以项目质量为导向，实现、验证并记录各设备、系统及部件的最佳运行状况，以达到既定目标和标准的工作过程。

对新建建筑而言，通过全面、系统的过程调试，不仅可以充分协调、管理各环节的施工进度、及时解决施工过程中各层面出现的问题，从而保证空调系统的施工质量，同时又可以优化配置空调系统的各相关环节，使整个空调系统达到最佳状态，在满足空调系统使用要求的前提下，降低系统的运行成本，减少空调系统在整个建筑生命周期内的运营成本。一个完整的调试过程，既可以使设备达到全功能、可微调的控制，又可以获得完整的设备安装、调试、运行的过程文件，同时还能够加强运行、维护人员相应的专业化培训技能，可谓是一举多得。

对于既有建筑而言，通过调试可以掌握系统的运行情况，更新、调整系统的运行工况和参数，使得建筑空调系统持久、高效运行，同时又可以降低系统能耗，延长使用寿命。尤其是在既有建筑改造后，必须对系统重新进行调试，以取得最好的改造效果。另外，周期性调试也是既有建筑空调系统维护、保持可靠、高效运行的一个重要途径和手段。

在调试过程中，业主、设计方、总承包商、设备供应商以及运行和维护的各相关单位能够各居其位、各负其责是调试的前提，调试团队可采取合理的工作方式、方法满足业主项目要求。例如，在整个调试项目中，承包商负责施工、测试等工作，同时确保其员工的工作达到预期的质量水平；调试顾问则对承包商的工作进行随机抽样检查以满足业主项目要求，如果抽样检查中发现问题，那么承包商应对出问题部分进行核查、整改，直到解决问题。与传统的由调试单位负责全部检测工作的调试过程相比，这种调试过程更加注重以项目质量为导向，责任分明并有利于发挥团队各部分的优势，加强质量监管，保障空调系统更好的运行。

调试工作始于项目筹划初期（方案设计阶段），并贯穿于建筑的整个生命周期（运行维护阶段）。调试工作的主要目标包括以下几个方面：

（1）确保设计满足业主项目要求；

（2）保证设备的型号和性能参数符合设计要求；

（3）保证设备和系统的安装位置正确；

（4）保证设备和系统的安装质量满足相关规范的具体要求；

（5）保证设备和系统的实际运行状态符合设计要求；

（6）保证设备和系统运行的安全性、可靠性和高效性；

（7）通过向运行维护人员提供全面的质量培训及操作说明，优化运行及维护工作；

（8）通过季节性评审完成测试及验证工作。

2.1　调试项目流程

2.1.1　项目流程

新建建筑调试项目流程包含 4 个阶段：方案设计阶段、设计阶段、施工阶段和运行维护阶段。如图 2-1 所示，每一个阶段均可以成为一个独立的闭环过程，这就意味着各阶段调试工作需要经过反复的检查与整改，直至该阶段所有问题均已得到妥善解决后，方可进行下一阶段的工作。

2.1.2　各方职责

调试项目为一个多专业、多责任方相互配合的过程，建立一个统一管理的调试团队有利于调试项目各项工作顺利开展，如图 2-2 所示。一般情况下，调试团队由业主或业主代表、调试顾问、设计单位、施工单位（总承包单位）、监理单位以及各设备供应商等组成。业主方委任业主代表参加调试团队，业主代表应充分配合调试顾问的工作，协调各相关责任方的关系，全权处理调试过程中出现的各种问题。

调试顾问负责整体规划各个阶段的时间进度和工作安排，确定团队沟通制度和过程文件格式，主持日常的调试工作例会，组织各相关方进行现场检查、测试、调试等工作，提供调试过程所需检查、测试及调试的相应技术表格和操作方法，组织相关方对调试项目中出现的问题进行讨论。调试顾问在不同阶段的主要工作见表 2-1。

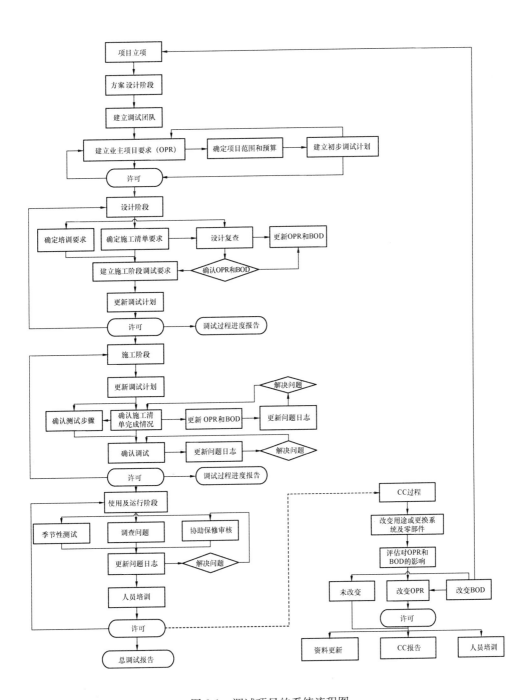

图 2-1　调试项目的系统流程图

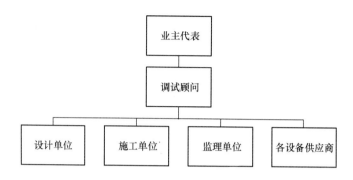

图 2-2　调试团队组织架构

各阶段调试顾问所需完成的工作　　　　　　　　　　　　表 2-1

阶段内容	方案设计阶段	设计阶段	施工阶段	交付及运行维护阶段
1	建立业主项目要求并做好相关记录	与调试团队的合作，记录业主项目要求	组织调试各小组团队成员，召开标前会议和施工前会议，会议期间应协同调试团队对调试过程要求进行复查	确认承包商进行的季度测试，以及相关时间表
2	确定调试过程的范围和预算情况	与设计人员的合作，记录设计文件	组织并召开设计相关的调试团队定期会议，确定合作范围，工作时间表以及解决的问题	确认调试的持续培训
3	建立初步的调试计划	确认设计文件符合相关的业主项目要求	与承包商合作完成施工清单并追踪清单完成情况	在保修期结束前两个月，协同运行及维护人员完成保修情况复查
4	方案设计阶段调试过程的工作许可	围绕设计、施工、运行维护阶段建立调试计划。	用统计学的方法定期抽查施工清单的完成情况，确保施工质量过程满足业主项目要求	组织并出席经验总结会议及相应时间表，会议应由调试顾问公司的独立成员主持进行
5	回顾并总结先前项目中的有价值经验	在施工文件中确定调试要求和工作，由设计团队进行复查，并汇总到项目施工详细说明书	建立特定的测试步骤，承包商对该步骤进行复查	完成最终调试过程报告

续表

内容 \ 阶段	方案设计阶段	设计阶段	施工阶段	交付及运行维护阶段
6		深入复查设计人员建立的设计文件	监管由承包商负责的测试执行情况	
7		在图纸和详细说明书完成 35%、50%、95%和100%时，分别对项目进行以质量为导向的设计情况复查	记录测试结果	
8			记录未通过承包商再次测试的项目及其改正情况	

设计单位的主要职责是提供最新的项目设计图纸、设计说明、负荷计算书等相关信息或资料并定期参与调试工作会议、讨论调试计划及调试方法。

施工单位的职责主要包含以下几个方面：

（1）提交调试顾问所要求的与调试工作相关的资料及技术性文件，配合调试顾问完成现场评估后的整改工作；

（2）确保调试工作过程中，空调系统的各相关设备和组件的安装情况符合相关规范或合同文件的要求；

（3）根据调试顾问提供的调试计划，组织相关专业及非专业人员，建立总包和分包框架内的调试队伍，配合设备供应方完成现场单机试运转，在调试顾问指导下，完成风系统、水系统平衡调试工作；

（4）参加调试工作例会；

（5）及时对调试工作中发现的问题进行整改。

设备供应商的职责主要为以下几个方面：

（1）提供设备技术参数，包括详细的启动程序和业主的明确责任，并确保有效；

（2）协助设备测试；

（3）提供用于设备测试的特殊工具和仪器（仅设备供应商使用，专用于某设备）；

（4）提供调试所需的关于设备操作顺序和测试程序所需的信息；

（5）遵循调试计划；

（6）出席调试会议以及其他本专业涉及到的调试会议。

2.2　方案设计阶段

方案设计阶段为项目初始时期的一个筹备阶段，在这个阶段中，应建立和明确业主的项目要求。该时期应对项目相关信息进行搜集，其中包括业主项目要求信息、社区网络信息、编码法规信息、位置气候信息、设备功能信息、设备技术信息、可持续性信息、成本信息、时间表信息以及客户（包括业主、使用者、运营方和维护方）的各种需求信息。

本阶段在调试过程中至关重要，因为业主的项目要求是系统设计、施工和运行的基础，同时也决定着调试计划和时间的进程安排。方案设计阶段的调试工作主要为建立业主项目要求和设计文件基础，确保方案设计阶段、运行维护阶段的决策均得以顺利实施和开展。

2.2.1　方案设计阶段调试过程工作

1. 方案设计阶段调试任务

在方案设计阶段，调试顾问根据实施指南中详细介绍的调试过程相关内容，对项目进行监督工作。调试顾问的领导职责应在方案设计开始时明确，并在调试过程负全部责任。

调试团队的核心成员包括业主方代表、调试顾问、前期设计及规划方面的专业人员、设计人员。业主方代表包括项目经理、建筑使用者、设备管理经理，运行和维护人员。调试团队中的运行和维护人员帮助业主方确定项目要求中所提及的重要运行和维护问题。业主通常需要协调与调试团队的一致性，并对其决策做出反馈，设计组成员和调试顾问共同帮助业主协调解决技术方面的问题。

方案设计阶段调试团队的工作目标如下：

（1）组建调试团队，明确各方职责；

（2）建立例会制度及过程文件体系；

（3）建立业主项目要求；

（4）确定调试工作范围和预算；

（5）建立初步的调试计划；

（6）建立问题日志程序；

（7）筹备调试过程进度报告；

（8）对设计方案进行复核，确保满足业主项目要求。

2. 建立业主项目要求

业主项目要求的制定来源于项目设计、施工、许可、运行决策的各个方面。一个高效的调试过程有赖于一份清晰、简明、全面的业主项目要求文件，有助于调试团队掌握设备及部件的设计、施工、运行及维护的相关信息。调试顾问负责促进业主项目要求的建立，包括来自所有项目组成员的意见。业主项目要求的每一条款都应有明确的运行和许可标准、测量标准和相对明确的评估方法。

业主项目要求贯穿于项目实施的每一阶段，在设计、施工、交付及运行阶段的决策制定时，这一文件应及时更新以反映当前的业主项目要求。

调试顾问在方案设计阶段需对各项工作及任务进行质量抽查，检验其对相关业主项目要求的符合程度，包括计划文件、设计服务范围、特别报告、研讨会结果以及其他方案设计阶段工作，以保证调试工作顺利进行。

3. 建立调试计划

调试计划所制定的进度和步骤是一个成功调试过程所必不可少的，调试计划应以业主项目要求为基础，明确反映调试过程的范围和预算情况。

调试计划包括调试过程的工作时间表、各成员职责、文档要求、通信及汇报方案、评估程序。调试计划在项目周期内需连续更新以反映计划、设计、施工、使用及运行的变更情况。

调试计划应包含以下信息：

（1）项目调试过程概述；

（2）调试团队在项目方案设计及设计阶段所对应的任务和职责。任务应根据每位工作组成员所负责区域详细划分，并确保职责落实到每位成员，以确保特定任务的完成；

（3）项目进行阶段的日常沟通会议应记录在案，方案设计阶段、设计阶段步骤也应以文档形式加以保存；

（4）方案设计及设计阶段关于调试过程工作的详细介绍及时间表。包括调试团队成立会议，业主项目要求的建立，设计复查等重大事件的时间节点；

（5）关于如何建立调试过程文档的相关指南和格式框架，以促进调试团队同项目所有其他团体的沟通顺畅进行；

（6）项目设计文件确认程序；

（7）质量抽查方式和程序，确保在整个项目阶段满足业主项目要求。

4. 建立问题日志程序

问题日志包括对不符合业主项目要求的设计、安装及运行问题的详细介绍，判定并追踪问题的处理（包括设备的设计、施工及运行阶段）。

问题判定时，应记录以下信息：

（1）追踪问题使用的统一的数字或文字识别符号；

（2）简明扼要的问题名称；

（3）问题判定的日期、时间；

（4）观察时所进行的测试及次数；

（5）确定产生问题的系统、设备或部件；

（6）问题发生的区域、位置；

（7）问题的描述，包括有助于诊断或评估问题的一切信息；

（8）确定负责解决问题的调试团队成员；

（9）预计改正日期；

（10）记录问题的人员姓名。

问题解决时应记录以下信息：

（1）问题解决的完成日期；

（2）采取的改正措施介绍。包括对诊断过程的介绍，便于业主、设计团队、承包商或使用者分析问题的起因，并阐述解决问题的重要性；

（3）确定业主项目要求或基础设计的变更情况；

（4）声明整改已完成，系统及部件已准备好接受再次测试；

（5）解决问题的人员姓名。

按周期计算，至少每一次调试团队会议应提交一份突出问题复查报告，包括以下信息：

（1）问题数量；

（2）简明扼要的问题名称；

（3）判定问题日期；

（4）负责解决问题的调试团队成员姓名；

（5）预计改正日期。

5. 筹备调试过程进度报告

调试过程进度报告是贯穿项目始终的周期性报告，调试过程进度报告应包括以下内容：

（1）调试工作承接之前的报告内容，包括项目前期设计工作的最新进展情况；

（2）调试进度表（例如：工作的提前完成或延误、项目交付的提前与延误及其对调试工作的影响）、调试计划和设计变更情况的介绍，以及业主项目要求和基础设计进展情况；

（3）问题清单，包括对解决问题所采取措施的简要介绍，同时还包括迅速解决突发问题的行动方案；

（4）调试过程工作报告。

2.2.2 方案设计阶段工作的许可要求

业主项目要求和调试计划在方案设计阶段，经调试团队复查审议后，应得到业主方的许可。许可的大致流程如下：

(1) 调试顾问建立各项文件的草稿并提供给调试团队其他各方；

(2) 调试团队提供草稿的修改意见；

(3) 调试顾问同调试团队一同解决出现的任何问题；

(4) 调试顾问建议业主许可文件并向其提供复印件以供复查；

(5) 业主复查已修订的文件并予以许可。

2.2.3 方案设计阶段文件要求

方案设计阶段文件包括：调试团队成员名单、调试过程范围及预算、业主项目要求、调试计划、重大事件清单、设计复查所涉及的条目清单。

2.3 设计阶段

设计阶段调试团队的工作目标是尽量确保施工文件满足和体现业主项目要求。设计文件应清楚地介绍满足业主项目要求的设计意图及规范、设备系统及部件的描述。设计阶段工作组核心成员应包括业主方代表、调试顾问、设计人员以及施工/项目经理。设计阶段调试团队的主要工作如下：

(1) 建立并维持项目团队的团结协作；

(2) 确保调试过程各部分的工作范围；

(3) 建立具体项目调试过程工作的范围和预算；

(4) 指定负责完成特定设备及部件调试过程工作的专业人员；

(5) 召开调试团队会议并记录内容；

(6) 搜集调试团队成员关于业主项目要求的修改意见；

(7) 制定调试过程工作时间表；

(8) 在问题日志中追踪记录问题或背离业主项目要求的情况及处理办法；

(9) 确保设计文件的记录和更新；

(10) 建立施工清单；

(11) 建立施工、交付及运行阶段测试要求；

(12) 建立培训计划要求；

(13) 记录调试过程要求并汇总进承包文件；

(14) 更新调试计划；

（15）复查设计阶段文档是否符合业主项目要求；

（16）更新业主项目要求；

（17）记录并复查调试过程进度报告。

2.3.1　设计阶段调试过程工作

1. 更新设计文件

设计文件应及时更新，更新包括以下内容：

（1）备选的系统、设备及部件；

（2）系统及相关组件的选型计算；

（3）设备系统及部件的设计运行工况；

（4）设备及部件的技术参数；

（5）标准、规范、指南、法规及其他参考文献；

（6）业主要求和指令；

（7）其他所要求的信息。

设计文件记录了业主项目要求中各项条款在设计中的实施情况，对于未能满足要求的条款，应针对其完成情况和业主项目要求造成的影响，以及业主项目要求所做出的修改情况，加以详细记录。

2. 更新调试计划

调试计划应及时更新以反映业主项目要求的变更情况，包括设计阶段的附加信息。

设计阶段，调试计划的更新应包括以下内容：

（1）系统及部件的确认和测试方案；

（2）施工、交付及运行阶段调试过程工作时间表；

（3）新的调试团队成员的角色及所负职责；

（4）施工、交付及运行阶段的文档和报告要求，包括步骤和格式；

（5）施工、交付及运行阶段的沟通方案；

（6）施工、交付及运行阶段的调试过程步骤。

该阶段时间表中重大事件应包括：标前会议、施工前会议、调试团队会议、培训会、设计图纸提交、系统手册的提交、特定测试或官方编码核查、许可、测试、施工完成、验收、季度测试、首次调试过程报告的提交、质保期结束前两个月的复查、经验总结会议及最终调试过程报告。

调试计划必须明确施工、交付验收及运行阶段调试过程工作所要求的文件形式。包括使用的特定格式（电子/纸质，软件程序及版本）、所包含信息、提交的频率及各部分的分布情况。

3. 施工清单

施工清单为安装者提供业主项目要求中设备及部件长期运行的特定信息。清单一般包括：

（1）确认设备/部件；

（2）安装前检查；

（3）安装检查；

（4）故障和缺陷。

清单的第一部分为确认设备/部件。这一部分应包括提供设备或材料的必要信息（具体信息包含在各种设备系统的技术手册中）。安装前检查用于确认设备材料在安装之前的状况，清单上的安装部分用于确认安装过程是否满足业主项目要求和施工文件。对设备而言，这一部分重点在于实体的安装、试运转。故障和缺陷部分应预留空白处，用以记录任何故障和缺陷的原因，以及是否采取相应纠正措施以避免类似的问题重复出现。当要求提供特定系统或部件的测试数据时，应专门将该条目列于相关的施工清单上呈交给调试顾问。

4. 设计文件复查

完成设计文件复查，所有存在的设计问题应在下一步设计进行之前解决。设计文件复查应做到以下 4 项：

（1）对设计文件的总体质量的复查，包括易读性、一致性和完成程度；

（2）复查各专业之间的协调情况；

（3）满足业主项目要求的特定专业复查；

（4）详细说明书同业主项目要求及设计文件的适用性和一致性。

对文件总体质量的评估关键是检查是否符合业主项目要求，此次复查旨在确认图纸的完整性以及先前复查中确认的相关问题。

复查设备的抽样比例一般为 10%～20%，以详细评估各专业间的协调情况，包括各专业施工及对接情况。此次复查的目标在于确定是否存在系统性错误，而不是对图纸的全面检查。对图纸的一致性及准确性的完整检查应为设计团队的职责。

对特定专业的复查包括检查设计文件、施工文件、设计计算假设条件和方法是否满足业主项目要求，对图纸 10%～20% 的抽样策略可以对文件业主项目要求的符合程度进行深度的分析和评估。

对详细说明书的复查用以确定项目的完成程度和适用性，检查项目包括：适用性、调试过程要求、提交要求、设备适用范围、培训要求以及同其他部分的一致性。

2.3.2　设计阶段工作的许可要求

已更新的业主项目要求、调试计划、设计文件和合同文件在设计阶段应得到业主的正式许可。设计阶段设计文件许可的大致过程为：

（1）调试顾问应在设计开始前将所要求的信息清单和设计文件的格式提供给设计人员；

（2）设计人员在设计开始阶段收集整理相关信息；

（3）设计人员向业主和调试顾问提供设计文件，以供其对各设计提交情况进行复查并提出意见；

（4）基于修改和再提交的情况，业主应根据调试顾问的建议对设计文件予以许可。

合同文件许可的大致流程如下：

（1）设计人员向业主和调试顾问提交最终版本以供其复查；

（2）调试顾问对合同文件进行评估，以确定其满足业主项目要求的程度；

（3）调试顾问应同设计人员讨论并解决相关问题，并形成解决意见；

（4）根据意见的解决方法，调试顾问建议业主对合同文件予以许可；

（5）业主复查这些意见、解决方法并对合同文件予以许可。

2.3.3　设计阶段文件要求

设计阶段的基本文件要求包括：施工文件调试要求、最新的业主项目要求、最新的调试计划、最新的问题日志以及调试过程进度报告。作为承包商，经销商及设备、部件制造商施工阶段文件的基础，设计阶段文件应包含以下内容：

（1）设计文件所要求的条目清单；

（2）调试团队成员和业主项目要求的修订复查步骤；

（3）其他团队提供的合作要求和条目清单；

（4）需要复查的关键阶段性成果；

（5）更新基于实际设计和其他系统及部件相互关系的调试过程的实施专家名单；

（6）施工文件中所包括的各条目的清单；

（7）建立前期项目清单以及业主项目要求之外的安全、健康、能源、环境影响、审美、运行及维护等方面的相关要求；

（8）承包商使用的施工清单；

（9）系统中包含的各项条目清单，如设备清单、检修要求、运行及维护要求、系统描述、各部分材料应达到的标准；

（10）培训要求、时间、学习结果的清单；

（11）确定需要进行的测试和测试要求；

（12）设计阶段调试许可要求条目清单。

2.4 施工阶段

在施工阶段，调试团队应确保系统及部件的安装情况满足业主项目要求。采用抽查方式确保施工阶段业主项目要求中所涉及的每一项任务和测试工作的质量。召开预定的调试团队会议以促进各方配合及保证进度一致。施工阶段的工作组核心成员应包括业主方代表、调试顾问、设计人员、承包商、供货商、施工/项目经理。

在项目交付阶段，进行系统及部件的安装检查、测试服务以满足业主项目要求。同时还包括竞标、谈判、承包。施工阶段调试过程的目标如下：

（1）更新业主项目要求；

（2）更新调试计划；

（3）确保材料的提交，且满足业主项目要求；

（4）建立详细的调试步骤和数据表格；

（5）确保系统及部件符合业主项目要求；

（6）提交系统手册；

（7）业主方的运行维护人员和使用者的培训工作；

（8）施工阶段调试工作的许可。

本阶段调试工作包括方案设计阶段、设计、施工阶段同调试顾问协作的要求。包括设备测试、风、水平衡调试（TAB）、运行测试、记录、照片、培训等施工阶段要求。

2.4.1 施工阶段调试过程工作

1. 协调业主方代表参与调试工作

协调业主方代表参与调试过程工作并制定相应时间表。对于业主方代表而言，参与调试团队会议、复查调试过程报告、讨论业主项目要求的变更以及对运行使用人员的培训工作尤为重要，业主方代表还应参与复查提交资料和现场测试工作。

2. 更新业主项目要求

当业主项目要求变更时，设计及复查方面应做出必要的相应调整，以满足业主项目要求。业主于设计/施工过程中考虑变更时，调试团队应复查提议变更部分以确认是否可满足业主项目要求，并分析变更对其他部分的影响。如果业主在复查调试团队意见之后仍选择变更，业主项目要求必须做必要更新以匹配变更部分。

3. 更新调试计划

施工阶段更新调试计划包含以下内容：

（1）施工期间已建立的测试步骤和数据表格；

（2）完善整合施工时间表中调试过程工作；

（3）施工阶段调试团队的角色和职责，包括新工作组成员的职责；

（4）施工阶段使用联络方式的变更。

4. 组织施工前调试过程会议

调试顾问应主持召开一次施工前的调试工作会议。会议期间，调试顾问应对业主项目要求、设计文件、统一承包文件要求进行复查，除此之外，还应复查调试过程工作相关的承包商所承担的相应职责。

5. 制定调试过程工作时间表

制定调试过程工作时间表的目的是集中协调各施工过程，以保证调试团队所有成员制定其工作计划以满足业主项目要求。项目时间表应包括开始日期、持续时间、说明书及实体竣工时间。项目时间表应至少包括以下内容：

（1）调试团队会议；

（2）各施工阶段起始及完成；

（3）关键系统及部件的完工与测试；

（4）培训部分；

（5）实体竣工；

（6）保修起始日期；

（7）入住时间；

（8）保修期结束前两个月进行保修复查；

（9）经验总结会议。

6. 确定测试方案

测试方案为施工阶段采用的测试手段和方法，包括以下内容：

（1）参与测试人员，包括一级承包商、二级承包商、设计人员、调试顾问、操作人员、当地管理部门及相关装备、系统或部件的制造商；

（2）系统、部件及其分项工程验收测试的必要条件；

（3）特定系统及部件的详细测试步骤。包括如何配置系统及部件以具备测试条件，如何在测试结束后恢复系统到正常运行状态；

（4）测试仪器、工具及供应品的清单。该清单应具体涉及品牌、型号、范

围、容量、精确度、校准以及其他相关参数;

(5)每一步的操作说明,记录观察及采取措施,可接受的结果范围。

调试团队应确认测试范围,包括:

(1)组件测试:确定组件的全方位运行、响应、输入及负载的运行状况;

(2)系统/部件测试:确认子系统、部件的全方位运行状况、响应、输入及负载的执行情况;

(3)系统间测试:确认系统和部件之间的相互联动关系、状态及影响;

(4)采用抽查的方式以确保业主项目要求相关每一环节测试完成且满足要求;

确定测试方案时,应特别注意人员安全,装备/部件的保护问题,以及制造商建议的维持保修有效的相关措施。

7. 建立测试记录

测试记录方式包括读取测试数据、观察、度量、照片等,记录应至少包括以下信息:

(1)测试次数;

(2)测试的日期及时间;

(3)标明是否为首次测试,或对既有问题改正的再次测试;

(4)测试确认系统、设备、部件的位置及施工文件背离情况清单;

(5)测试要求的外部条件,如周围环境、相关系统状态、设定参数、各部件的状态等;

(6)各步骤系统及部件的预期运行状况;

(7)每一步骤系统、装备或部件的实际运行状况;

(8)标明观察的每一步运行状况是否满足预期结果;

(9)发现的问题;

(10)执行测试人员及见证人的签名。

8. 调试过程会议

定期召开调试团队会议是维持项目进程的关键所在。会议时间表应尽可能在施工开始前期记录在案,并按时间表变化及时更新。会议日期应至少在两周前通知,并且同其他会议保持同步,以使得与会者的会议时间和花销最小化。参加会议的工作组成员必须取得其所代表方的正式授权,以促使调试团队会议高效完成。会议前(通常为三天),会议议程应提交给所有与会人员,议程包括:

(1)会议地点;

(2)开始时间;

(3)与会人员名单;

（4）各部分所分配的明确时间清单（前期工作部分，突出问题，时间表复查，新问题及其他事宜）；

（5）结束时间；

（6）附件。

会议时间和持续时间应严格按照预定情况进行，为其他调试过程工作确定基调。会议后恰当、合理的时候（通常三天）分发会议纪要，包括：

（1）会议日期、时间和地点；

（2）与会人员名单；

（3）已解决的工作问题；

（4）突出的工作问题，包括明确判定各部分职责和解决期限；

（5）下次会议的日期、时间和地点。

9. 完成定期的实地考察以满足业主项目要求

施工阶段，实地考察是确保系统及部件满足业主项目要求的基本方法。实地考察的方案需清晰明了，以发现施工过程的问题。实地考察方案采用统计抽样方法以确认施工清单和记录文档，以确保确认过程公正、可靠、一致。建议方案包括以下方面：

（1）确认施工进展状况以确定考察的范围；

（2）随机抽取 2%～10% 的系统及部件并确认；

（3）确定参与实地考察的调试团队成员；

（4）依据业主项目要求进行考察；

（5）针对所选系统及部件的安装情况，同已完成的施工清单进行比对，详细记录复查过程中产生的任何问题和缺陷；

（6）任何已确认的安装过程中存在的问题，包括记录文件应以文档形式提供给施工单位，寻求解决办法；

（7）与施工单位协商讨论已确认问题的解决办法和流程；

（8）与业主方代表一同复查各类发现问题；

（9）建立实地考察报告并递交给调试团队成员和其他相关团队；

（10）更新问题日志。

10. 监督测试

监督测试可以是现场测试见证、测试结果验证或者是测试报告的验证。在某一具体测试或者一系列测试中，根据测试的类型和复杂程度，调试顾问只执行其中的一种测试验证是可行的。通过对设备或者测试结果进行随机抽查来验证测试或测试报告中数据的可靠性。

测试应符合以下要求：

（1）测试应按已许可的书面步骤进行，测试数据、结果应记录在测试表格中并得到见证；

（2）允许的情况下，与已许可的步骤和方法的偏离应以文档的形式记录下来；

（3）测试应在运行工况稳定后记录测试数据；

（4）测试中如发现问题，应在合同范围内立即停止并建立问题报告。如果问题不能短期内解决，则进行其他测试，在其他测试完成之后，再对上述项目进行测试；

（5）如果复查检测数据时发现问题，应给出合理的解释，否则全部进行重新测试；

（6）测试完成后，测试人员和见证人员应在记录表格上签名，以证明数据和结果的真实性。

11. 核查培训情况

针对每个培训（技能、操作或其他培训），应在合理时期内（例如三个星期后），随机抽取 5%～10% 的接受培训人员进行测试或对培训材料进行非正式评估。目的在于确保受训人员掌握业主项目要求中规定的设备运行维护的相关知识。受训人员应了解并学会查找相关知识的出处，且充分理解、掌握问题的诊断及解决的关键步骤。

12. 调试过程进度报告

施工阶段的调试过程报告是调试工作和结果的文档记录，应在施工阶段内完成。施工阶段调试过程报告包括以下内容：

（1）任何不符合业主项目要求的系统及部件。由于各种原因，业主可能选择永远接受不满足业主项目要求的内容或性能，除非时间表和预算限制允许修改。业主对于这些情况的许可应记录在案，包括对环境影响、健康影响、安全影响、舒适性影响、能源影响以及运行维护费用的影响。业主项目要求必须及时更新以匹配修改后的预期状况；

（2）测试完成时进行系统运行状况评估；

（3）施工清单的完成和确认情况概要；

（4）问题日志结果，包括问题的介绍和采取的解决措施。介绍应评估问题的严重性和改正措施对环境、健康状况、安全、舒适性、能源消耗运行维护费用造成的影响；

（5）测试步骤和数据。此部分应将原始测试方案同测试数据表格进行整合，包括附加数据，例如照片、计算机生成文档和其他测试记录。数据应包括最终认可测试和未完全达到标准要求的早期测试；

（6）延期测试。一些测试可能延期至适当的自然条件，如要求一定负荷率或合适的室外环境时方可进行，对于这些延期测试而言，测试条件和预计完成时间表应予以明确；

（7）总结经验。调试过程中的评估和变更将在入住和运行阶段促使已交付的项目进一步改进，并且其内容将构成最终调试过程报告的基础。信息更新时，确保将问题、影响及建议记录在文档中是至关重要的。

施工过程的调试进度报告应提交业主复查，调试过程报告的草稿应同时提交给其他调试团队成员，施工过程最终调试过程报告应包含业主其他调试工作成员的复查意见。

13. 更新系统手册

更新系统手册以包含施工阶段形成的调试文件，增加的文件包括：

（1）测试步骤和测试数据报告；

（2）培训计划；

（3）培训记录；

（4）图纸记录；

（5）提交复查报告；

（6）最新业主项目要求；

（7）最新设计文件；

（8）最新调试计划；

（9）最新问题日志；

（10）调试过程进度报告。

2.4.2　施工阶段工作的许可要求

已更新的业主项目要求、已更新的调试计划、已更新的设计文件、系统手册、培训计划和最终的施工阶段调试过程报告都应在施工阶段获得业主的正式许可。业主项目要求、调试计划和设计文件许可遵照和上述相同的流程。对设备安装的许可大致流程如下：

（1）在施工阶段调试顾问对施工清单的完成情况进行随机抽查以确保满足业主项目要求；

（2）调试顾问指导承包商对系统和部件的完成情况进行测试并记录相应结果；

（3）调试顾问在测试期间同承包商一道解决任何出现的问题；

（4）调试顾问确认从承包商处获得全部系统文件；

（5）调试顾问在使用前提交一份初步的施工阶段调试过程报告，针对各部分业主项目要求的符合程度进行评估，包括建议业主拒绝许可部分。

2.4.3　施工阶段文件要求

确保设计文件及时更新以反映施工期间设计变更情况，使设计变更符合业主项目要求，必要的话，更新业主项目要求。

施工阶段文件应包含以下内容：

（1）测试步骤及数据格式清单，确认其满足业主项目要求和设计文件；

（2）其他团体提供的合作要求的条目清单；

（3）实地考察环节的特定项目清单；

（4）测试要求和时间表；

（5）调试团队会议；

（6）问题日志；

（7）汇总进度报告并形成最终调试过程报告；

（8）运行维护阶段经验总结研讨会时间表；

（9）施工阶段调试许可要求清单。

2.5　交付和运行阶段

当项目基本竣工以后进入交付和运行阶段的调试工作。调试工作应至少在保修合同或修正期间继续进行，理想状态下调试应持续于设备的整个生命周期。在交付及运行阶段，设备系统及部件的持续运行、维护和调节要求及相关文件的更新应根据最新业主项目要求，所确定调试工作由调试顾问和调试团队共同参与。交付和运行维护阶段调试目标包括：

（1）充分利用调试顾问的知识和项目经验以最小化总承包商的返工数量和次数；

（2）提供运行维护的持续性指导以满足业主项目要求；

（3）完成设备系统和部件的季度测试；

（4）总结本项目调试经验为后续的调试项目提供参考；

（5）交付和运行维护阶段调试过程工作许可。

2.5.1　交付和运行阶段调试过程工作

1. 交付和运行阶段调试顾问职责

在交付和运行阶段，调试团队应确保工作持续满足业主项目要求，该阶段工作组核心成员包括业主方代表、调试顾问、设计人员、承包商及施工/项目经理。

交付和运行阶段调试顾问职责包括：

(1) 协调总承包商的复查工作；

(2) 确保设备系统及部件的季度测试；

(3) 确保持续的运行和维护人员培训；

(4) 确保系统及部件符合最新业主项目要求；

(5) 确保系统手册持续更新；

(6) 确保进行设备系统部件的定期运行状况评估；

(7) 召开经验总结研讨会；

(8) 完成项目最终调试过程报告。

交付和运行阶段调试顾问应协助承包商进行施工质量复查。方案设计阶段调试顾问有权决定由哪位承包商负责解决指定问题，所有系统及部件运行调试状况的确认应在施工阶段内完成。另外，某些由于要在特定的天气条件、满足一定负荷要求或在入住后方可进行的测试，延期测试应进行相应的确认。这种延期测试应在一个适当的时间段、恰当条件下、交付使用后尽早进行。

持续性培训是持续性调试工作的一部分。在此阶段，业主方运行维护人员及使用者为调试团队的关键成员，在交付和运行阶段建立定期调试过程报告，以反映采取的调试过程工作，最终项目系统手册应在此阶段完成且保持持续更新，包括更新业主项目要求以反映现阶段状况，更新设计文件以反映系统及部件的变化。除此之外，为获得设备系统的最佳运行状况，定期确认系统、设备、部件的运行状况是至关重要的。系统手册是提供评估持续运行状况的工具和记录基准，这种定期的确认应在持续性调试过程中完成，持续性调试过程工作包括以下关键内容：

(1) 维持业主项目要求持续更新以反映设备使用和运行状况的变化；

(2) 维持设计文件持续更新以反映因业主项目要求变化而更新的系统及部件的变化；

(3) 定期评估以满足现阶段业主项目要求以及先前测试的基准；

(4) 维持系统手册持续更新以反映业主项目要求、设计文件和系统/部件的变化情况；

(5) 持续培训，培训对象为现阶段业主项目要求的运行维护人员和使用者。

2. 建立系统手册

建立系统手册包含搜集与系统、部件和调试过程有关的相应信息，并且将所有附录和参考资料汇总为一份实用性文件。这份文件应包括最终业主项目要求、设计基础、最终调试计划、调试过程报告、设备安装手册、设备运行及维护手册、系统图表、已确认的记录图纸和测试结果。这些信息应针对建筑内关键系统

（电气系统、空调通风系统、给排水系统、防火报警系统等）进行编辑并整理，应同运行维护人员协调建立标准化形式，以简化未来的系统手册建立环节。

系统手册具体应包含的内容见第三章调试项目管理文件。

3. 培训

项目交付阶段，对运行维护人员和使用者的培训内容应根据设备、系统和部件情况确定，运行维护人员需具有运行该设备的基本知识和技能。使用者需要理解其对设备使用及运行能力所造成的影响，以满足业主项目要求。

培训要求应通过技术研讨会、访问或调查的方式获得，在此基础上确定培训的内容、深度、形式、次数等，具体如下：

（1）培训所涉及的系统、设备以及部件；

（2）使用者的整体情况和要求；

（3）运行维护人员专业技术水平及学识状况；

（4）培训会的次数和类型；

（5）制定可量化的培训目标及教学大纲，明确预期受训者应具有的特定技能或知识。

第一次培训对象一般为运行维护人员，培训的主体部分应在施工阶段内完成，在交付和运行维护阶段，着重特定系统及部件运行人员培训，以满足业主项目要求。

培训应特别包括以下内容：

（1）紧急情况指示和步骤：各种紧急情况下的设备运行要求，包括每种紧急情况下的逐一步骤说明；

（2）操作说明和步骤：设备正常运行所要求的操作步骤，包括日常运行的逐一步骤说明；

（3）调节装置说明；

（4）检修步骤：诊断运行问题的指示，测试检查步骤；

（5）维护及检查步骤；

（6）维修步骤：诊断问题，拆卸，组件搬运，更换及重新组装的指示；

（7）系统手册及相关文档和日志的维护及更新。

2.5.2 交付和运行阶段工作许可要求

调试过程包括运行维护阶段调试顾问和延期培训应得到业主正式许可，已更新的业主项目要求、已更新的设计文件、已更新的系统手册、季度测试结果和调试过程报告都应在交付和运行阶段获得业主的正式许可。业主项目要求、设计文件和系统手册均遵照和上述相同的流程。

对季度测试结果许可的大致流程如下：

（1）调试顾问指导承包商完成系统及部件的季度测试并做好相关记录；

（2）调试顾问同承包商一道解决测试过程中出现的任何问题；

（3）调试顾问确认已从承包商处获得所有已更新的系统文件；

（4）调试顾问建议业主对季度测试结果予以许可。

对调试过程报告许可的大致流程如下：

（1）调试顾问向业主、设计人员和承包商提供调试过程报告，以供其复查和评议；

（2）调试顾问整理评审意见并提供给调试团队的各位成员；

（3）业主对调试过程报告予以许可，结束调试顾问的工作。

2.5.3　交付和运行阶段文件要求

最终项目调试报告和最终系统手册是交付和运行阶段调试过程的基本文件要求，这些信息将在整个生命周期内一直有效。

该阶段的文件应包含以下内容：

（1）运行后第一年内需完成的培训项目清单；

（2）运行后第一年内检查保修的项目清单；

（3）使用期间的测试要求清单，包括定期再测试，以确保设备持续正常运行；

（4）参加经验总结研讨会的人员名单；

（5）最终调试过程报告所包括的规范清单；

（6）运行维护阶段调试许可要求项目清单。

第3章　调试项目管理文件

3.1　调试计划

在调试项目中，调试计划是一份具有前瞻性的整体规划文件。一般由调试顾问根据项目的具体情况起草并完成，随后在调试项目的首次会议（项目启动会）上，由调试团队的各成员参与讨论，会后调试顾问应针对讨论中提出的各项问题进行详细的分析判断，并对调试计划进行修改，提出相应的解决方案。一般情况下，修改后的调试计划应经过调试团队的各位成员再次讨论并修改，重复以上过程，直到各方形成统一意见。

一份计划得当、时间分配合理、计划周密的调试计划，可以使调试团队各成员更好地理解调试工作的整体思路，更深入地了解其他成员在项目不同阶段的职责、工作范围及相关配合事宜。虽然调试计划不可能做到面面俱到，也不可能在项目初期就能预测到将来可能发生的所有问题并作出预案，但一份相对缜密的调试计划对于整个调试项目的进行和实施，以及突发问题的准备和预防仍具有重大意义。也正因如此，调试计划必须随着项目的进行而持续修改、更新。通常情况下，每个月都应对调试计划进行适当的调整，在每个调试阶段结束后、下一个调试阶段开始前，都应该对调试计划进行系统性的修改和更新。

调试顾问可以根据调试项目工作量的大小和范围，建立一份贯穿项目始终的调试计划，或者建立一份分阶段实施的调试计划，包括：方案设计阶段、设计阶段、施工阶段。如果采用分阶段调试计划，则必须特别注明各阶段的相关调试信息。调试计划目录的参考格式如表 3-1 所示。在调试计划中，均应对各个阶段工作内容进行进一步的解释，如某项工作的计划完成时间、实施责任人、实施过程等。各项工作的结果应列在附录之中。这部分工作可以满足项目各阶段进度的要求，而且在项目结束时可利用该调试计划快速完成最终的调试报告。

调试计划目录参考格式　　　　　　　　　　　　　　　　　表 3-1

目　　录

附录 B——设计文件

附录 C——项目详细说明书

附录 D——沟通方式

附录 E——各参与方及职责

附录 F——已调试的系统【系统及部件清单】

附录 G——调试时间表

附录 H——招标前会议

附录 I——施工前会议

附录 J——提交情况审查

附录 K——调试过程出现的问题

附录 L——施工清单

附录 M——测试

附录 N——培训

附录 O——系统手册

附录 P——会议纪要

附录 Q——来往信函

附录 R——保修复查

附录 S——经验总结

3.2　业主的项目要求

业主的项目要求文件是调试工作的核心文件。如果没有建立该文件，业主、设计人员、承包商、运行及维护人员等各方，将会由于各自利益和工作内容的不同而经常产生分歧，影响项目的进度，甚至最终导致项目失败。在很多国内外的失败项目中，很少有项目建立了业主的项目要求文件。该文件反映了业主、使用者的实际需求，是保障调试工作顺利完成的最关键因素。

下面将举例介绍如何建立业主的项目要求文件及此过程中必须的信息。

首先，应举行业主的项目要求研讨会。该会议应由业主、设计人员、承包商和运行维护人员参加。研讨会应讨论业主的总体需求/要求、特定要求（例如，从项目需要到系统/设备/控制要求）。各方都应参与讨论，共同确定系统调试工作的目标。

明确业主、运行维护人员、服务承包商、使用者的需求并实现统一是比较困难的。实际上，在以质量为本的调试工作中，更关键的是要了解所有使用者和其他各参与方的分歧。不要求所有使用者可以达成共识，但必须对这些分歧进行记录。正常情况下，业主需要最终决定其项目要求文件中各方分歧的解决方案。同时，业主和调试团队成员必须意识到在解决这些分歧时，应考虑到大多数利益团体的需求和项目的预算。在此提供一个建立业主项目要求文件的简单流程：

（1）召开业主项目要求研讨会；

（2）编制业主的项目要求文件（报告），见表 3-2；

（3）项目组讨论并通过业主的项目要求文件。

3.2.1 业主项目要求研讨会

业主项目要求研讨会通常由调试顾问主持，讨论项目组的初步工作重心。在研讨会中，应对业主、使用者的所有要求进行逐一确认，鼓励项目所有成员积极参与讨论，以期最终形成一致意见。这项工作应按照某种固定的流程来进行，逐一确认每一个与使用要求有关的问题。会议步骤包含如下部分：

（1）将所有问题或者开放式观点提供给所有与会成员；

（2）给各与会成员 3～5min 的思考时间，以便他们能够想出尽可能多的答案和观点；

（3）在未经讨论之前记录每个人的反馈意见，可使用黑板、投影仪或其他多媒体设备来记录大家的反馈意见；

（4）检查所有的反馈意见，对相似的意见进行整合并向大家公布，各方经过讨论后最终应对所有问题达成一致；

（5）让各位成员对反馈意见的重要性进行分级（1 至 5 级）；

（6）根据个人评级投票决定每个问题的最终等级。

针对研讨会期间提出的各项问题和出现的各种观点，都必须对其起因、讨论过程和最终结果详细描述，并且不能在研讨会范围之外。

业主项目要求文件内容　　　　　　　　　　表 3-2

内　容	说　明
介绍	包括项目概述以及项目实施原因，还应包括调试流程介绍。
主要业主项目要求	包括调试过程中重点需要的主要业主项目要求清单，以及业主（调试团队）认为对项目的成功至关重要的关键决策。
项目总体概述	此部分包括项目的规模和范围。
目标	此部分应详细介绍项目的预期目标。
使用功能	此部分应详细介绍预期的设备功能（空间），应在文件的详细说明处对各项功能进行简要说明。
住户要求	包括住户（使用者和来访者）的数量和使用时间表，包括所有特定条件。

内　　容	说　　明
预算注意事项和限制条件	此部分应包含预期的预算限制条件和注意事项。
性能指标	此部分应包含调试团队评估项目所用的性能指标。各项性能指标均应为可测量和可验证的。
业主项目要求文件各历史版本	包括对方案设计、设计、施工至验收及运行阶段各种变更情况的总结。这部分信息有助于了解在项目执行过程中出现的问题及其解决方案和后续的影响。

3.2.2 业主的项目要求文件

业主的项目要求研讨会将确定业主的关键要求及其优先级，这对整个调试工作来说是很重要的。但这并不是要给出某一个要求的具体量。例如，业主的一个要求可能是想要较好的气流组织。调试顾问的职责就是明确项目团队搜集到的业主的各种要求并将其转化为可被测量、设计和记录的物理量。

准确转化业主的项目要求通常需要来自设计团队、承包商、专家、标准和指南等各方面的信息。通常，调试顾问拥有丰富的规划、设计、施工和运行方面的经验，可以指导完成该项任务。如果调试顾问不具备这样的能力，则应邀请专家协助建立业主的项目要求文件。

业主项目要求文件的主要内容包括：

（1）背景——提供项目内容简介；

（2）目标——对任何项目而言，都有必须完成的目标。项目目标可以是初投资、时间表也可以是生命周期成本。不管最终确定的目标是什么，都必须确保该目标是由大家共同商讨决定的；

（3）绿色建筑理念——为致力于建筑可持续运行的业主提供的一个可选部分；

（4）功能和要求——除了建筑师要求的关于建筑使用功能（办公室、仓库、厨房等）的一般性文件外，各功能区域的特定要求也应记录在案。包括保密性、安全性、舒适性、节能、可维护性和室内空气品质；

（5）寿命、成本及质量——明确记录业主对材料寿命、施工成本的期望及其想要的质量水平，这是至关重要的。通过提供这部分信息，可以确定并避免出现不切实际的期望值；

（6）性能指标——通常很难确定系统各部分可接受的最低性能指标要求；

（7）维护要求——维护要求是现有运行维护人员的知识水平（他们能维护何种设备）和系统的预期复杂程度（他们所能学到的内容）的一个整合。如果二者间存在明显差距，则不管建筑施工情况如何，该建筑都不可能实现合理的运行和维护。

下面将列举几个业主项目要求文件的主要组成部分，这部分适用于大多数技术性调试指南：

（1）基准性能——各区域、部件和系统功能的特定标准必须予以明确。包括温度、湿度、风速、照度、噪音、耐久性、可靠性、冗余及其他。通常典型的做法是，给出一般区域的上下限值要求，对于例外的情况需根据要求特别说明。

（2）应避免的问题——由于使用者投诉的情况时有发生，明确并记录导致投诉的原因就显得尤为重要。如果这些问题没有解决并记录，甚至出现事故重发的情况，即使调试项目完成其目标，使用者通常也会觉得这个项目是失败的。

（3）特定的要求——对很重要的特定要求，必须予以明确和记录。对于建筑中有特定用途的部分，应该详细列出用户可以使用该部分的限制条件。

3.2.3 项目组通过业主项目要求

项目组和设计团队对业主的项目要求经过几次反复核查之后，应最终确定业主的要求，为设计团队指明尽量准确的设计方向。但是，要区分项目组在建立业主的项目要求文件时所扮演的角色和建筑师在规划或计划过程中所扮演的传统角色之间的区别。业主的项目要求文件规定了衡量项目最终是否成功的标准，而建筑师文件可能只涉及特定的空间大小和人流量要求。在业主的项目要求文件中可能用 X、Y、Z 来说明设备的使用功能，而建筑设计文件中可能用 X、Y、Z 来注明位置、大小和人流量等相关信息。

3.3 施工清单

施工清单是承包商用来详细记录各设备的运输、安装情况，以确保各设备及系统正确安装、运行的文件。

施工清单包括两种类型：

（1）基于部件/设备：这些施工清单用来记录在施工过程中各部件和设备的运输安装和启动情况。各部件和设备均应有一份独立的清单。

（2）基于系统/部件组合：这些清单适用于其部件无法用独立的清单记录的系统或组合，整个系统通常采用同一个清单。

以下表格是可供任意设备或部件、系统或部件组合参考的施工清单的通用格式。

1. 设备清单

表 3-3 为设备清单的范例，填写时应详细记载设备的各项信息，如品牌、型号、尺寸等，以及是否已经到货、安装等情况。此设备清单应定期更新，并统一归档。

设 备 清 单 表 3-3

设备信息（品牌、型号、尺寸）	详细说明	到货情况	安装情况
1			
2			
3			
4			
5			
6			
...			

2. 安装前检查表

安装前的检查表格由承包商组织相应的技术人员进行填写，并交予调试顾问审核，调试顾问可以采用抽样的方式对检查表格中所填写的信息进行核对。设备安装前的检查包括外观检查和各相关组件的检查，表 3-4 以组合式空调机组为例，列出了几项常规检查项目，使用者可以根据各项目的具体情况有针对地补充或更改相应的检查项目。

安装前检查表 表 3-4

序号	项目	承包商	备注	调试顾问
	外观检查			
1	空调箱外观是否无损坏	是/否		
	空调箱内部是否干净，所有的杂物是否被清理	是/否		
	空调箱的检修门是否可以自由开启	是/否		
	...	是/否		
	各相关组件检查			
2	风阀连接是否完好，没有明显的损坏	是/否		
	热/冷盘管是否完好无损	是/否		
		是/否		
		是/否		
	...	是/否		

3. 安装过程检查表

安装过程检查表格由承包商组织相应的技术人员进行填写，并交予调试顾问审核，调试顾问可以采用抽样的方式对检查表格中所填写的信息进行核对。设备安装过程的检查包括外观检查和各相关组件的检查，表3-5继续以组合式空调机组为例，列出了几项常规检查项目—管道、冷热盘管、风机、配电柜等，每一大项下又分几个小项，使用者可以根据各项目的具体情况有针对性地补充相应的检查项目。表3-5为安装过程检查表，表3-6为安装过程问题汇总，表3-7为设备施工清单，表3-8为系统问题汇总。

安装过程检查表 表 3-5

序号	项目	承包商	备注	调试顾问
	管道			
	风阀安装是否平直	是/否		
1	消音器安装良好	是/否		
	…	是/否		
	…	是/否		
	冷、热盘管			
	平衡阀	是/否		
2	两通阀	是/否		
	温度计	是/否		
	…	是/否		
	风机			
	送风机	是/否		
3	回风机	是/否		
		是/否		
	…	是/否		
	配电柜			
	电机安装是否稳固	是/否		
4	变频器是否可以正常启动	是/否		
		是/否		
	…	是/否		
	试运转			
	送风机旋转正确	是/否		
5	没有不正常的噪音和振动	是/否		
	急停开关功能正常	是/否		
	…	是/否		

安装过程问题汇总 表 3-6

项目	问题产生的原因	预计的解决方案
1		
2		
3		
4		

设备施工清单 表 3-7

日期	设备编号	项目					完成比例	备注
		项目 A	项目 B	项目 C	项目 D	项目 E		
		是/否	是/否	是/否	是/否	是/否		
		是/否	是/否	是/否	是/否	是/否		
		是/否	是/否	是/否	是/否	是/否		
		是/否	是/否	是/否	是/否	是/否		
		是/否	是/否	是/否	是/否	是/否		
		是/否	是/否	是/否	是/否	是/否		
		是/否	是/否	是/否	是/否	是/否		
		是/否	是/否	是/否	是/否	是/否		
		是/否	是/否	是/否	是/否	是/否		
		是/否	是/否	是/否	是/否	是/否		
		是/否	是/否	是/否	是/否	是/否		
		是/否	是/否	是/否	是/否	是/否		
		是/否	是/否	是/否	是/否	是/否		
		是/否	是/否	是/否	是/否	是/否		
		是/否	是/否	是/否	是/否	是/否		

系统问题汇总 表 3-8

日期	问题描述	预计解决方案	是否已解决
			是/否
			是/否
			是/否

续表

日期	问题描述	预计解决方案	是否已解决
			是/否
			是/否
			是/否
			是/否
			是/否
			是/否
			是/否
			是/否
			是/否
			是/否
			是/否

3.4　问题日志

　　问题日志是记录调试过程中出现的问题及其解决办法的正式文件，由调试团队在调试过程中建立，并定期更新。问题日志作为调试工作过程中最重要的一份过程文件，可以详细记录调试过程中出现的所有问题，包括时间、地点、所属系统，问题的初步判断，以及对此问题的后续跟踪，直至此问题解决或者找到其他替换方案。问题日志的范例见表 3-9。

　　调试顾问在进行核查时，可根据项目的大小和合同内容来确定抽样调查的比例，一般不低于 20%。承包商有义务安排相关施工人员完成问题日志的建立和填写，并定期交予调试顾问。调试顾问应在调试例会上针对重要或疑难问题组织相关人员进行讨论，提出合理的解决方案并对问题进行持续的跟踪调查，直到问题得到解决或妥善处理。

　　如个别问题涉及到需要变更设计，须由调试顾问起草相应的意见或建议，并正式提交给设计人员。如果调试顾问在复查阶段发现系统问题，调试过程应立即中止并解决问题。在下次提交问题日志的时候，调试顾问将再次抽样调查以完成不同功能区域的复查工作，并核查问题是否得到解决。应适当进行特定项目的反复核查工作，但不应将其作为确认问题是否解决的唯一途径。

问题日志范例 表 3-9

问题编号		发生日期	
问题简述		归属系统或设备	
发生地点		预计解决时间	
问题详细描述		记录人：	
解决问题的人员/单位		解决日期	
问题解决对 OPR 或设计造成的更改			
解决问题的方法或措施简述			
问题解决情况验收/测试结果		验收人： 年 月 日	
甲方对问题解决结果及业主的项目要求或设计更改的意见		甲方（签字/盖章）： 年 月 日	
备 注			

3.5 调试过程进度报告

调试过程进度报告是用来详细记录调试过程中各部分的完成情况以及各项工

作和成果的文件，各阶段的调试过程进度报告最终将汇总在一起构成系统手册的一部分。

调试过程进度报告通常由以下几部分组成：

（1）项目进展概况；

（2）本阶段各方职责、工作范围；

（3）本阶段工作完成情况；

（4）本阶段工作中出现的问题及跟踪情况；

（5）本阶段尚未解决的问题汇总及影响分析；

（6）下一阶段的工作计划。

3.6　系统手册

系统手册是一份以系统为重点的复合文档，包括使用和运行阶段的运行指南、维护指南以及业主使用中的附加信息。

建立系统手册包括搜集与系统、部件和调试过程有关的所有信息，并将所有信息进行整合，最终整理成一份可供参考的实用性文件。系统手册应包括业主最终的项目要求文件、设计文件、最终调试计划、调试报告、厂商安装手册、厂商运行及维护手册、系统图表、已确认的记录图纸和测试结果。这些信息应针对建筑的主要部分（屋顶、墙体、防火警报、冷冻水系统、热水系统等）进行分类并整理，应同运行维护人员进行协商建立标准化格式和分类，以简化将来建立系统手册的环节。

系统手册还应包括定期的维护和系统信息录入工作，包括设备构造和模型信息、检查各项要求、维护要求、故障问题等相关信息的录入工作。

调试顾问应负责系统手册建立的确认工作。

在建立系统手册时，应将项目所涉及的各个部分都包含在内，并搜集系统及部件的各项数据，保存为电子版或纸质版。除此之外，还应提供纸质版的运行手册、服务手册、维护手册、备用设备清单和维修手册。业主、承包商、设计人员和其他相关人员应具有设计、施工和运行所要求的相关经验和技能，并建立一份完整的系统手册。

对于系统手册中需要详细介绍的内容都应在相应的技术性调试指南中予以细化。系统手册的章节数及结构是根据调试过程所涉及的系统数量来定的。此外，还应在系统手册中列出详细的目录并标记存储位置，以便查询。以下为系统手册大纲的参考格式：

1. 总纲

（1）执行概要（设备级）

本节是对建筑及其系统进行总体介绍，应包括设备类型介绍，楼层数、绿化面积、使用面积、使用率等的一般性介绍以及系统的总体介绍，还应包括根据设计和建筑规范要求列举的主要功能和限值。此外，这部分还应包括参与该项目的承包商、分包商、供应商、设计师和工程师名单及其相应的合同信息。

（2）业主的项目要求（设备级）

本节包括业主对设备的项目要求的最终副本，该文件起草于方案设计阶段，并在项目执行过程中由业主、调试顾问或者设计专家不断修订更新。

（3）设计文件（设备级）

本节包括基于设备级设计文件的最终文档。该文件由设计师在设计阶段建立，并在施工阶段根据变化进行修订更新。

（4）施工记录文档和说明书（特定系统部分不包括该内容）

本节包括一系列施工记录文档（包括说明书），并持续更新以反映最终的安装情况。特定的系统不包含这部分内容。

（5）已批准的提交文件（特定系统部分不包括该内容）

本节包括一系列已批准的提交文件的副本，并且文件中现场修改部分和附件都应明确标记。另外，最初提交文件的修改意见也应包括在内。

（6）设备的正常、异常、紧急模式操作程序（设备级）

本节包括正常、异常、紧急模式下详细的设备操作流程，该流程只是一些常规的操作程序，而不是要用于自动控制系统。例如，在不同的情况下（正常操作、非工作时间操作、火警、应急电源操作等）建筑如何运行。

（7）基于设备级的运行记录推荐格式（包括其样本类型、问题日志及其逻辑依据）

本节主要用于指导运行维护人员应该对何种信息记录存档，以及说明为何这些信息将来会对业主和运行维护人员重要或有利。

（8）维护程序、时间表和建议（设备级）

本节主要包括厂商提出的维护程序建议，此外，当该程序基于系统执行时，特定系统部分可不包括该部分内容。

（9）持续最优化（设备级）

本节旨在指导业主通过制定周期性的能耗比对计划以保持设备性能的最优化。为了满足项目要求和设计要求，以及明确当业主的项目要求无法满足时的处理方法，项目施工最初阶段会设立检查清单以及测试数据记录表格，而这些正是能耗比对计划的制定依据。

（10）附件

包括调试文件列表及存储位置。

2.×××系统/部件组合

（1）执行概要（×××系统/部件组合）

本节包括对系统/部件组合的介绍，应包括系统/部件组合类型介绍、总体介绍和系统图，其中还应包括根据设计和建筑规范要求列举的主要功能和限值清单。此外，这部分还应包括参与该项目的承包商、分包商、供应商、设计师和工程师名单及其相应的合同信息。

（2）业主的项目要求（×××系统/部件组合）

本节包括业主对于系统/部件组合的项目要求的最终副本，该文件起草于方案设计阶段，并在项目执行过程中由业主、调试顾问或者设计专家不断修订更新。

（3）设计文件（×××系统/部件组合）

本节包括与特定系统相关的设计文件（包括设计意图）的最终文档。该文件由设计师在设计阶段建立，并在施工阶段根据变化进行修订更新。

（4）施工记录文档和说明书（×××系统/部件组合）

本节包括一系列施工记录文档（包括说明书），并已更新到最新版本，能够反映特定的系统/部件的最终安装情况。

（5）已批准的提交文件（×××系统/部件组合）

本节包括一系列已批准的与系统/部件相关的组件的提交文件的副本，并且文件中现场修改部分和附件都应明确标记。另外，最初提交文件的修改意见也应包括在内。

（6）正常、异常、紧急运行模式的操作程序（×××系统/部件组合）

本节包括正常、异常、紧急运行模式下详细的操作流程，该流程只是一些常规的操作程序，而不是要用于自动控制系统。

（7）运行记录推荐格式，包括样本类型、问题日志及其逻辑依据（×××系统/部件组合）

本节主要用于指导运行维护人员应该记录存档何种信息，以及为何这些信息将来会对业主和运行维护人员重要或有利。

（8）维护程序、时间表和建议（×××系统/部件组合）

本节主要包括厂商提出的维护程序及维护时间的建议。

（9）最优化进程（×××系统/部件组合）

本节旨在指导业主通过制定周期性的能耗比对计划以保持系统/部件性能的最优化。为了满足项目要求和设计要求，以及明确当业主的项目要求无法满足时的处理方法，项目施工最初阶段会设立检查清单以及测试数据记录表格，而这些正是能耗比对计划的制定依据。

（10）运行维护手册（×××系统/部件组合）

本节包括厂家为某系统/部件的特定设备/零件提供的运行维护手册，常见问题的解决办法以及每个应用系统图。

（11）培训记录

本节包括了培训的相关信息，并且提供后续培训的情况。

（12）系统/部件调试报告

本节为某系统/部件的最终调试报告，包括所有的测试过程、测试结果和测试表格。

3.7 培训记录

通常，在递交调试报告后，调试工作即宣告结束。但实际上，完整的调试工作还应包括对建筑运行维护人员的培训。目前，由于建筑信息化、自动化、集成化程度越来越高，而国内物业人员素质普遍偏低。为避免因非专业人士对建筑的不合理运行维护，而导致预期的调试成果无法实现这一的情况出现，调试顾问应在调试工作结束之后，对建筑的实际运行维护人员进行系统培训，并做好相应的培训记录。以下列出了几项常规的培训记录表格，包括表 3-10 至表 3-15。

大众及一般观点 表 3-10

人员类型	□运行维护员工　　□监督人员 □实验室人员
关于培训的大众观点	□A 综述　　　□B 中间的　　　□C 详细的

培 训 信 息 表 3-11

ID 培训员	公司
1）	
2）	
3）	
4）	
5）	

电和消防系统　　　　　　　　　　　　　　　　　**表 3-12**

演讲/示范	日期	地址	持续（h/次×次）	指导员 ID
应急电力系统			8×2	
火警系统			8×2	
电力控制			4×2	
配电器			4×2	
中压设置开关			4×2	
灭火系统的 O&M 程序。包括应急步骤、停止功能、安全要求			4×2	

机械和水装置系统　　　　　　　　　　　　　　　**表 3-13**

演讲/示范	日期	地址	持续（h/次×次）	指导员 ID
变速装置			4×2	
冷水机组			4×2	
水泵系统的精通和运行步骤			3×2	
水处理系统			2×2	

控　制　系　统　　　　　　　　　　　　　　　　**表 3-14**

演讲/示范	日期	地址	持续	指导员 ID
实验室控制系统				
自动温控系统				
DDC 操作系统（操作者用）				
侧重于更先进技术的 DDC 系统培训包括节能策略、反馈能力以及如何实现（管理者用）				

培　训　科　目　　　　　　　　　　　　　　　　**表 3-15**

调试顾问＿＿＿＿＿＿＿＿＿＿＿＿＿＿＿＿＿　　日期＿＿＿＿＿＿＿＿＿＿＿＿

建　议　科　目	要求（√）	持续时间
1. 系统功能的综述和描述		
2. 系统维修：描述诊断过程从而在系统层面确定故障来源，并及时解决问题		
3. 维护部分：每周、每月、每年必须的预防性检查程序并及时解决问题		
4. 检修部分：描述诊断程序从而在系统层面上确定故障来源		
5. 回顾控制图纸和线路图纸		

续表

建 议 科 目	要求（✓）	持续时间
6. 可适用的技术：启动、装载、正常运行、卸载、关机、空闲操作、季节性转变等		
7. 积分控制：设计、检修、报警、人工操作		
8. 楼宇自动化控制：设计、检修、报警、人工操作、积分控制界面		
9. 与其他系统的交互以及断电和火灾时的操作		
10. 相关的健康和安全问题以及特别的安全装备		
11. 节能运行及策略		
12. 特别问题的处理		
13. 普通维修问题及方法控制，包括用控制系统进行诊断以及处理系统报警及错误信息		
14. 居住者对客房设备的特殊要求		
15. 服务、维修和预防性检修（来源、库存、特殊工具等方面）		
16. 问题解决周期		

培训评价

日期：_____   地址：_____

目的：这个表格是用来评价培训的成果的。以此评价为基础，后面的培训将会有所改进。每一个员工的培训结束后，将会由调试顾问填写这张表格。

1＝非常好，5＝不好

1. 培训学期是否达到了预期目的？　　　　　　1　2　3　4　5　N/A
2. 你知道组件/系统的位置吗？　　　　　　　　1　2　3　4　5　N/A
3. 你知道组件/系统的服务区域吗？　　　　　　1　2　3　4　5　N/A
4. 你知道这些组件/系统的各种型号和目的吗？　1　2　3　4　5　N/A
5. 你知道如何系统地检查这些组件/系统，并发现常见的问题吗？

　　　　　　　　　　　　　　　　　　　　　　　1　2　3　4　5　N/A
6. 你知道在正常情况下这些组件/系统如何运行吗？1　2　3　4　5　N/A
7. 你知道符合系统设计的要求有多重要吗？　　1　2　3　4　5　N/A
8. 经过这个学期的培训，你能有效地在系统指南里找到相关指导信息来运行组件/系统吗？

　　　　　　　　　　　　　　　　　　　　　　　1　2　3　4　5　N/A

9. 你知道怎样进行必要的维护以及如何得到你需要的信息吗？

1 2 3 4 5 N/A

10. 你知道如何得到组件/系统升级的技术服务信息吗？

1 2 3 4 5 N/A

第4章 专项调试技术

4.1 系统检查方法

4.1.1 冷源及辅助设备

4.1.1.1 冷水机组

在公共建筑中，最常见的冷水机组是氟利昂制冷系统，具体流程如图4-1所示。冷水机组的检查目的是检查机组的安装情况及运行参数是否与要求相符合。在检查前，还需进行冷水机组制冷系统吹污及检漏试验。

1. 制冷系统的吹污

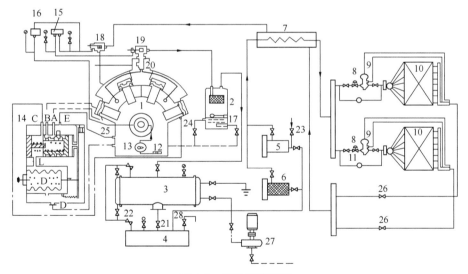

图 4-1 制冷系统流程

1—8FS10 压缩机；2—分油器；3—冷凝器；4—储液器；5—干燥器；6—过滤器；7—热交换器；8—电磁阀；9—热力膨胀阀；10—蒸发器；11—手动膨胀阀；12—油滤器；13—齿轮油泵；14—能量控制阀；15—高低压继电器；16—压差控制器；17—浮球式回油阀；18—双阀座吸入截止阀；19—双阀座排出截止阀；20—压缩机安全阀；21—冷凝器出液阀；22—均压阀；23—充剂阀；24，25—卸载油缸；26—蒸发器回气截止阀；27—水泵；28—储液器安全阀

　　制冷系统应是一个密闭、洁净并且干燥的系统。制冷设备和管道在安装之前，虽然都进行了单体除锈和吹污工作，但是，在系统安装过程中，还是会有一些污物留在系统内部，如钢屑、焊渣、铁锈、氧化皮等。这些污物会造成膨胀阀、毛细管及过滤器的堵塞。一旦这些污物被压缩机吸入到汽缸内，则会造成汽缸或活塞表面的划痕、拉毛等事故，导致制冷系统无法正常运行。因此，在系统正式运转以前必须进行吹污工作，彻底洁净系统，以保证制冷系统的安全运行。

　　一般情况下采用空气压缩机或氮气瓶作为吹污工作的气源，也可用制冷压缩机。吹污工作应按设备和管道分段或分系统进行，排污口应选在各排污段的最低点，以使污物顺利排出。吹污工作可按下述步骤进行：

　　（1）将所有与大气相通的阀门关紧，其余阀门则全部开启；

　　（2）将需要吹污的一段排污口用木塞堵上；

　　（3）给需要吹污的一段系统用氮气或干燥的压缩空气加压，加压至 0.6MPa；

　　（4）加压过程中，用榔头轻轻敲打吹污管，以使附着在管壁上的污物与壁面脱离，然后迅速打开排污口，以便高速气流将污物带出；

　　（5）反复进行多次，直至系统洁净为止；

　　（6）检查方法：可用一块干净的白纱布，绑在一块木板上放在排污口处，白纱布上无明显污点即为合格。

　　吹污结束后，应对系统上的阀门（安全阀除外）进行清洗，然后再重新装配。

　　2. 制冷系统的气密性试验

　　制冷系统中的制冷剂具有很强的渗透性，当系统存在不严密处就会造成制冷剂的泄漏，一方面会影响制冷系统的正常工作，另一方面，有些制冷剂对人体具有一定的毒性，并且污染大气。所以在系统吹污工作结束后，还应对系统进行气密性试验。目的在于检查系统的安装质量，检验系统在压力状态下的密封性能是否良好。气密性试验包括压力试漏、真空试漏和制冷剂试漏。

　　（1）压力试漏

　　试验压力见表 4-1。试验时间为 24h，前 6h 由于系统内的气体温度下降造成压力有所下降，允许压降见公式（4-1）。

$$P_2 = P_1 \left(1 - \frac{273 + t_2}{273 + t_1} \right) \qquad (4\text{-}1)$$

式中　P_1——试验开始系统内气体的压力，MPa；

　　　　t_1——试验开始系统内气体的温度，℃；

　　　　P_2——某一时刻系统内气体的压力，MPa；

t_2——某一时刻系统内气体的温度，℃。

制冷系统气密性试验压力

表 4-1

制冷工质	系统试验高压压力/MPa	系统试验低压压力/MPa
R_{717}、R_{22}、R_{13}	1.8	1.2
R_{12}	1.6	1.0

根据 ΔP 与系统压力表读数进行比较可以判断，压降是由温度下降所引起还是由漏气所引起。一般 $\Delta P = 0.02 \sim 0.03$ MPa。后 18h 内，如因室内温度变化所引起的压降仍可用上式计算，若试验终了的压力差大于式（4-1）所计算的压力，说明系统不严密，应进行全面检查，找出漏点加以修补，并重新试压，直到合格为止。

压力试漏应注意以下几个方面：

1）试压时应将有关设备的控制阀关闭，如氨泵、浮球阀、液位器等，以免损坏；

2）若有泄漏点需进行补焊时，需将系统泄压，并与大气相通，绝不可带压焊接，补焊次数不得超过 2 次，否则应将该处管段换掉重新焊接；

3）检漏工作必须认真、仔细，可用肥皂水且肥皂水不宜过稀。将渗漏点做好标记，待全部检查完毕之后进行补漏。

（2）真空试漏

真空试漏的目的是检验系统在真空条件下有无渗漏，排除系统内残留的空气和水分，并为系统充注制冷剂做好准备。真空试漏是在系统吹污、压力试漏合格的前提下进行的。

真空试漏要求制冷系统内的绝对压力达到 2.7～4kPa，保持 24h 无变化即为合格。对于大型制冷系统，可用系统压缩机自身抽真空，也可用压缩机把系统的大量空气抽走，然后用真空泵把剩余的气体抽净。用真空泵抽真空操作如下：

1）将真空泵吸入口与系统抽气口接好，抽气口可以是压缩机排气口的多用通道或排空阀，也可是制冷剂注入阀；

2）关闭系统中与大气相通的阀门，打开其他阀门；

3）启动真空泵抽真空，当真空度超过 97.3kPa 时，关闭抽气口处阀门，停止真空泵工作，检查系统是否泄漏。检查时可把点燃的香烟放在各焊口及法兰接头处，如发现烟气被吸入，即说明该处有漏点。

用制冷压缩机抽真空时应注意油压的大小。随着系统真空度的提高会使油泵的工作条件恶化，导致机器运动部件的损坏，所以油压（指压差）不得小于27kPa，否则应停车。

（3）制冷剂试漏

在压力试漏和真空试漏合格后，应对系统进行充注制冷剂的试漏。目的是为了进一步检查系统的严密性，同时为系统的正常运转做准备。因为制冷剂的渗透性很强，如有渗漏，会损失大量的制冷剂，同时造成环境的污染。

氟利昂制冷系统要进行充氟检漏。充氟检漏时，可在系统内充入少量氟利昂气体，使系统内压力达到 0.2～0.3MPa，然后开始检漏。为了避免系统中含水量过高，要求氟液的含水量不应超过 0.025%，而且氟利昂必须经过干燥器干燥后才能进入系统。向系统充注氟利昂时，可利用系统真空度，使之进入系统。氟利昂检漏可使用卤素检漏仪进行。

完成吹污和检漏试验后，对冷水机组进行检查。检查项目包括：设备检查和试运转检查，如表 4-2 所示。

冷水机组检查方法 表 4-2

检查项目	检查内容
设备检查：设备检查的目的主要是从外观上判断设备是否符合设计要求	冷水机组安装数量和位置是否与设计相同； 冷水机组的铭牌参数是否与设计相同
试运转检查：试运转检查的目的是检验压缩机的装配质量，并使机器的各运动部件进行初步的磨合，以保证机器正常运行时处于良好的机械状态。一般情况下，试运转分三步进行，即无负荷试车、空气负荷试车和制冷剂负荷试车	1）无负荷试车 是指试车时不装吸、排气阀和汽缸盖。无负荷试车的目的是检查吸、排气之外的制冷压缩机的各运动部件装配质量，如活塞环与汽缸套、连杆大头轴承与曲轴、连杆小头轴承与活塞销等的装配间隙是否合理。检查各运动部件的润滑情况是否正常。试车前，应在电气系统、自动控制系统、电机空载试运转试验完毕，冷却水管路正常投入使用，曲轴箱内已加入规定数量的润滑油之后方可进行试车
	2）空气负荷试车 空气负荷试车亦称带阀有负荷试车。该项试车应装好吸、排气阀和汽缸盖等部件。空气负荷试车的目的是进一步检查压缩机在带负荷时各运动部件的装配正确性及各运动部件的润滑情况及温升。该项试车是在无负荷试车合格后进行的，试车前应对制冷压缩机进行进一步的检查并做好必要的准备工作
	3）制冷剂负荷试车 制冷剂负荷试车的目的是检查压缩机在正常运转条件下的工作性能和维修装配质量是否符合规定。对于新安装的和大修后的压缩机，都需拆卸、清洗、检查测量、重新装配之后进行负荷试运转，以鉴定机器安装及大修后的质量和运转性能，是整个制冷系统交付验收使用前对系统设计、安装质量的最后一道检验程序

经上述检查，认为没有问题后，即可启动压缩机进行试运转。试运转时，需观察冷水机组的各项参数是否正常，包括：冷凝器的参数是否正常：包括冷凝压力/温度、进水压力、出水压力、进出水压差、水流量、进水温度、出水温度、进出水温差；蒸发器的参数是否与设计相同：包括蒸发压力/温度、进水压力、出水压力、进出水压差、水流量、进水温度、出水温度、进出水温差。冷机台数一般较少，必须每台机组进行检查。检查的方法是观察显示屏上机组运行时显示的参数，并用相应的仪器测量所需要的参数。

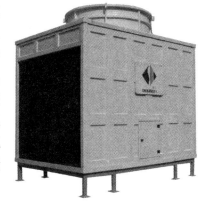

图 4-2　冷却塔外形示意图

4.1.1.2　冷却塔

冷却塔外形如图 4-2 所示，其检查的目的是检查设备能否正常运行，具体检查方法见表 4-3。

检查项目包括：设备检查和试运转检查。

冷却塔检查方法

表 4-3

检查项目	检　查　内　容
设备检查	1) 安装检查：检查阀门、管道、设备安装； 2) 外观检查：检查阀门、仪表安装位置是否满足设计和规范，机组部件是否清洁，标识是否齐全且正确； 3) 配水系统是否清洁、通畅、无杂物堵塞，无漏水和溢水现象，喷头等物是否脱落、损坏且喷溅是否正常，淋水填料是否缺损、无变形，填料表面是否有藻类、油污及其他杂物，除水器是否有破损且表面清洁，是否有阻碍空气正常流动的杂物、油污及其他沉淀物； 4) 进塔水管上的控制阀门、冷却塔之间联络管阀门是否启闭灵活、关闭严密； 5) 冷却塔集水池水位是否处于正常运行水位或测试要求水位； 6) 配电检查：检查电源开关与标识，电路连接是否紧固等
试运转检查	冷却塔试运转前，应做以下准备工作： 1) 清扫冷却塔内的夹杂物和尘垢，并用清水冲掉填料中的灰尘和杂物，防止冷却水管或冷凝器等堵塞； 2) 冷却塔和冷却水管路系统供水时先用水冲洗排污，直到系统无污水流出为止。在冲洗过程中，不能将水通入冷凝器中，应采用临时的短路措施，待管路冲洗干净后再将冷凝器与管路连接。管路系统应无漏水现象； 3) 检查自动补水阀的动作状态是否灵活准确； 4) 应对冷却塔内的补给水、溢水的水位进行校验，使之准确无误，以防止水源的损失；

续表

检查项目	检 查 内 容
试运转检查	5）对横流式冷却塔配水池的水位以及逆流式冷却塔旋转布水器的转速等调整到进水量适当，使喷水量和吸水量达到平衡的状态； 确定风机的电动机绝缘情况及风机的旋转方向，必须使电动机的控制系统动作正确。 冷却塔试运转时，应检查风机的运转状态和冷却水循环系统的工作状态，并记录运转情况及有关数据。如无异常现象，连续运转时间不应少于 2h。 1）检查喷水量和吸水量是否平衡，并观察补给水和集水池的水位等运行状况，应达到冷却水不跑、不漏的良好状态； 2）检查布水器的旋转速度和布水器的喷水量是否均匀，如发现布水器运转不正常应暂停运转，待故障排除后再运转进行考核； 3）测定风机的电动机启动电流和运转电流值，并控制运转电流在额定电流范围内； 4）运行时，冷却塔本体应稳固，无异常振动，若有振动，应查出使冷却塔产生振动的原因。用声级计测量冷却塔的噪声，其噪声应符合设备技术文件的规定； 5）测量冷却塔出入口冷却水的温度。如果冷却塔与空调制冷设备联合运转，可由冷却塔出入口冷却水的温度分析冷却塔的冷却效果； 6）测量风机轴承的温度，该温度应符合设备技术文件的要求和验收规范对风机试运行的规定； 7）检查喷水的偏流状态，并找出产生偏流的原因； 8）检查冷却塔正常运转后的飘水情况，如有较大的水滴出现，应查明原因。 冷却塔在试运转过程中，管道内残留的及随空气带入的泥沙、尘土会沉积到集水池底部，因此试运转工作结束后，应清洗集水池，并清洗水过滤器。冷却塔试运转后如长期不使用，应将循环管路及集水池中的水全部放出，防止形成污垢和冻坏设备

4.1.1.3　水泵

水泵外形如图 4-3 所示，检查的目的是检查设备能否正常运行，具体方法见表 4-4。

图 4-3　水泵外形示意图

水泵检查方法　　　　　　　　　　　表 4-4

检查项目	检 查 内 容
设备检查	1）安装检查：检查阀门、管道、设备安装。检查地脚螺栓的紧固程度，二次灌浆和抹面应达到设计强度的要求； 2）渗漏检查：检查冷却、传热、保温、保冷、冲洗、过滤、除湿、润滑、液封等系统和管道连接应正确无渗透，并冲洗干净，保持畅通； 3）外观检查：检查阀门、仪表安装位置是否满足设计和规范，部件是否清洁，标识是否齐全且正确； 4）配电检查：检查电源开关与标识，电路连接是否紧固等； 5）控制检查：检查控制组件是否安装完毕，水阀是否动作正常
试运转检查	检查水泵运行状态、振动和噪声、阀门灵活调节情况等。 1）压力表是否灵敏、准确、可靠； 2）电动机转向是否与泵的转向相符； 3）水泵前后阀门是否能够正常工作； 4）检查水泵配电系统是否正常； 5）各固定连接部位不应有松动； 6）转子及各运动部件运转应正常，不得有异常声响和摩擦现象； 7）管道连接应牢固无渗漏； 8）滑动轴承的温度不应大于70℃；滚动轴承不应大于80℃；特殊轴承的温度应符合设备技术文件的规定； 9）各润滑点的润滑油温度、密封液的温度应符合设备技术文件的规定；润滑油不得有渗漏和雾状喷油现象； 10）泵在额定工况点连续试运行不少于2h； 11）机械密封的泄漏量不应大于5mL/h，填料密封的泄漏量不应大于表4-5的规定，且温升正常； 12）检查水泵运行参数是否正常，包括：水泵扬程、流量、电机功率、转速、电压、电流

填料密封的泄漏量　　　　　　　　　　表 4-5

设计流量（m³/h）	≤50	50～100	100～300	300～1000	>1000
泄漏量（5mL/min）	15	20	30	40	60

4.1.1.4 冷源自控检查

冷源系统自控检查的目的是检查自控系统能否正常运行，检查项目主要是试运转检查，具体方法详见表4-6。

冷源自控检查方法　　　　　　　　　　表 4-6

检查项目	检 查 内 容
冷水机组自控功能验证	1）验证冷水机组启停动作； 2）验证冷水机组报警动作； 3）验证冷水机组负荷加减载自动调节

检查项目	检 查 内 容
冷却塔自控功能验证	1）验证冷却塔启停动作； 2）验证冷却塔报警动作； 3）验证冷却塔负荷加减载调节
水泵自控功能验证	1）水泵启停控制； 2）水泵报警控制； 3）水泵联动控制； 4）水泵变流量调节
冷源联动控制检查	1）检查下达启动命令时是否按照以下顺序开启：水管阀门开启→冷却塔风机、冷却水泵、冷冻水泵开启→制冷主机开启； 2）检查下达停止命令时是否按照以下顺序停止：制冷主机停止→冷却塔风机、冷却水泵、冷冻水泵停止→水管阀门停止
传感器检查	1）检查温度传感器、压差传感器、流量传感器检测的数据是否和实际相同； 2）检查的方法是观察设备的运行情况，并用相应的仪器测量所需要的参数

4.1.2 输配系统

4.1.2.1 水管路检查

水管路检查的目的是检查水管是否有漏水、堵塞的现象，具体方法见表4-7。检查项目包括：安装检查和试运转检查。

输配系统检查方法 表 4-7

检查项目	检 查 内 容
安装检查	1）冷冻水管上的保温层是否完好； 2）管道上所用设备、阀门、仪表、绝热材料等产品是否与设计相符，是否安装齐全，性能参数是否满足要求； 3）检查水系统各分支管路水力平衡装置、温控装置与仪表的安装位置、方向应符合设计要求，并便于观察、操作和调试； 4）阀门前后是否有足够长的直管段； 5）检查水管是否清洁
试运转检查	1）检查水管是否有渗漏； 2）检查水管是否堵塞

检查时，应检查所有主管，抽查支管，支管检查数量不少于20%。检查包括外观检查，并检查是否有安装问题及渗漏问题，用卷尺进行相应的测量。

4.1.2.2 阀门检查

阀门检查的目的是检查阀门的调节性能是否满足要求，具体方法见表4-8。

检查项目包括：安装检查和试运转检查。

阀门检查方法

表4-8

检查项目	检 查 内 容
安装检查	1）检查阀门的安装位置、型号、参数是否与设计相同； 2）检查常开和常闭阀门是否处于相应开度； 3）检查阀门是否启闭灵活、关闭严密； 4）检查电动阀是否能按照自控要求开启或关闭； 5）检查阀门前后是否有足够长的直管段； 6）检查阀门位置是否便于调节
试运转检查	1）检查阀门控制效果； 2）检查阀门是否泄漏

检查时，应检查所有主管上的阀门，抽查支管的阀门，支管阀门检查数量不少于20％。检查包括外观检查，并检查是否有安装问题及渗漏问题，用卷尺进行相应的测量。

4.1.3 末端系统

4.1.3.1 组合式空调机组检查

组合式空调机组具有多个功能段，包括水系统的末端设备和风系统的送风设备，见图4-4。其检查目的是为了保证空调系统的施工质量能够满足规范和设计要求，保证空调设备的单机试运转正常，保证空调机组的各部件满足使用要求，具体方法见表4-9。

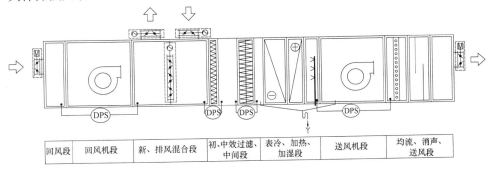

| 回风段 | 回风机段 | 新、排风混合段 | 初、中效过滤、中间段 | 表冷、加热、加湿段 | 送风机段 | 均流、消声、送风段 |

图4-4 组合式空调机组功能段示意图

组合式空调机组现场检查主要包括空调机组施工质量检查和设备单机试运转检查两部分。

组合式空调机组检查方法　　　　　表 4-9

检查项目	检 查 内 容
施工质量检查	1）空调机组水系统安装质量检查 ① 检查空调机组水管上的阀门安装是否符合规范要求，阀门执行机构是否正常； ②检查空调机组和水管连接处是否有软管连接； ③检查空调机组水管上是否安装过滤器，且过滤器的安装满足使用要求； ④检查空调水管上过滤器是否堵塞； ⑤检查空调机组水管上是否安装压力表，且压力表的安装满足使用要求； ⑥检查空调机组水管上是否安装温度计，且温度计的安装满足使用要求； ⑦检查空调机组水管上是否安装电动阀门，且电动阀门的安装满足使用要求，电动阀门执行是否正常，电动阀门前后是否有旁通管； ⑧检查空调系统水管路各部件的连接处是否有漏水现象； ⑨检查空调系统冷凝水安装是否符合要求，是否有水封。 2）空调机组风系统安装质量检查 ① 检查空调设备安装时是否安装了减震措施，减震措施是否能够满足设备使用要求； ②检查空调机组风管上的阀门安装是否符合规范要求，阀门执行机构是否正常； ③检查空调机组和风管连接处是否有软管连接； ④检查空调机组风管上是否安装电动阀门，且电动阀门的安装满足使用要求，电动阀门执行是否正常； ⑤检查空调风系统管路各部件的连接处是否有漏风现象，包括设备与风管连接处、软连接和风管连接处、风管与风口连接处等漏风情况； ⑥检查空调机组内风过滤网是否堵塞； ⑦检查空调机组内表冷器是否堵塞； ⑧检查空调机组内是否有杂物。 3）空调机组配电系统安装质量检查 ① 检查空调系统的配电箱内各部件安装是否完毕； ②检查空调系统的配电箱内是否有配电图； ③检查配电箱内是否干净、无杂物
设备单机试运转检查	1）检查空调机组的配电是否正常； 2）检查空调机组内的皮带松紧是否正常； 3）检查风机的转向是否正常； 4）检查风机运行时是否有异常噪声； 5）检查空调机组变频器运行是否正常

4.1.3.2　新风机组检查

新风机组的检查分为两部分，一部分和组合式空调机组相同（可全部参照

4.1.3.1），另一部分则需完成以下的检查，具体方法见表4-10。

新风机组检查方法　　　　　　　　　　　　　　表 4-10

检查项目	检 查 内 容
定风量阀	定风量阀在机组运行时对新风量的控制起到关键作用，因此，定风量阀检查的目的是检查阀门的安装质量是否满足测试、调试的要求。 　检查的项目包括：铭牌、风阀前后直管段、风阀与风管连接处、保温、螺钉、电气元件。具体包括： 　1）铭牌是否清晰可见，是否与设备表符合； 　2）风阀安装前后是否留有足够直管段，是否满足产品样本中描述的安装要求； 　3）风阀与风管连接处是否紧密； 　4）风阀上保温施工是否完整、严密； 　5）风阀上各螺钉是否安装良好； 　6）静压管是否连接正常； 　7）电气元件是否连接正常。 　必须全数检查。检查的方法主要为现场观察，相机记录
新风传感器检查	新风传感器检查的目的是检查传感器的安装质量是否满足测试、调试的要求。 　检查的项目包括：铭牌、安装位置、电气元件。具体包括： 　1）铭牌是否清晰可见，是否与设备表符合； 　2）安装位置是否满足样本要求； 　3）电气部件是否安装良好。 　必须全数检查。检查的方法主要为现场观察，相机记录
防冻保护装置检查	防冻保护装置检查的目的是检查装置安装质量是否满足测试、调试的要求。 　检查的项目包括：铭牌、安装位置、电气元件。具体为： 　1）铭牌是否清晰可见，是否与设备表符合； 　2）安装位置是否满足样本要求； 　3）电气部件是否安装良好。 　必须全数检查。检查的方法主要为现场观察，相机记录

4.1.3.3　风机盘管

　　风机盘管检查的目的是保证风机盘管的规格能够满足规范和设计要求，保证设备的单机试运转正常，具体方法见表4-11。

　　风机盘管现场检查主要包括风机盘管施工质量检查和设备单机试运转检查两部分。

	风机盘管检查方法	表 4-11

检查项目	检 查 内 容	
施工质量检查	1）风机盘管水系统安装质量检查 ①检查风机盘管水管上的阀门安装是否符合规范要求，阀门执行机构是否正常； ②检查风机盘管和水管连接处是否有软管连接； ③检查风机盘管水管上是否安装过滤器，且过滤器的安装满足使用要求； ④检查风机盘管水管上过滤器是否堵塞； ⑤检查风机盘管水管路各部件的连接处是否有漏水现象； ⑥检查风机盘管冷凝水安装是否符合要求，是否有水封。 2）风机盘管风系统安装质量检查 ①检查风机盘管和风管连接处是否有软管连接； ②检查风机盘管风系统管路各部件的连接处是否有漏风现象，包括设备与风管连接处、软连接和风管连接处、风管与风口连接处等漏风情况； ③检查风机盘管内风过滤网是否堵塞； ④检查风机盘管内表冷器是否堵塞	
设备单机试运转检查	1）检查风机的转向是否正常； 2）检查风机运行时是否有异常噪声	

4.1.3.4 变风量末端 VAVbox（变风量空调系统）

变风量末端 VAVbox 检查是指对变风量末端 VAVbox 的风系统和水系统的施工质量、单机试运转检查，是 VAVbox 功能和精度测试前的必要阶段。检查目的是保证变风量末端 VAVbox 的施工质量能够满足规范和设计要求，保证其各部件满足使用要求。各类变风量末端见图 4-5、图 4-6 和图 4-7。

检查的项目见表 4-12。

	变风量末端 VAVbox 检查方法	表 4-12

检查项目	检 查 内 容	
所有类型的变风量末端 VAVbox	1）变风量末端 VAVbox 的送风管路所安装的软管长度是否满足规范要求（软管长度不能超过 2m）； 2）变风量末端 VAVbox 的送风管路是否存在管路阻力较大的地方，例如铝箔软管拐弯，送风软管和风口的连接处是否扭弯； 3）变风量末端 VAVbox 和送风管连接处是否存在漏风的现象； 4）变风量末端 VAVbox 和一次风管连接处是否存在漏风的现象； 5）变风量末端 VAVbox 送风管和送风口连接处是否存在漏风的现象； 6）变风量末端 VAVbox 送风管和一次风管上的阀门是否正常； 7）变风量末端 VAVbox 的压力采集管是否已连接，连接方式是否正常	
风机动力性变风量末端 VAVbox	1）检查变风量末端 VAVbox 室内回风的过滤网是否堵塞； 2）检查变风量末端 VAVbox 的风机运行是否正常	
带加热盘管的变风量末端 VAVbox	1）检查变风量末端 VAVbox 的加热盘管的水阀开关是否正常； 2）检查变风量末端 VAVbox 的过滤器是否堵塞； 3）检查变风量末端 VAVbox 的水管路部件连接处是否存在漏水现象	

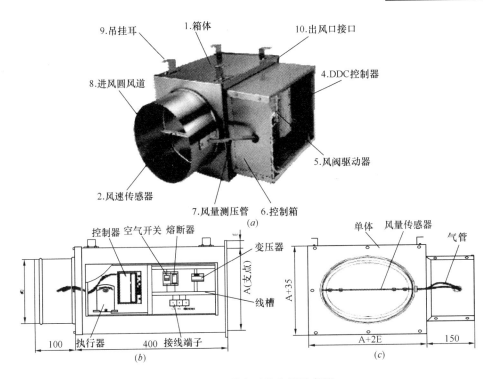

图 4-5 单风道变风量末端示意图

(*a*) 单风道 VAVbox 外形图;(*b*) 单风道 VAVbox 控制箱;(*c*) 单风道 VAVbox 出风口

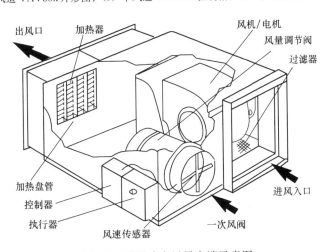

图 4-6 并联式变风量末端示意图

4.1.3.5 风管

风管检查主要是检查风管是否有漏风、堵塞的现象,具体方法见表4-13。检查的项目主要包括安装检查和试运转检查。

65

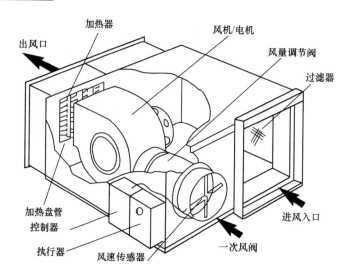

图 4-7 串联式变风量末端示意图

风 管 检 查 方 法 表 4-13

检查项目	检 查 内 容
安装检查	1）风管上的保温层是否完好； 2）管道上所用设备、阀门、仪表、绝热材料等产品是否与设计相符，是否安装齐全，性能参数是否满足要求； 3）检查工程风系统各分支管路风平衡装置、仪表的安装位置、方向是否符合设计要求，且应便于观察、操作和调试； 4）阀门前后是否有足够长的直管段； 5）检查风管是否清洁
试运转检查	1）检查风管是否有渗漏； 2）检查风管是否堵塞

4.1.3.6 风阀

风阀检查目的是检查风阀安装质量是否满足测试、调试的要求，具体方法见表 4-14。

风 阀 检 查 方 法 表 4-14

检查项目	检 查 内 容
铭牌 风阀前后直管段 风阀与风管连接处 保温 螺钉 电气元件	1）铭牌是否清晰可见，是否与设备表符合； 2）风阀安装前后是否留有足够直管段，是否满足产品样本中描述的安装要求； 3）风阀与风管连接处是否紧密； 4）风阀上保温施工是否完整、严密； 5）风阀上各螺钉是否安装良好； 6）静压管是否连接正常； 7）电气元件是否连接正常

4.2 设备测试方法

4.2.1 冷水机组

冷水机组测试的目的是测试机组的制冷量和性能能否满足设计要求。

1. 制冷量检测

（1）测点布置

温度传感器应设在靠近机组的进出口处，流量传感器应设在设备进口或出口的直管段上，并应符合冷水机组测试要求。

（2）检测步骤与方法

1）按国家标准《容积式和离心式冷水（热泵）机组性能试验方法》GB/T 10870 规定的液体载冷剂法进行检测；

2）检测时应同时分别对冷水的进、出口水温和流量进行检测，根据进、出口温差和流量检测值计算得到系统的供冷量；

3）每隔 5～10min 读一次数，连续测量 60min，取每次读数的平均值作为测试的测定值。

（3）数据处理

机组的制冷量按公式（4-2）计算：

$$Q_0 = \frac{V\rho c\Delta t}{3600} \tag{4-2}$$

式中　Q_0——机组制冷量，kW；

　　　V——循环侧水平均流量，m^3/h；

　　　Δt——循环侧水进、出口平均温差，℃；

　　　ρ——水平均密度，kg/m^3；

　　　c——水平均定压比热，$kJ/(kg \cdot ℃)$；

　　　ρ、c 可根据介质进、出口平均温度由物性参数表查取。

2. 冷水机组性能系数检测

（1）检测步骤与方法

1）被测机组测试状态稳定后，开始测量冷水机组的冷量，并同时测量冷水机组耗功率；

2）每隔 5～10min 读一次数，连续测量 60min，取每次读数的平均值作为测试的测定值；

3）工程现场测试冷水机组的校核试验热平衡率偏差不大于 15%。

（2）数据处理

1）电驱动压缩机的蒸气压缩循环冷水机组的性能系数（COP）按公式（4-3）计算：

$$COP = \frac{Q_0}{N_i} \qquad (4\text{-}3)$$

式中　Q_0——机组测定工况下平均制冷量，kW；

　　　N_i——机组平均实际输入功率，kW。

2）溴化锂吸收式冷水机组的性能系数（COP）按公式（4-4）计算

$$COP = \frac{Q_0}{(Wq/3600) + P} \qquad (4\text{-}4)$$

式中　Q_0——机组测定工况下平均制冷量，kW；

　　　W——燃料耗量：燃气消耗量（W_g），m^3/h；燃油消耗量 W_o，kg/h；

　　　q——燃料低位热值，kJ/m^3 或 kJ/kg；

　　　P——消耗电力，kW。

4.2.2　冷却塔

冷却塔测试的目的是测试设备的性能是否满足设计要求。

冷却塔效率检测：

1. 检测步骤与方法

（1）待被测冷却塔测试状态稳定后，开始测量。冷却水量不低于额定水量的 80%；

（2）测量冷却塔进、出口水温，并测试冷却塔周围环境空气湿球温度。

2. 数据处理

冷却塔效率应按式（4-5）计算：

$$\eta_{ic} = \frac{T_{iC,in} - T_{iC,out}}{T_{iC,in} - T_{iw}} \times 100\% \qquad (4\text{-}5)$$

式中　η_{ic}——冷却塔效率，%；

　　　$T_{iC,in}$——冷却塔进水温度，℃；

　　　$T_{iC,out}$——冷却塔出水温度，℃；

　　　T_{iw}——环境空气湿球温度，℃。

4.2.3　水泵

水泵测试的目的是测试水泵扬程及效率能否满足设计要求。

水泵效率检测：

1. 检测步骤与方法

（1）被测水泵测试状态稳定后，开始测量；

（2）测试过程中，测量水泵流量，并测试水泵进、出口压差，以及水泵进、出口压力表的高差，测试原理图如图 4-8 所示，同时记录水泵输入功率；

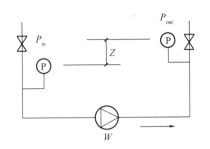

图 4-8 水泵效率测试原理图

注：当测量水泵进出口压力时，应注意两个测点之间的阻力部件（如过滤器、软连接和弯头等）对测量结果的影响，如果影响不能忽略，则应进行修正。

（3）检测工况下，应每隔 5～10min 读数 1 次，连续测量 60min，并应取每次读数的平均值作为检测值。

2. 数据处理

水泵效率按公式（4-6）计算

$$\eta = 10^{-6} V \rho g (\Delta H + Z)/3.6W \qquad (4\text{-}6)$$

$$\Delta H = (P_{out} - P_{in})/\rho g$$

式中　V ——水泵平均水流量，m^3/h；

　　　ρ ——水平均的密度，kg/m^3，可根据水温由物性参数表查取；

　　　g ——自由落体加速度，$9.8m/s^2$；

　　P_{out} ——水泵出口压力，Pa；

　　　P_{in} ——水泵进口压力，Pa；

　　　ΔH ——水泵平均扬程：进、出口平均压差，mH_2O；

　　　Z ——水泵进、出口压力表高度差，m；

　　　W ——水泵平均输入功率，kW；

4.2.4 变风量箱 VAVbox

本部分内容主要针对 VAVbox 的控制功能和测量精度进行测试。由于 VAV 控制逻辑会根据各个项目的不同而具有多样性，故以下内容仅对通用的控制逻辑做相应阐述，对于个别项目的特殊控制逻辑还应根据具体情况制定测试方案。此部分工作是变风量空调系统调试工作的核心组成部分，是下一阶段末端设备调试的必要保障和前提。

1. VAVbox 控制功能和逻辑验证

VAVbox 控制功能和逻辑验证的主要目的是测试 VAVbox 的各项控制功能能否正常实现，控制逻辑是否正确。

测试的项目包括：VAVbox 一次风阀开启、热水阀启停与室内温控器的联动，一次风阀开度、一次风风量与室内温度、设定温度的关系是否符合控制逻辑。

（1）测试方法

1）抄录一台 AHU 机组所带的全部 VAVbox 的各项参数数值，观察所记录的各项数据是否符合逻辑关系；

2）更改室内温控器的设定温度，观察一次风阀、风机及热水阀（风机动力型）的变化情况；

3）更改 AHU 机组的变频器设定频率，观察一次风阀是否发生相应变化。

（2）判定条件及处理方法

1）夏季工况：如房间温度高于设定温度，则一次风阀应尽量开大，直到达到标定的最大风量或100％全开为止，否则视为控制功能不正常；

2）夏季工况：如房间温度低于设定温度，则一次风阀应尽量关小，直到达到标定的最小风量为止，否则视为控制功能不正常；

3）夏季工况：更改 AHU 机组的变频器设定频率，例如：降低设定频率，机组出风量降低，则该台 AHU 机组所带的各台 VAVbox 的一次风阀开度应变大；反之，升高设定频率，各台 VAVbox 的一次风阀开度应变小；否则视为控制功能不正常；

4）冬季工况：如房间温度低于设定温度，则风机应开启，电动热水阀也应同时开启，且一次风阀开度维持在最小风量附近，否则视为控制功能不正常。

2. VAVbox 风量测量装置精度校核

VAVbox 风量测量装置精度校核的目的，是测试 VAVbox 的风量测量装置所显示的风量是否与实际风量相符，主要对 VAVbox 风量传感装置进行测试。

（1）测试方法

1）在 VAVbox 前选择直管段，按规范要求打孔后用毕托管和微压计进行风压测量，并计算风量，以校核厂商所提供公式（曲线）的准确性；

2）将 VAVbox 上的风量测量装置（毕托管）与微压计对接，待读数稳定后，记录风压数值，利用 VAVbox 厂商提供的性能曲线或换算公式，计算实际通过 VAVbox 的一次风风量。

（2）判定条件及处理方法

如果测试的实际风量与显示的风量偏差在±5％之间，则视为合理误差范围内，否则视为厂家提供的公式（曲线）存在问题或精度不符合要求。

4.3 系统调试方法

4.3.1 水系统平衡调试

4.3.1.1 水力失调和水力平衡理念

水力失调是由于水力失衡而引起运行工况失调的一种现象，供暖与空调水系统通常均存在水力失调现象，因此，必须重视水系统的初调节和运行过程中的调节与控制问题。水力失调可分为静态与动态两种类型：

（1）静态水力失调：静态水力失调是水系统自身固有的，它是由于管路系统阻力特性系数的实际值偏离设计值而导致的；

（2）动态水力失调：动态水力失调不是水系统自身固有的，是在系统运行过程中产生的。它是因某些末端设备的阀门开度改变，在导致流量变化的同时，管路系统的压力产生波动，从而引起互扰而使其他末端设备流量偏离设计值的一种现象。

在建筑暖通空调水系统中，水力失调是最常见的问题。由于水力失调导致系统流量分配不合理，某些区域流量过剩，某些区域流量不足，造成某些区域冬天不热、夏天不冷的情况，系统输送冷、热量不合理，从而引起能量的浪费，或者为解决这个问题，提高水泵扬程，但仍会产生热（冷）不均并导致更大的电能浪费。因此，必须采用相应的调节阀门对系统流量分配进行调节。

图 4-9 给出了由于系统不平衡而导致室内温度偏离所造成的能耗附加比例。

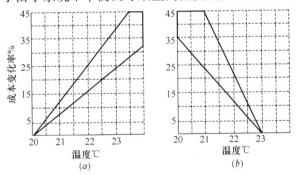

图 4-9　每提高或降低 1℃能量成本的变化率

（a）加热；（b）制冷

平衡阀的出现，为从根本上克服水力失调现象创造了条件。正因为如此，同程式系统的应用，现在国内外都已经越来越少。

工程设计中，对水力平衡的基本要求是：

（1）在设计工况下所有末端设备必须都能够达到设计流量；

（2）对系统中任何一组末端设备进行调节时，不会影响其他末端设备的正常运行；

（3）控制阀两端的压差不能有太大的变化；

（4）一、二次环路的水流量必须兼容。

根据水力失调类型的不同，水力平衡对应的也可分为下列两种形式：

（1）静态水力平衡：若系统中所有末端设备的温度控制阀门（如温控阀和电动调节阀等）均处于全开位置，所有动态水力平衡设备也都设定在设计参数位置（设计流量或压差），这时，如果所有末端设备的流量均能达到设计值，则可以认为该系统已达到了静态水力平衡。使用手动平衡阀和自动流量平衡阀都可以实现静态水力平衡；

（2）动态水力平衡：对于变流量系统来说，除了必须达到静态水力平衡外，还必须同时较好地实现动态水力平衡，即在系统运行过程中，各个末端设备的流量均能达到随瞬时负荷改变的瞬时要求流量；而且各个末端设备的流量只随设备负荷的变化而变化，而不受系统压力波动的影响。

由于变流量系统常常是通过两通调节阀（控制阀）来实现的。因此，调节阀的表现往往代表着动态水力平衡的效果。国际上普遍以阀权度这一概念作为判断调节阀表现的标准，阀权度的定义见公式（4-7）：

$$S = \frac{\Delta P_{\min}}{\Delta P_0} \tag{4-7}$$

式中　$\Delta P_{\min}$——控制阀全开时的压力损失；

　　　ΔP_0——控制阀所在串联支路的总压力损失。

阀权度小，说明通过调节阀两端的压差变化较大，调节阀本身的特性会产生较大的偏离与振荡，从而影响其使用效果，同时也说明回路间的互扰现象比较严重。采用不同的平衡手段，则调节阀会得到不同的阀权度，也代表着变流量系统不同的平衡效果。

严格地说，在变流量系统中，只有当所有调节阀的阀权度都等于 1 时，即互扰现象完全消除后，系统才可能实现绝对意义上的动态水力平衡。当然，实际上这是不可能的，实践中，基于实际需要和"节能/投资比"的考虑，也没有必要盲目追求过高的阀权度。

两通调节阀的阀权度，国际上通行的控制标准是 $S = 0.25 \sim 0.50$。一般宜取：$0.30 \leqslant S \leqslant 0.50$。

静态与动态水力平衡，可以通过多种平衡方式来实现。平衡装置的选择或组合，应根据系统的具体状况而定，不应简单化和绝对化。类似"用静态平衡阀解决静态失调，用动态平衡阀解决动态失调"的说法是不确切的。

现在空调系统大量采用截止阀、球阀等，尽管这种调节方式也具有一定的调节能力，但由于其调节性能不好以及无法对调节后的流量进行测量，这种调节只能说是定性的和不准确的，常常给工程安装完毕后的调试工作和运行管理带来极大的不便。因此，在越来越多的暖通空调工程水系统的关键部位（如集水器），特别是在一些国外设计公司设计的工程项目中，近些年来均大量选用水力平衡阀对系统的流量分配进行调节。

4.3.1.2 静态水力平衡调节

根据结构特性，平衡阀可以分为手动平衡阀、自动流量平衡阀和多功能平衡阀三个大类。其中，手动平衡阀一般用于静态水力平衡调节，自动流量平衡阀和多功能平衡阀一般用于动态水力平衡调节。

手动平衡阀的功能及特性见表4-15：

手动平衡阀的功能及特性   表4-15

类　型	功能与特性	说　明
手动平衡阀（manual balancing valve，也称为静态平衡阀）	通过改变开度，阀门的流动阻力发生相应变化来调节流量。因此，实际上是一个局部系数可以人工改变的阻力元件。调节性能一般包括接近线性段和对数特性曲线段，见图4-10。手动平衡阀必须具有开度指示、机械记忆（数字锁定）装置、压差及流量测试点等（图4-11）。	应用手动平衡阀的系统，在完成初调节后，各个平衡侧的开度被固定，其局部阻力也被固定。若总流量不改变（定流量系统），则该系统始终处于平衡状态。如果是变流量系统，在负荷变化不大的情况下，该阀仍能起到一定的分配作用，但当负荷变化较大时，其阀权度会变得很小，单独使用手动平衡阀就不适合了。但如果将它与自力式压差控制器配合使用，将构成一种较为经济而理想的方案。

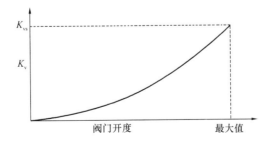

图4-10 开度－流量特性曲线示例

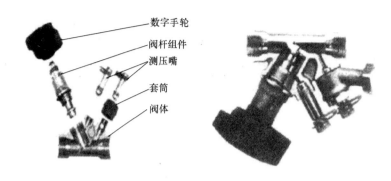

数字手轮
阀杆组件
测压嘴
套筒
阀体

图 4-11 典型手动平衡阀的结构及外形示意图

水力平衡调节前的准备工作：

（1）校核设计院提供的水系统每个分支的空调冷热水设计流量是否合理；

（2）检查水泵、新风机组、空调机组和风机盘管的水过滤器是否已清洗干净；

（3）检查空调冷热水管路的手动阀门（包括蝶阀、闸阀、静态平衡阀）是否处于全部打开状态，且阀门开度可调；

（4）检查水泵、冷水机组、新风机组、空调机组和风机盘管的手动阀门（包括蝶阀、闸阀、水力平衡阀）是否处于全部打开状态，且阀门开度可调；

（5）检查新风机组、空调机组和风机盘管的冷热水电动阀是否可以正常工作，且处于完全开启状态；

（6）收集整理好水泵、平衡阀、电动阀的样本；

（7）检查一、二次水泵的开启台数是否符合设计要求；

（8）在水系统平面图和系统图上详细标注设计流量。

常用的静态水力平衡调节方法有：比例调节法、补偿调节法和回水温度调节法。

1. 比例调节法

空调系统每个支路均采用水力平衡阀是比例调节法的充分必要条件。这是由水力平衡阀的特性决定的，水力平衡阀有两个特性：1）具有良好的调节特性。一般质量较好的水力平衡阀具有直线流量特性，即在阀两端压差不变时，其流量与开度成线性关系；2）流量实时可测性。通过专用流量测量仪表，可以对流过水力平衡阀的流量进行实测。水系统水力平衡调节的实质是将系统中所有水力平衡阀的测量流量同时调至设计流量。

（1）单个水力平衡阀调节

单个水力平衡阀的调节最简单，只需连接专用的流量测量仪表，将阀门直径及设计流量输入仪表，根据仪表显示的开度值，旋转水力平衡阀手轮，至测量流量等于设计流量即可。

（2）已有精确计算的水力平衡阀的调节

对于某些在设计时已进行精确水力平衡计算的水系统，系统中每个水力平衡阀的流量和所承担的设计压降是已知的。这时水力平衡阀的调节步骤为：

1）在设计资料中查出水力平衡阀的设计压降；

2）根据设计图纸，查出（或计算出）水力平衡阀的设计流量；

3）根据设计压降和设计流量以及阀门直径，查水力平衡阀特性曲线图，找出此时平衡阀所对应的设计开度；

4）旋转静态平衡阀手轮，将其开度旋至设计开度即可。

（3）一般系统水力平衡阀的联调

对于目前绝大部分的暖通空调水系统，设计时只给出了水力平衡阀的设计流量，而没有给出压差，而且系统中包含多个水力平衡阀，在调节时，它们之间的流量变化会互相干扰。这时应该如何对系统进行调节，使所有的水力平衡阀同时达到设计流量呢？下面我们以一个完整的水系统为例（如图 4-12 所示），分析整个水系统水力平衡的调试流程和步骤。

1）初步测量

此为第一轮测量，测量记录所有平衡阀的管路流量。

① 启动并联冷冻水泵（P1 及 P2），此时冷水机组可不运转；

②首先测量记录主管平衡阀（M）的总流量及流量比（FR）。若总流量低于设计流量，可能是手动阀、平衡阀及温控调节阀等未全开，或管路中有气体，或（Y 型）过滤器堵塞，或设计扬程不足等；

③逐一测量记录其他所有平衡阀的流量及 FR 值，此时远端设备管阀（3U9），可能测不到流量，可暂不处理。测量时无测量顺序要求；

④找出 FR 值最大的区域管平衡阀（例如 Z1，通常是离水泵最近者，但也可能例外）；

⑤找出平衡管 Z1 中 FR 值最大的支管阀（1B1），此支路即是应最先进行平衡调整的管路。第一次测量的结果，即是调节作业之前的水系统状态。

2）设备管路的平衡

此为第二轮测量。

① 在第一轮测量的结果中，找出支管阀 1B1 中 FR 值最小的设备管路平衡阀（例如 1U3），以此阀（1U3）作为指标阀，此指标阀保持全开状态。此时指标阀 1U3 的流量可能低于设计流量，即 FR<1.00；

②将一台平衡阀测量计接在此指标阀（1U3）上，在测量其他设备平衡阀

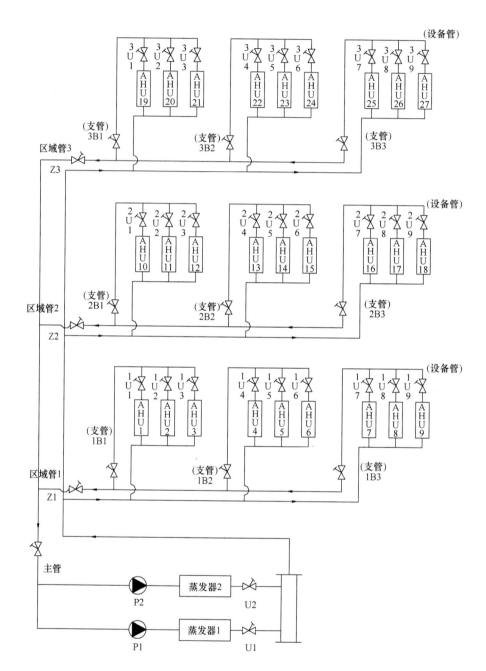

图 4-12　分区空调冷冻水系统图

AHU—空气处理机组；XUX—平衡阀号；XBX—支管阀号；ZX—区域管平衡阀号；PX—水泵编号；

UX—蒸发器出口阀号

（1U1、1U2）时，观察其 FR 值的变化（可利用无线对讲机与远方测试者通话，比对 FR 值）；

③调节主管平衡阀 M，使其流量在 100％至 110％设计流量间，例如取 110％，亦即 FR＝1.10；

④缓缓关小支管阀 1B1 中，FR 值最大的设备管阀（例如 1U1），使 FR 值降至 1.10；

⑤继续关小 FR 值次大的设备管平衡阀（例如 1U2），使 FR 值降至 1.10；

⑥将所有 FR 大于 1.10 的设备管平衡阀关小，使 FR 值降至 1.10。需注意的是，此时指标阀 1U3 的 FR 值亦逐渐上升；

⑦继续测量原 FR 值小于 1.10 之设备管平衡阀，此次测量，将发现其 FR 值上升，若上升至 FR＞1.10，将其 FR 值调回 1.10。

每当调节设备管阀时，指标阀（1U3）及其他阀的 FR 值亦发生变化。故需进行第 3 轮测量，步骤如下：

① 重新逐一测量、微调 1U1、1U2 及 1U3，使其 FR 值等于 1.10，此时 1U1～1U3 阀的 FR 值应相等；

②对第二轮测量后，FR 值次大的支管阀（例 1B2）的设备管阀（1U4、1U5 及 1U6），进行测量调节并记录，直到属于同一区域管 Z1 之所有设备管阀（1U1～1U9）均完成平衡作业为止；

③同上步骤，继续对区域管 Z2 之设备阀 2U1～2U9 及区域管 Z3 之 3U1～3U9 进行测量调节并记录，直到所有平衡阀完成平衡作业为止。

3）支管的平衡

完成设备管路平衡调试后，原各支管阀中各设备管阀对同一支管而言，就如同一台"中 AHU"（如图 4-13），因此所有支管平衡阀（1B1～1B3，2B1～2B3 及 3B1～3B3）之平衡作业与前述设备管平衡阀的步骤一样，其重点如下：

① 测量记录原 FR 值最大的区域管 Z1 中的各支管阀（1B1、1B2 及 1B3）的流量及 FR 值，以 FR 值最小的支管平衡阀（例如 1B3）为指标阀。此指标阀（1B3）暂时保持全开状态，不予调节；

②将使用于步骤 2）中的设备管指标阀测量计，改接到此支管指标阀（1B3）上；

③缓缓关小 FR 最大的支管平衡阀（例如 1B1），使 FR＝1.10；

④缓缓关小 FR 次大的支管平衡阀（例如 1B2），使 FR＝1.10；

⑤观察指标阀 1B3 的 FR 值，若 FR＞1.10，则将其调节为 FR＝1.10；

⑥以上述步骤，依序调节各支管平衡阀（2B1～2B3 及 3B1～3B3），使其 FR 等于 1.10。

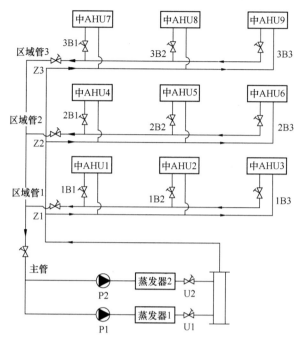

图 4-13　设备管路平衡后如同一台"中 AHU"

中 AHU—同支管中各设备管阀等效的空气处理机组；XBX—支管阀号；

ZX—区域管平衡阀号；PX—水泵编号；UX—蒸发器出口阀号

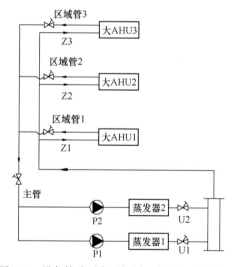

图 4-14　设备管路平衡后如同一台"大 AHU"

大 AHU—同区域管中各支管阀等效的空气处理
机组；ZX—区域管平衡阀号；PX—水泵编号；
UX—蒸发器出口阀号

4）区域管的平衡

完成支管平衡作业后，原各支管平衡阀（1B1、1B2 及 1B3），对区域管平衡阀（Z1）而言，就如同一台"大 AHU"（如图 4-14），因此所有区域管平衡阀（Z1、Z2 及 Z3）的平衡作业，如同前述支管平衡阀的平衡步骤一样，其重点如下（此时所有区域管平衡阀（Z1、Z2 及 Z3）仍为全开状态，但其 FR 值已不同于初步测量时之 FR 值）。

① 测量记录各区域管平衡阀（Z1、Z2 及 Z3）的流量及 FR 值，以 FR 值最小的区域管平衡阀（例如 Z3）为指标阀。此指标阀（Z3）暂时保持全开状态，不调整；

② 将原接于 3）中的指标阀测量计，

改接到此区域管指标阀（Z3）上；

③缓缓关小 FR 值最大的区域管平衡阀（例如 Z1），使 FR 值降为 1.10；

④缓缓关小 FR 值次大的区域管平衡阀（例如 Z2），使 FR 值降为 1.10；

⑤观察 Z3 的 FR 值，若 FR>1.10，则将其调节为 FR＝1.10；若 FR<1.10，则重新测量调节主管阀（M），使指标阀 Z3 的 FR 值上升至 1.10。

5）主管的调整方法

主管仅有一只平衡阀（M），故没有平衡问题，只有调整过程。

① 缓慢调节主管平衡阀（M）至 FR＝1.00，并观察区域管指标阀（Z3）的测量计；

②若 Z3 阀之 FR 值等于 1.00，则其他所有平衡阀之 FR 值亦应接近 1.00；

③将阀 Z3 之流量计改接至初步测量中 FR 值最小之设备阀（例如 3U9），若其 FR 值等于 1.00，则完成冷水系统之平衡调整作业，否则继续微调 FR≠1.00 之平衡阀；

④将所有测得的数据记录下来，供编写水力平衡作业报告书用。

基本上，设备管路、支管及区域管之平衡阀的重点是执行平衡作业，使各管路先达到平衡状态，即 FR 值相等，但尚未调节至设计流量值（即 FR 值=1.00）；而主管平衡阀的重点是执行调整作业，当主管平衡阀调节至 FR＝1.00 时，所有管路亦将自动以比例被调整为设计流量值而完成此水系统之平衡调整作业。

这时，系统中所有的水力平衡阀的实际流量均等于设计流量，实现了水力平衡。但是，由于并联系统的每个分支的管道流程和阀门弯头等配件有差异，造成各并联平衡阀两端的压差不相等。因此，当进行后一个平衡阀的调节时，将会影响到前面已经调节过的平衡阀，且对其相邻的支路影响最大。当个别平衡阀开度调节比较大的时候，则需对其相邻支路再次进行测量和调节。

2. 补偿调节法

补偿调节法也是根据一致性等比失调原理，上游用户的调节会引起下游用户之间发生一致性等比失调。因此如同比例调节一样，需从最下游用户开始调节，由远到近把被调用户调节到基准用户。其他用户的调节会引起基准用户水力失调度的改变，但基准用户水力失调的改变又可以通过所在分支调节阀（称为合作阀）的再调整得以还原。各支线之间的调整也是如此。这种通过合作阀再调节来保持基准用户水力失调度维持在某一数值的调节方法称为补偿法。

3. 回水温度调节法

当管网用户入口没有安装平衡阀，或当入口安装有普通调节阀但调节阀两端的压力表不全，甚至管网入口只有普通阀门时，可以采用回水温度调节法来进行调节。这种方法只适合系统投入运行后，按照建筑负荷需求来调节。调节时监测调节支路的回水温度，当回水温度为设计温度时，支路调节完成。

4.3.1.3 动态水力平衡调节

动态水力平衡是指，在系统运行过程中，各个末端设备的流量均能达到随瞬时负荷改变的瞬时要求流量；而各个末端设备的流量只随设备负荷的变化而变化，不受系统压力波动的影响。动态水力平衡调节主要使用动态平衡阀进行调节。动态平衡阀的类型见表4-16。

动态平衡阀的功能及特性

表4-16

类　型	功能与特性		说　明
自动流量平衡阀（automatic balancing valve），也称为动态流量平衡、流量控制阀、动态平衡阀	平衡阀是通过自动改变阀芯的过流面积、适应阀前后压力的变化，来控制通过阀门流量的。它的流量可以在生产厂里设定，也可以在现场设定，或根据要求电控选定。 根据设定流量方式的不同，自动流量平衡阀可分为固定流量型和现场设定流量型两大类		
自动流量平衡阀（automatic balancing valve）也称动态流量平衡阀、流量控制阀、动态平衡阀	固定流量型	过流面积变化： 　阀体内置有定流量元件——阀胆（cartridge），当作用在阀前后的压差发生变化时，在弹簧的作用下，阀胆产生位移，流体的过流面积改变，从而保持流量不变。 　当压差 ΔP 由 ΔP_{min} 变化至 ΔP_{max} 时，阀的流通面积与流量将发生如下变化： 　1. $\Delta P < \Delta P_{min}$ 时，阀胆处于静止状态，弹簧未被压缩，流通面积最大，阀胆如一个固定的节流元件，流量与压差成正比。 　2. $\Delta P_{min} < \Delta P < \Delta P_{max}$ 时，阀胆随时随压差的变化而移动，弹簧被压缩的程度、流通面积和局部阻力都随时改变，流量 q 保持恒定。 　3. $\Delta P > \Delta P_{max}$ 时，阀胆完全被压缩，流通面积最小，阀胆又成为一个固定的节流元件，流量与压差成正比。 　这种流量特性关系如图4-15所示	自动流量平衡阀，通常也称为最大流量限制器或限流阀，一般应用于需要限定最大流量的场合。 　由流体力学可知，对于不可压缩流体： $$q = k \cdot A \cdot \sqrt{\Delta p}$$ 式中 　q——流经平衡阀的流量； 　k——与开度有关的系数； 　A——阀芯的过流面积； 　Δp——阀门进出口的压力差。 　若 $A \cdot \sqrt{\Delta p}$ 保持不变，则流量 q 也保持不变。压差 Δp 增大时，阀胆向内移动，开度相应减小，A 变小。根据压差的不同，弹簧能自动调节阀胆的过流面积，保持 $A \cdot \sqrt{\Delta p}$ 不变，从而使流量 q 保持为定值。 　对于大口径的阀门，通常内置有若干个阀胆同时起调节作用，如图4-16所示。
		过流面积固定： 　在系统压差发生变化时，通过弹簧、薄膜的作用，依靠阀芯的调节，维持节流圈前后的压差始终不变，由于节流圈的流通面积 A 是固定的，所以，$A \sqrt{\Delta p} = \text{const}$，因此，流量 q 始终保持定值，其结构如图4-17所示。 　当阀前后压差大于最小压差 ΔP_{min} 时，流量可以控制在给定的数值范围内；当外界变化时，流量不会超过设计值，起到了限制流量的作用	与手动平衡阀相比，自动流量平衡阀的优点在于只需根据每个末端或分支环路的设计流量，选择相同流量的自动流量平衡阀就可以了，不需要对系统进行初调节，在运行过程中，它能进行动态调节，使流量始终保持为设计的要求值

类　　型	功能与特性		说　　明
自动流量平衡阀（automatic balancing valve）也称动态流量平衡阀、流量控制阀、动态平衡阀	可设定流量型	上列两种类型的平衡阀，其流量都是固定的，当流量不同时，必须更换阀胆或重新设定弹簧。 　　可设定流量型自动流量平衡阀的作用原理，实质上与固定流量型的相同，只是当流量不同时，无需更换阀胆，可在现场用专用工具对手动可调孔板重新设定流量。 　　可设定流量型自动流量平衡阀，一般有两种类型：一种是内置式；另一种为外置式。 　　图 4-18 所示为外置式可设定流量型的结构图； 　　图 4-19 是其工作原理简图	由图 4-19 可知，可设定流量型自动流量平衡阀的阀芯，由可调部分和水力自动调节两部分组成。可调部分实际上是一个手动可调孔板（进水口）；自动调节部分则是一个水力自动调节孔板（出水口）。系统调整时，可按照制造厂提供的参数表借助工具在现场根据设计流量设定可调部分的开度。一旦设定，水力调节部分就能够自动适应系统压差的变化，调节出水口的过流面积，维持设定的流量
压差控制器（differential pressure controller）也称自力式压差平衡阀或自动压差平衡阀		在变流量系统中，特别是 2 管制供热/冷系统中，负荷变化一般会比较大，由于回路或者是末端上的压差会以更大的幅度变化，使调节型控制阀的工作范围急剧变窄，阀权度变小，其调节特性趋向于开关型控制阀；回路间的互扰也较为严重，同时还会经常出现噪声和控制阀难以关闭的现象。这时，使用压差控制器是一种较好的解决方案。 　　目前常用的是自力式压差控制器（图 4-20），它具有一定的比例压差控制范围，可以在一定流量范围内（$q_{min} \sim q_{max}$）使所需控制回路的压差保持基本恒定。 　　由图 4-20 及图 4-21 可知，压力 A 通过与手动平衡阀的泄水口（或测量接口）和压差控制器的出水口③相连的毛细管传导，压力 B 作用于阀芯隔膜⑥的另一侧，当作用于阀芯隔膜⑥的压差 AB 大于设定弹簧拉力时，阀门将逐渐关小直至新的平衡点。 　　图 4-22 所示压差控制器的调节特性	使用自力式压差控制器，具有以下优点： 　　1. 回路间不再互相扰动； 　　2. 每一个回路都可以独立调试，使调试大为简化； 　　3. 当系统回路增加或减少时，不需要对已有回路重新进行调节。 　　自力式压差控制器应归属于自动平衡阀的范畴。工程界往往也把它称为自力式压差平衡阀或自动压差平衡阀；在与手动平衡阀配合使用时，又被称作流量/压差平衡阀组或流量/压差调节单元，也有企业把它称为动态平衡阀组，或自动压差平衡阀组

类　型	功能与特性		说　明
多功能平衡阀	随着平衡阀应用的发展，平衡阀和很多功能性阀门与设备的配合使用日益增多，出于空间以及性能组合优化的考虑，结合了这些产品特性的平衡阀应运而生，如： 1.手动平衡阀（或自动流量平衡阀）与电动二通阀功能结合为一体的电动平衡两通阀（终端平衡阀）（图4-23）； 2.自动平衡阀与电动调节阀功能结合为一体的动态平衡电动调节阀（图4-24）； 3.与止回阀功能结合为一体的止回关断平衡阀； 4.水泵、控制阀，平衡阀、球阀以及止回阀结合组成的平衡控制单元等		
	电动平衡两通阀	电动平衡两通阀是合手动平衡阀或自动流量平衡阀与电动二通阀（开关型）功能为一体的阀门，其作用与两阀分开时是相同的，流量需要先设定	适用于风机盘管机组和水环热泵机组等小口径（$DN=15 \sim 20mm$）接口的末端设备。这种组合方式可以有效地节省安装空间
	动态平衡电动调节阀	动态平衡电动调节阀是电动两通比例积分调节阀与动态平衡阀的组合，是一种动态平衡与电动调节同步执行的阀门，其阀芯由可调部分和水力自动调节部分两个部分组成。可调部分的开度依实际需要随时进行电动调节；水力自动调节部分可根据不同的压差来自动调节阀芯的开度，即出水端过流面积的大小，而使通过阀门的流量恒定在可调部分的设定值上。 当电动调节阀接到来自控制系统的指令而进行调节时，结果会停留在某一开度处，这相当于随时设定流量，动态平衡阀则保持此流量不变。当指令改变时，电动调节阀又进行新的调节，随之调节至新的设定流量，动态平衡阀又保持此流量不变。通过如此不断地依据实际需要，随时进行电动调节；同时，根据不同的压差自动调节平衡阀并保持此流量不变。这样，就可不受外界影响，保持该末端装置要求的流量，使系统保持稳定，从而使通过阀门的水量恒定在可调部分的设定值上	动态平衡电动调节阀，是自动流量平衡阀和电动调节阀（比例积分型）组合为一体的阀门。与自控系统配合使用，适用于变流量水系统的空气处理机组和集中供暖系统。 动态平衡电动调节阀的功能相当于自力式压差控制器与电动调节阀的结合。 图4-25所示，是动态平衡电动调节阀的流量随压差的变化的曲线图。 其结构如图4-24所示。 该阀可用在空气处理机组水路上，也可用于集中供暖系统
平衡控制单元	一种根据特定的功能需求，由水泵、平衡阀、控制阀以及管路等组合形成的控制单元，可以根据要求分别形成变流量或定流量的一次泵系统及变流量或定流量的二次泵系统。		主要特点：一是在工厂内预制预调，省却了现场的调试工作并避免了现场安装调试中容易产生的问题；二是在满足设计，技术参数及功能要求的前提下，部件型号、尺寸的选择可以最为合理，技术特性和经济特性均较理想

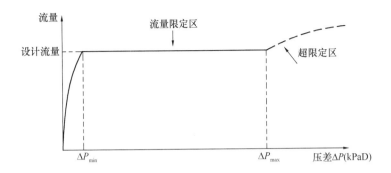

图 4-15 自动流量平衡阀特性示意图

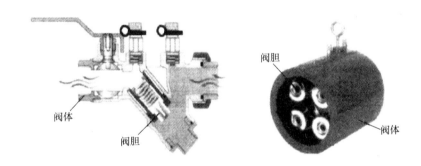

图 4-16 自动流量平衡阀的结构及外形示意图

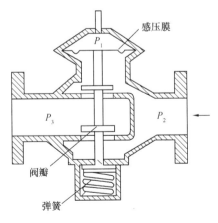

图 4-17 过流面积固定型自动流量
平衡阀的结构示意图

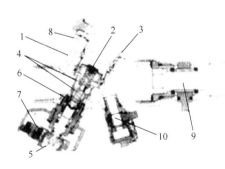

图 4-18 可设定流量型自动流量平衡阀的结构图
1—阀体；2—调整隔膜；3—调节装置；4—调整弹簧；
5—调整轴；6—调整装置；7—齿轮驱动显示器；8—毛
细管；9—关断球阀；10—泄水阀

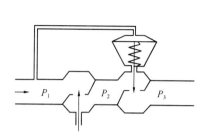

图 4-19　可设定流量型自动流量
平衡阀的工作原理图

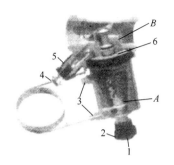

图 4-20　自力式压差控制器结构及外形示意图
1—压差设定点；2—关断手轮；3—毛细管连接
点；4—出水口测量点；5—泄水元件连接点；
6—阀芯隔膜

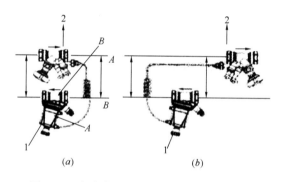

(a)　　　　　　　　　　(b)

图 4-21　自力式压差控制器连接方式示意图
1—自力式压差控制器；2—手动平衡阀（或测量接口）
（a）系统具有可预设定阀时的连接方式；（b）系统没有可预设定阀时的连接方式

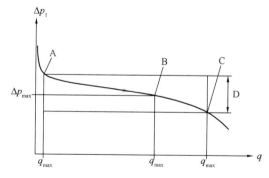

图 4-22　自力式压差控制器的调节特性
A—最小可控 K_V 值；B—正常可控 K_V 值；
C—最大可控 K_V 值；D—比例压差控制范围

图 4-23　电动平衡两通阀

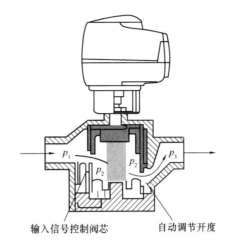

输入信号控制阀芯　　　　　自动调节开度

图 4-24　动态平衡电动调节阀结构示意图

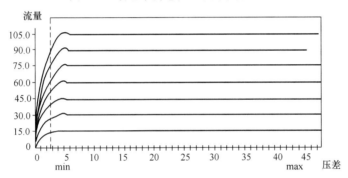

图 4-25　动态平衡电动调节阀的流量随压差的变化曲线图

4.3.2　风系统平衡调试

4.3.2.1　空调系统风量的测定

空调系统风量的测定内容包括：测定总送风量、新风量、回风量、排风量，以及各干、支风管内风量和送（回）风口的风量等。

1. 风管内风量的测定方法

（1）绘制系统草图

根据系统的实际安装情况，参考设计图纸，绘制出系统单线草图供测试时使用；在草图上，应标明风管尺寸、测定截面位置、风阀的位置、送（回）风口的位置等。在测定截面处，应说明该截面的设计风量、面积。

（2）测定截面位置及其测点位置的确定

在用毕托管和倾斜式微压计测系统总风量时，测定截面应选在气流比较均匀稳定的地方。一般都选在局部阻力之后大于或等于 4 倍管径（或矩形风管大边尺寸）和局部阻力之前大于或等于 1.5 倍管径（或矩形风管大边尺寸）的直管段上，当条件受到限制时，距离可适当缩短，且应适当增加测点数量。

测定截面内测点的位置和数目，主要根据风管形状而定。对于矩形风管，应将截面划分为若干个相等的小截面，并使各小截面尽可能接近于正方形，测点位于小截面的中心处，小截面的面积不得大于 0.05m²。在圆形风管内测量平均速度时，应根据管径的大小，将截面分成若干个面积相等的同心圆环，每个圆环上测量 4 个点，且这 4 个点必须位于互相垂直的两个直径上，所划分的圆环数目，可按表 4-17 选用：

圆形风管划分圆环数表　　　　　　　　表 4-17

圆形风管直径	200 以下	200～400	400～700	700 以上
圆环数	3	4	5	5～6

（3）测量方法

将毕托管插入测试孔，全压孔迎向气流方向，使倾斜式微压计处于水平状态，连接毕托管和倾斜式微压计，在测量动压时，不论处于吸入管段还是压出管段，都是将较大压力（全压）接"＋"处，较小压力（微压）接"－"处，将多向阀手柄扳向"测量"位置，在测量管标尺上即可读出酒精柱长度，再乘以倾斜测量管所固定位置上的仪器常数 K 值，即得所测量的压力值。

（4）风管内风量的计算

通过风管截面的风量可以按式（4-8）确定：

$$L = 3600FV \tag{4-8}$$

式中　L——风管风量，m³/h；

　　　F——风管截面积，m²；

　　　V——测量截面内平均风速，m/s。

根据所测得的动压值进而通过公式（4-9）计算求出平均风速：

$$V = \left(\frac{2P_{db}}{\rho}\right)^{1/2} \tag{4-9}$$

式中　P_{db}——测得的平均动压，kPa；

　　　ρ——空气的密度，kg/m³。

（5）系统总风量的调整

系统总风量的调整可以通过调节风管上的风阀开度大小来实现。

2. 送回风口风量的测定

各送（回）风口或吸风罩风量的测定有三种方法：

（1）定点测量法

用热球风速仪在风口截面处用定点测量法进行测量，测量时可按风口截面的大小，划分为若干个面积相等的小块，在其中心处测量。对于尺寸较大的矩形风口（图4-26c）可分为同样大小的8～12个小方格进行测量；对于尺寸较小的矩形风口（图4-26d），一般测5个点即可，对于条缝形风口（图4-26b），在其高度方向至少应有两个测点，沿条缝方向根据其长度分别取为4、5、6对测点；对于圆形风口（图4-26a），按其直径大小可分别测4个点或5个点。

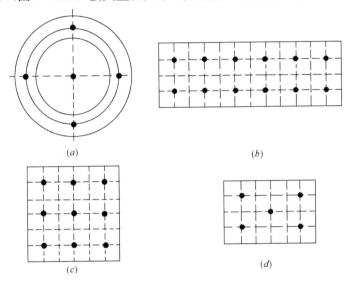

图4-26　测定截面测点的位置和数目示意图

（2）匀速移动测量法

对于截面积不大的风口，可将风速仪沿整个截面按一定的路线慢慢地匀速移动，移动时风速仪不得离开测定平面，此时测得的结果可认为是截面平均风速，此法须进行三次，取其平均值。

（3）经验计算

送（回）风口和吸风罩风量按公式（4-10）计算，

$$L = 3600F \cdot V \cdot K \tag{4-10}$$

式中　L——风口风量，m^3/h；

　　　F——送风口的外框面积，m^2；

　　　K——考虑送风口的结构和装饰形式的修正系数，一般取0.7～1.0；

　　　V——风口处测得的平均风速，m/s。

4.3.2.2　风平衡调试方法

目前使用的风量调整方法有流量等比分配法、基准风口调整法和逐段分支调整法，调试时可根据空调系统的具体情况采用相应的方法进行调整。

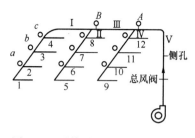

图 4-27 系统风量平衡调节示意图

1. 基准风口法的调试步骤

以图 4-27 为例，具体步骤如下：

（1）风量调整前先将所有三通调节阀的阀板置于中间位置，而系统总阀门处于某实际运行位置，系统其他阀门全部打开。然后启动风机，初测全部风口的风量，计算初测风量与设计风量的比值（百分比），并列于记录表格中。

（2）在各支路中选择比值最小的风口作为基准风口，进行初调。

（3）先调整各支路中最不利的支路，一般为系统中最远的支路。用两套测试仪器同时测定该支路基准风口（如风口 1）和另一风口的风量（如风口 2），调整另一个风口（风口 2）前的三通调节阀（如三通调节阀 a），使两个风口的风量比值近似相等；之后，基准风口的测试仪器不动，将另一套测试仪器移到另一风口（如风口 3），再调试另一风口前的三通调节阀（如三通调节阀 b），使两个风口的风量比值近似相等。如此进行下去，直至此支路各个风口的风量比值均与基准风口的风量比值近似相等为止。

（4）同理调整其他支路，各支路的风口风量调整完后，再由远及近，调整两个支路（如支路 I 和支路 II）上的手动调节阀（如手动调节阀 B），使两支路风量的比值近似相等，如此进行下去。

（5）各支路送风口的送风量和支路送风量调试完后，最后调节总送风道上的手动调节阀，使总送风量等于设计总送风量，则系统风量平衡调试工作基本完成。

（6）但总送风量和各风口的送风量能否达到设计风量，尚取决于送风机的出风率是否与设计选择相符。若达不到设计要求就应寻找原因，进行其他方面的调整。调整达到要求后，在阀门的把柄上用油漆做好标记，并将阀位固定。

（7）在调试前应将各支路风道及系统总风道上的调节阀开度调至 80%～85% 的位置，以利于运行时自动控制的调节并保证系统在较好的工况下运行。

（8）风量测定值的允许偏差：风口风量测定值与设计值的允许偏差为 15%；系统总风量的测定值应大于设计风量 10%，但不得超过 20%。

2. 流量等比分配法（也称动压等比分配法）

此方法用于支路较少，且风口调整试验装置（如调节阀、可调的风口等）不完善的系统。系统风量的调整一般是从最不利的环路开始，逐步调向风机出风段。如图 4-28，先测量支管 1 和 2 的风量，并用支管上的阀门调整两支管的风量，使支管 1 和 2 风量的比值与二者设计风量的比值近似相等。然后测量并调整支路 4 和 5、支管 3 和 6 的风量，使其风量的比值与设计风量的比值都近似相等。最后测量并调整风机的总风量，使其等于设计总风量。这一方法称"风量等比分配法"。调整达到要求后，在阀门的把柄上用油漆记上标记，并将阀位固定。

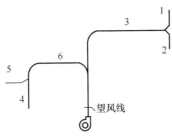

图 4-28 流量等比分配法管网风量平衡图

第5章　空调系统联合调试与验收

随着科技进步，人们对空调效果和节能的要求越来越高，越来越多的新技术运用于空调系统中，在满足人们需求的同时也增加了空调系统的复杂性和调试难度，并对自动控制系统提出了更高的要求。本章主要介绍自控系统的调试及二次泵中央空调系统、变风量空调系统的联合调试方法。

二次泵空调系统与传统一次泵空调系统相比更为复杂，如果没有经过很好的调试，会造成一次侧供水和二次侧回水大量混合，使得二次侧供水温度升高，供回水温差降低，进一步导致末端设备制冷能力下降，末端供冷不足；或造成二次水流量增加，二次泵能耗增加，与二次泵系统的设计初衷相悖。因此，二次泵空调系统的联合调试决定了二次泵系统的节能效果能否实现。

变风量空调系统（VAV空调系统）是通过改变送风量而不是送风温度来调节和控制某一空调区域空调实际效果的一种空调系统。变风量空调系统由于设计安装方便、布置灵活多变、占建筑空间小、使用方便、可靠性高、节能潜力大、控制灵活、可避免冷冻水和冷凝水上顶棚的麻烦等，在我国逐渐兴起。但是系统复杂，对自控、施工及调试具有很高的要求。在一些变风量空调系统中，经常存在着新风分配不均、气流组织不好、房间负压或正压过大、噪声偏大、系统运行不稳定、节能效果不明显等一系列问题。因此，变风量空调系统的联合调试将很大程度上影响着室内空调效果。

5.1　自动控制系统的检验与调试

自动控制系统调整是按照设计参数的要求，通过调整与试验，使自动控制的各环节达到正常或规定工况。室温自动控制系统应在有外界干扰的情况下，达到工艺所要求的温湿度指标，制冷系统应符合自动控制设计和设备说明书上的要求，达到正常操作和安全运行。中央空调系统受控的主要设备有空调机组、新风机组、冷冻（却）水泵、冷却塔、冷水机组、电动二通阀、比例积分阀、压差旁通阀、风量调节阀、风机等。

5.1.1 自动控制仪器、仪表的检验

自动控制仪器、仪表的检验分为室内校验和现场校验。校验时，要严格按照使用说明书或其他规范对仪器、仪表的要求逐台进行全面的性能校验。自动控制仪表安装后，还需要进行诸如零点、工作点、满刻度等一般性能的校验。

5.1.2 自动调节系统的线路检查

自动调节系统的线路检查包括以下内容：

（1）根据系统设计图样与有关施工规程，仔细检查系统各组成部分的安装与连接情况；

（2）检查敏感元件的安装是否符合要求，所测信号是否能正确反映工艺要求，对敏感元件的引出线，尤其是弱电信号线，要特别注意强电磁场的干扰；

（3）对于调节器，应着重检查手动输出、正反向调节作用、手动—自动的干扰切换是否正常；

（4）对于执行器，应着重检查其开关方向和动作方向、阀门开度与调节器输出的线性关系、位置反馈是否正常，能否在规定数值启动、全行程是否正常、有无变差和呆滞现象；

（5）对仪表连接线路的检查应着重查错，并且检查绝缘情况和接触情况；

（6）对继电信号的检查需人为施加信号，检查被调量超过预定上下限时的自动报警及自动解除警报的情况是否正常，此外，还要检查自动连锁线路和紧急停机按键等的安全措施是否正常；

（7）检查各种自动计算检测元件和执行机构的工作是否正常，且满足建筑设备自动化系统对被测定参数进行检测和控制的要求。

5.2 二次泵中央空调系统的联合调试

二次泵变流量系统，是在冷水机组蒸发器侧流量恒定的前提下，把传统的一次泵分解为两级，它包括冷源侧和负荷侧两个水环路，如图 5-1 所示。二次泵变流量系统的最大特点，在于冷源侧一次泵的流量不变，二次泵则能根据末端负荷的需求调节流量。对于适应负荷变化能力较弱的一些冷水机组产品来说，保证流过蒸发器的流量不变是很重要的，因为只有这样才能防止蒸发器发生结冰事故，确保冷水机组出水温度稳定。由于二次泵能根据末端负荷需求调节流量，与一次泵定流量系统相比，能节约相当一部分水泵能耗。

91

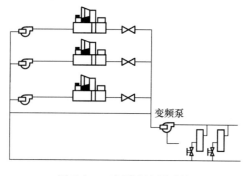

图 5-1　二次泵变流量系统

二次泵变流量系统中一次泵的位置与一次泵定流量系统相同，采用一机对一泵的形式，水泵和机组联动控制。在空调系统末端，冷却盘管回水管路上安装两通调节阀，使二次水系统在负荷变化时能进行变流量调节。通常，二次泵宜根据系统最不利环路的末端压差变化为依据，通过变频调速来保持设定的压差值。

旁通管起到平衡一次和二次水系统水量的作用。当末端负荷增大时，回水经旁通管流向供水总管；当末端负荷减小时，供水经旁通管流向回水总管。旁通管是水泵扬程的分界线，由于一次泵和二次泵是串联运行，需要根据管道阻力确定各自的扬程，在设计状态下旁通管的流量为零或尽可能小。

5.2.1　二次泵空调系统控制逻辑验证

5.2.1.1　水力平衡阀控制逻辑验证

水力平衡阀控制逻辑验证的目的是测试并验证通过水力平衡阀的流量能否达到设计要求。测试项目为水力平衡阀开度及流量。

测试方法为：

（1）将平衡阀的开度分别设为 0，25％，50％，75％和 100％五个状态；

（2）分别测量这五个状态下流过阀门的流量。

判定水力平衡阀的控制逻辑是否满足要求的步骤为：

（1）判断流经平衡阀的流量能否达到设计流量；

（2）判断平衡阀与执行机构是否正常运行；

（3）判断经过平衡阀的流量是否随着阀门开度的大小而变化。

5.2.1.2　水泵变频及开启台数的自控逻辑验证

水泵变频及开启台数的自控逻辑验证的目的，是验证水泵能否根据管网压力的变化情况实现变频运行或开启台数的转换。验证的项目包括：水泵变频功能及水泵开启台数转换。

验证方法如下：

（1）将具有变频和（或）自动切换功能的水系统的管路阀门全部打开，系统运行 30～40min 后，观察水泵是否以最高频率（50Hz）运行，或者是否有其他水泵自动切换开启；

（2）将水系统总管路上的手动调节阀逐渐关闭（在压力允许的范围之内），

观察水泵频率是否下降，或者是否有其他水泵自动切换关闭。

5.2.2 二次泵空调系统联合调试方法

在完成控制逻辑验证后，检测整个水系统的变化情况，确定水泵应设定的合理压差，使水泵的频率正常，二次水的供回水温差接近设计要求，一、二次水总流量匹配，尽量减小旁通管的流量，使二者的流量相等。

5.3 变风量系统的联合调试

空调系统在全年的运行调节中，送风量保持不变的系统称为定风量系统。在定风量空调系统中，空调房间内的送风量又是按照房间内的最大冷（热）负荷和湿负荷来确定的。但空调系统在全年的运行调节中，室外气象条件的变化，会直接影响到空调房间内冷（热）负荷与湿负荷的变化。当空调系统处于部分负荷运行时，在送风量不变的条件下，为了保证空调房间内所要求的空气温度和相对湿度，夏季就需减少空调系统的送风温差，冬季则是加大空调系统的送风温差，即通过提高送风温度来保证室内所要求的温、湿度，这样就使部分冷、热量相互抵消，而浪费了一定的能量。

为了有效节约空调系统在运行调节中所消耗的能量，就出现了变风量空调系统。变风量空调系统是在保证送风参数（送风状态空气的干湿球温度）相对固定的情况下，随着空调房间内热、湿负荷的变化，用改变送风量的方法来保证室内所要求的空气参数不变。

变风量空调系统是全空气空调系统的一种形式，它由单风管定风量系统演变而来。与定风量空调系统和风机盘管加新风系统相比，变风量空调系统具有区域温度可控、室内空气品质好、部分负荷时风机可调速节能，以及可利用低温新风冷却节能等优点。三种系统的比较详见表5-1。

常用集中冷热源舒适性空调系统比较 表5-1

比较项目	全空气系统		空气-水系统
	变风量空调系统	定风量空调系统	风机盘管＋新风系统
优点	1）区域温度可控制； 2）空气过滤等级高，空气品质好； 3）部分负荷时风机可实现变频调速节能运行； 4）可变新风比，利用低温新风冷却节能	1）空气过滤等级高，空气品质好； 2）可变新风比，利用低温新风冷却节能； 3）初投资较小	1）区域温度可控； 2）空气循环半径小，输送能耗低； 3）初投资小； 4）安装所需空间小

续表

比较项目	全空气系统		空气-水系统
	变风量空调系统	定风量空调系统	风机盘管+新风系统
缺点	1）初投资大； 2）设计、施工和管理较复杂； 3）调节末端风量时对新风量分配有影响	1）系统内各区域温度一般不可单独控制； 2）部分负荷时风机不可实现变频调速节能	1）空气过滤等级低，空气品质差； 2）新风量一般不变，难以利用低温新风冷却节能； 3）室内风机盘管有滋生细菌和出现"水患"的可能性
适用范围	1）区域温度控制要求高； 2）空气品质要求高； 3）高等级办公、商业场所； 4）大、中、小型空间	1）区域温控要求不高； 2）大厅、商场、餐厅等场所； 3）大、中型空间	1）室内空气品质要求不高； 2）有区域温度控制要求； 3）普通等级办公、商业场所； 4）中、小型空间

变风量中央空调系统的联合调试相较于常规中央空调的联合调试更为复杂，各设备之间的相互影响也较大，因此，在调试前需确定调试的具体方案，并确认满足调试的条件，即设备安装完毕，条件满足后方可进行。

5.3.1　变风量空调系统控制逻辑验证

本阶段的调试工作主要针对空调机组及冷源系统进行自动控制功能的逻辑验证，无须具体测量变化数值是否精密准确。只是通过必要的测试手段，确保楼宇自控系统的各项功能均可以正常使用运行，为下一阶段的联合运行调试提供必要的保障。

1. AHU 机组冷热水调节阀自控逻辑验证

AHU 机组冷热水调节阀自控逻辑验证的目的，是验证 AHU 机组冷热水调节阀是否能根据送风温度来调节阀门的开度。

验证项目包括：冷水调节阀功能，热水调节阀功能。

验证方法：由两名人员配合，一位在中控界面上更改相应功能的设定数值，并观察相关的其他数值是否发生相应的改变；另一位在现场观察实际控制的原件是否正确地进行了相应的操作。测试过程中应详细记录原始的设定值和更改的设定值，以及其他发生相应变化的数值。

2. 新风调节阀门自控逻辑验证

新风调节阀门自控逻辑验证的目的，是验证新风系统自控功能是否可以正常实现。

验证项目包括：新风阀调节功能，定风量阀调节功能。

验证方法：由两名人员配合，操作同上。更改二氧化碳浓度设定值，观察新风阀是否做相应的变动，测量风量是否发生相应变化。例如，将二氧化碳浓度设定值改小，则新风量应增大。更改定风量阀的风量设定值，观察阀门是否做出相应变动，测量风量是否发生相应变化。测试过程中应详细记录原始的设定值和更改的设定值，以及其他发生相应变化的数值。

3. 定静压控制法自控逻辑验证

验证目的是检验采用定静压控制法的空调系统控制功能是否可以正常实现。

验证项目包括：静压设定值与风机变频的联动。

验证方法：在中控显示界面上，更改送风静压设定值，系统运行 $10\sim20\text{min}$ 后观察风机频率是否发生相应的变化。例如，将设定值调小，则风机频率也应下降。测试过程中应详细记录原始的设定值和更改的设定值，以及其他发生相应变化的数值。

4. 新风阀门和回风阀门的开度百分比之和为 100% 的逻辑验证

验证目的是检验新风阀门和回风阀门的开度百分比之和是否为 100%。

验证项目包括：新风阀门开度，回风阀门开度。

验证方法：逐一记录各台 AHU 机组的新风阀门开度和回风阀门开度，将二者相加，观察二者是否满足之和为 100%。

5. 自动防冻功能验证

验证目的是验证自动防冻功能能否正常实现。

验证项目是停机时热水阀门开度。

验证方法：冬季工况，关闭 AHU 机组，观察热水阀门是否仍然保持一定开度。

6. 水泵变频及开启台数的自控逻辑验证

验证目的是验证水泵能否根据管网压力的变化情况实现变频运行或开启台数的转换。

验证项目包括：水泵变频功能，水泵开启台数转换。

验证方法：

（1）将具有变频和（或）自动切换功能的水系统的管路阀门全部打开，待系统运行 $30\sim40\text{min}$ 后，观察水泵是否以最高频率（50Hz）运行，或者是否有其他水泵自动切换开启；

（2）将水系统总管路上的手动调节阀逐渐关闭（在压力允许的范围之内），观察水泵频率是否下降，或者是否有其他水泵自动切换关闭。

7. 自动补水系统的自控逻辑验证

验证目的是验证自动补水系统功能能否正常实现。

验证项目包括：冷冻水自动补水系统，热水自动补水系统。

验证方法：分别打开冷冻水和热水补水箱的泄流阀门进行排水，验证补水系统是否满足以下逻辑：当补水箱中水位下降时，浮球阀打开，由补水管补水；当水补充到设定液位时，浮球阀关闭，补水结束。

8. 冷却塔自动补水逻辑验证

验证目的是验证冷却塔补水功能能否正常实现。

验证项目是冷却塔补水系统。

验证方法：打开冷却塔接水盘的泄流阀门，进行排水，验证补水系统是否满足以下逻辑：当接水盘中水位下降，浮球阀打开，由补水管补水；当水补充到设定液位时，浮球阀关闭，补水结束。

5.3.2　变风量空调系统联合调试方法

变风量空调系统调试是在空调机组送风量测试、变风量末端测试和自控系统测试完成并达到设计要求之后进行的，是整个变风量系统调试的核心阶段。

5.3.2.1　空调系统送风量调试

调试的目的是为了保证空调系统各末端的风量能够满足设计要求。调试项目为变风量末端及对应一次支管前的手动阀门。

方法及步骤：

（1）在调试前确定系统状态是否符合设计要求（空调机组 50Hz、静压点传感器设置在风系统距离末端 1/3 处、过滤网正常和变风量末端 VAVbox 的控制均为最大风量运行等状态），然后进行风系统平衡调试；

（2）空调机组在 50Hz 下运行（强制运行），所有变风量末端 VAVbox 的控制均为最大风量运行（夏季工况下：室内温控器的设定值低于室内设计温度；冬季工况下相反），观察并记录所有 VAVbox 的一次风量显示值和风系统的静压反馈值，如果所有的 VAVbox 的一次风量均达到最大值，则认为风系统已平衡，否则进行第三步；

（3）将可以达到最大一次风量的 VAVbox 逐台调整到最小一次风量运行（尽量先调静压点前的 VAVbox），风管内的静压值将升高，观察并记录风管内的静压反馈值和其他 VAVbox 的一次风量显示值，直到所有 VAVbox 均可以达到最大一次风量。

判定条件及处理方法：

（1）风管内的静压反馈值不超过该静压点设计值的 1.1 倍或达到空调机组的

额定静压值的 2/3 时，所有 VAVbox 的一次风量显示值均可以达到最大一次风量，则空调系统的风量可以达到平衡，反之则风系统不能达到平衡；

（2）如果风系统不平衡，则建议设计单位校核风系统的相关设备的选型；

（3）由于主送风管的静压过高，造成部分 VAVbox 的一次风电动阀门开度过小，或产生噪声，或无法调节一次风量，建议将该 VAVbox 前一次风管的手动阀门关小。

调试时还应注意以下内容：

（1）在本工作开始前，宜检查 AHU 风机出口静压是否超过 VAVbox 的工作静压；

（2）对于串联型风机动力型 VAVbox，调试应在 VAVbox 的串联风机处于运行状态（一般是高速状态）下进行；对于并联型风机动力型 VAVbox，调试应在 VAVbox 的并联风机处于关闭状态下进行；

（3）调试时应保证最不利环路的 VAVbox 在最大一次风量工况下运行（室内温控器设定值＜室内设计温度）。

5.3.2.2 空调系统定压点调试

定压点调试的目的是设置空调系统合理的静压值，以保证系统能够正常地运行。调试项目为空调系统的静压点。

方法及步骤：

（1）确定每个空调系统的最不利环路，在静压点后的所有 VAVbox 均在最大一次风量工况下运行，通过调小静压点前的 VAVbox 的一次风量，使最不利末端的 VAVbox 在一次风阀全开的状态下，达到最大一次风量设计值的 90%～100%，此时的静压点的静压反馈值作为空调系统定压点的设定；

（2）定压点的静压值可按公式（5-1）设计：

$$P_Y = P_o \times \left(1 - 0.37 \times \frac{Q_S}{Q_o}\right) \tag{5-1}$$

式中 P_Y——静压点静压，Pa；

P_o——空调机组出口静压，Pa；

Q_S——所有变风量末端 VAVbox 设计一次风量之和，m^3/h；

Q_o——空调机组送风量，m^3/h。

5.3.2.3 系统送风温度调试

送风温度调试的目的是保证送风温度正常，并能够满足设计和使用要求。调试的主要方式是设置空调系统合理的送风温度。

调试方法：在夏季典型季节和空调系统设计工况下（总风量达到设计要求、空调机组进水温度和水流量达到设计要求等）运行，设置合理的送风温度使房间内的温度达到设计和使用要求，所有 VAVbox 的一次风量均处于最大风量和最小风量之间。一般在设置合理的送风温度后，观察一天内空调系统及其末端的运行工况和室内温度变化情况。

判定条件及处理方法：

（1）在典型季节，室内温度全部满足设计和使用要求，所有的 VAVbox 的一次风量均处于最大风量和最小风量之间，该温度可以作为设定温度；

（2）如果室内大部分房间的室内温度过高且大部分 VAVbox 在最大一次风量的工况下运行，则降低送风温度的设定值，反之则提高送风温度的设定值；

（3）如果送风温度降低到设计送风温度，大部分 VAVbox 均在最大一次风量的工况下运行，室内温度仍旧无法满足设计和使用要求时，建议设计单位校核设计负荷及 VAVbox 的风量；

（4）如果在空调机组的风量、进水温度和流量均满足设计要求的状态下，空调系统的送风温度达不到设计要求，建议设计单位和设备厂家校核系统负荷及空调机组的制冷量。

5.3.2.4　新风系统调试

新风系统的调试目的是调节新风系统平衡，并满足各区域的新风要求。调试的主要工作是调整每层或每个系统的新风量。

调试方法：

（1）无论新风量是靠回风 CO_2 浓度控制，还是靠定风量阀新风量控制，均将定风量阀的新风量设定值调整为新风量的设计值；

（2）系统在最大新风量工况下运行时，观察每层或每个系统的新风量是否满足要求，如果均满足要求，则新风系统平衡，新风量满足要求；

（3）如果大多数系统的新风量无法满足要求，则建议设计单位校核新风系统的阻力和设备的选型是否满足要求。

5.3.3　系统联合运行情况及功能验证

本部分工作内容主要是在系统联合运行调试结束之后，对调试效果进行验证，旨在保证整个空调系统的各项功能均可以正常实现，并保持良好的运行状态。本阶段工作是系统运行情况的验证，不单独专注于某个环节的运行状况，所验证的各项自控逻辑均为常见的通用逻辑，至于一些特殊的控制逻辑和方法，还应根据项目的具体情况制定验证方案，尤其是 VAVbox 的控制逻辑。此环节所涉及的验证项目遍及整个空调系统，验证时间相对较长。

验证的目的是确保空调系统各个设备可以实现正常运转及其各项功能均可实现。

　　验证项目包括：室内温度，VAVbox 一次风量，系统总风量，系统静压值，系统送风温度，空调机组频率，空调机组水阀开度，系统总水量，系统供回水压差，水泵频率，供回水温度，冷水机组功率。

　　验证方法：挑选最不利室外温度，首先随机挑选若干个 AHU 空调机组，对这些空调机组所带的 VAVbox 的室内温控装置的设定温度进行调整，分 4 次进行验证，包括一次全部调整为最小设定温度、一次全部调整为最大设定温度、一次全部调整为室内设计温度（25℃或 26℃）以及一次随机任意调整设定温度验证，每次验证的时间为一个工作日。调整完设定温度后，待系统运行一小时后再观察并记录上述验证项目的反应情况及各房间的实测温度。

　　判定条件和处理方法：

　　夏季工况：如果将室内温度设定值调低（低于房间实际温度），则 VAV 一次风阀开度应变大（如 VAV 为风机动力串联型，则风机应处于开启状态），系统静压值降低，变频风机频率增大，风机出口风量增大，AHU 空调机组冷水阀门开度增大，变频水泵频率增大，系统流量增大，冷机功率升高。如果将室内温度设定值调高，则以上测试项目将按照相反的逻辑关系运作。

　　冬季工况，风机动力型：如室内温度设定值高于房间实际温度，则 VAVbox 热水阀门（或电加热）应打开，且 VAVbox 风机无论何种情况应一直处于开启状态，VAVbox 一次风阀开度不变，一次风量始终维持在最小风量设定值附近，系统静压值不变，变频风机频率不变，风机出口风量不变，AHU 空调机组热水阀门开度不变，但由于各末端设备的热水阀门开启，系统阻力变小，故变频水泵频率增大。如果将室内温度设定值调低，则以上测试项目将按照相反的逻辑关系运作。

　　冬季工况，单风道节流型 VAVbox 按一次风为热风或冷风、有无再热盘管，将调试方式分为 4 种，具体见表 5-2。

单风道节流型 VAVbox 冬季工况调试方法　　　　　　　　表 5-2

类型	一次风为热风	一次风为冷风
无再热盘管	如室内温度设定值高于房间实际温度，则 VAVbox 一次风阀开度变大，系统静压测试值下降，变频风机频率升高，风机出口风量变大，AHU 空调机组热水阀门开度变大，由于热水系统阻力下降，导致变频水泵功率应相应增大。　如果将室内温度设定值调低，则以上测试项目将按照相反的逻辑关系运作	应根据建筑内区冬季是否供冷以及其控制策略制定验证方案。

类型	一次风为热风	一次风为冷风
有再热盘管	如室内温度设定值高于房间实际温度，则首先 VAVbox 一次风阀开度变大，系统静压测试值下降，变频风机频率升高，风机出口风量变大，AHU 空调机组热水阀门开度变大，当 VAVbox 达到最大风量设定值时，热水阀门（或电加热）应打开，由于热水系统阻力下降，导致变频水泵频率应相应增大。 　　如果将室内温度设定值调低，则以上测试项目将按照相反的逻辑关系运作	如室内温度设定值高于房间实际温度，则 VAVbox 热水阀门（或电加热）应打开，且 VAVbox 一次风阀开度不变，始终维持在最小风量设定值附近，系统静压测试值不变，变频风机频率不变，风机出口风量不变，AHU 空调机组热水阀门开度不变，但由于各末端设备的热水阀门开启，导致系统阻力变小，故变频水泵频率增大。 　　如果将室内温度设定值调低，则以上测试项目将按照相反的逻辑关系运作。

5.4　综合效果的测定与调整

　　室内参数的测定应在系统风量、空气处理设备和空调水系统都调试完毕，且送风状态参数符合设计要求，以及室内热湿负荷和室外气象条件接近设计工况的条件下进行。

5.4.1　室内环境基本参数的测定

　　室内环境基本参数检测使用的主要仪表应符合表 5-3 的要求。

室内环境基本参数检测仪表性能要求　　　　　表 5-3

序号	测量参数	单位	检测仪器	仪表准确度
1	温度	℃	温度计（仪）	0.5℃ 热响应时间应不大于 90s
2	相对湿度	%RH	相对湿度仪	5%RH
3	风速	m/s	风速仪	0.5 m/s
4	噪声	dB（A）	声级计	0.5 dB（A）
5	洁净度	粒/m³	尘埃粒子计数器	采样速率大于 1L/min
6	静压差	Pa	微压计	1.0Pa

　　注：1. 以上为检测仪器的基本要求，检测仪器的选择须根据检测范围和检测精度的要求进行确定，如对室内风速有特殊要求的乒乓球场馆、羽毛球场馆等，需要根据测试要求进行确定。

　　　　2. 湿球温度检测可采用通风干湿球温度仪，精度要求不低于 0.5℃。对恒温恒湿系统，温度和相对湿度测量仪器精度根据其系统的不同精度要求而定。

5.4.2 室内温度和相对湿度的测定

1. 测点布置

（1）对于空调房间，室内面积不足 16m²，测室中央 1 点；

（2）16m² 及以上不足 30m² 测 2 点（居室对角线三等分，其二个等分点作为测点）；

（3）30m² 及以上不足 60m² 测 3 点（居室对角线四等分，其三个等分点作为测点）；

（4）60m² 及以上不足 100m² 测 5 点（二对角线上梅花设点）；

（5）100m² 及以上每增加 20～50m² 酌情增加 1～2 个测点（均匀布置）。

测点离地面高度 0.7m～1.8m，且应距外墙表面和冷热源不小于 0.5m，避免辐射影响。

注：（1）对于工艺性空调区域和委托方有特殊要求的空调区域可根据上述原则增加测点。

（2）测点距离地面高度是根据检测人员使用手持式温湿度检测仪器和我国空调房间具有温度控制功能的控制面板的安装高度而确定的。

2. 检测方法

（1）根据设计图纸绘制房间平面图，对各房间进行统一编号；

（2）检查测试仪表是否满足使用要求；

（3）检查空调系统是否正常运行，对于舒适性空调，系统运行时间不少于 6h；

（4）根据系统形式和测点布置原则布置测点；

（5）待系统运行稳定后，依据仪表的操作规程，对各项参数进行测试并记录测试数据。

3. 数据处理

室内平均温度应按下列公式（5-2）、（5-3）计算：

$$t_{\mathrm{m}} = \frac{\sum\limits_{i=1}^{n} t_{\mathrm{m},i}}{n} \tag{5-2}$$

$$t_{\mathrm{m}} = \frac{\sum\limits_{j=1}^{p} t_{i,j}}{p} \tag{5-3}$$

式中　　t_{m} ——检测持续时间内受检房间的室内平均温度，℃；

$t_{\mathrm{m},i}$ ——检测持续时间内受检房间第 i 个室内逐时温度，℃；

n ——检测持续时间内受检房间的室内逐时温度的个数；

$t_{i,j}$ ——检测持续时间内受检房间第 j 个测点的第 i 个温度逐时值，℃；

p——检测持续时间内受检房间布置的温度测点的点数。

室内平均相对湿度应按下列公式（5-4）、（5-5）计算：

$$\varphi_{\mathrm{rm}} = \frac{\sum\limits_{i=1}^{n} \varphi_{\mathrm{rm},i}}{n} \tag{5-4}$$

$$\varphi_{\mathrm{rm}} = \frac{\sum\limits_{j=1}^{p} \varphi_{i,j}}{p} \tag{5-5}$$

式中　φ_{rm}——检测持续时间内受检房间的室内平均相对湿度，％；

$\varphi_{\mathrm{rm},i}$——检测持续时间内受检房间第 i 个室内逐时相对湿度，％；

n——检测持续时间内受检房间的室内逐时相对湿度的个数；

$\varphi_{i,j}$——检测持续时间内受检房间第 j 个测点的第 i 个相对湿度逐时值，％；

p——检测持续时间内受检房间布置的相对湿度测点的点数。

5.4.3　风速与风量的测定

1. 风口风速测定

（1）测点布置

当风口面积较大时，可用定点测量法，测点不应少于 5 个，测点布置如图 5-2 所示；

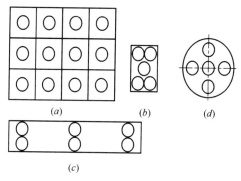

(a)　　　　　　(b)　　　　　(d)

(c)

图 5-2　各种形式风口测点布置

（a）较大矩形风口；（b）较小矩形风口；（c）条缝形风口；（d）圆形风口

当风口为散流器风口时，测点布置如图 5-3 所示。

（2）检测方法

1）当风口为格栅或网格风口时，可用叶轮式风速仪紧贴风口平面测定风速；

2）当风口为条缝形风口或风口气流有偏移时，应临时安装长度为 0.5～1.0m 断面尺寸与风口相同的短管进行测定。

（3）数据处理

风口的平均风速按下式（5-6）计算：

$$V = \frac{V_1 + V_2 + V_3 + \cdots V_n}{N} \quad (5\text{-}6)$$

式中　V_1、V_2 ……V_n——各测点之风速，m/s；

　　　　N——测点总数，个。

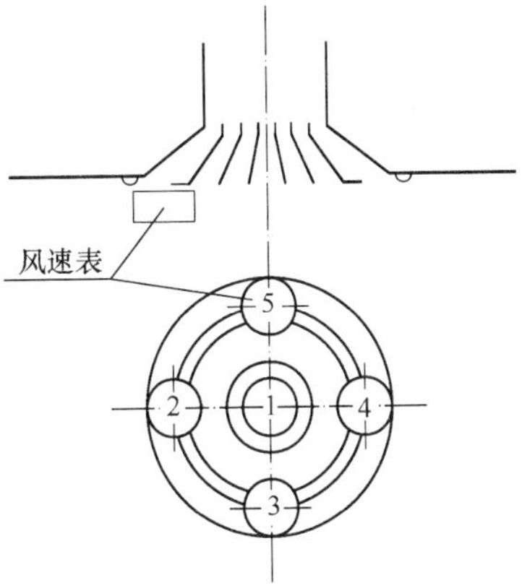

2. 风口风量的测定

（1）测点布置

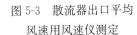

图 5-3　散流器出口平均
风速用风速仪测定

1）当采用风速计法测量风口风量时，在辅助风管出口平面上，按测点不少于 6 点均匀布置测点；

2）当采用风量罩法测量风口风量时，根据设计图纸绘制风口平面布置图，对各房间风口进行统一编号。

（2）检测方法

1）风速计法：根据风口的尺寸，制作辅助风管。辅助风管的截面尺寸应与风口内截面尺寸相同，长度不小于 2 倍风口边长；利用辅助风管将待测风口罩住，保证无漏风；

2）风量罩法：根据待测风口的尺寸、面积，选择与风口的面积较接近的风量罩罩体，且罩体的长边长度不得超过风口的长边长度的 3 倍；风口的面积不应小于罩体边界面积的 15%；确定罩体的摆放位置来罩住风口，风口宜位于罩体的中间位置；保证无漏风。

（3）数据处理

1）风速计法：以风口截面平均风速乘以风口截面积计算风口风量，风口截面平均风速为各测点风速测量值的算术平均值，见公式（5-7）。

$$L = 3600FV \quad (5\text{-}7)$$

式中　L——风口风量，m^3/h；

　　　F——送风口的外框面积，m^2；

　　　V——风口处测得的平均风速，m/s。

2）风量罩法：观察仪表的显示值，待显示值趋于稳定后，读取风量值。依据读取的风量值，考虑是否需要进行背压补偿，当风量值≤1500m^3/h 时，无需进行背压补偿，所读风量值即为所测风口的风量值；当风量值＞1500m^3/h 时，

103

使用背压补偿挡板进行背压补偿，读取仪表显示值即为所测的风口补偿后风量值。

注意风量罩罩体与风口尺寸相差较大会造成较大的测量误差，所以需要用尺寸相近的罩体进行测量。当风口风量较大时，风量罩罩体和测量部分的节流对风口的阻力会增加，造成风量下降较多，为了消除这部分的风口风量，需要进行背压补偿。

3. 截面风速的测定

（1）测点布置

1）对于为检测送风量而进行的单向流风速检测，一般在距离过滤器出风面100mm～300mm 的截面处进行。对于工作面平均风速的检测应和委托方协商确认工作面的位置，一般情况下，垂直单向流应选择距墙或围护结构内表面大于0.5m，离地面 0.8m 作为工作区；水平单向流以距送风墙或围护结构内表面0.5m 处的纵断面为第一工作面；

2）测点数的确定：一般采用送风面积（平方米）乘以 10，再计算平方根确定测点数量，最少不低于 4 个点，且每个高效过滤风口或风机过滤器机组至少测量 1 个点；

3）测量时间的确定：为保证检测的可重复性，每点风速检测应保证一定的测量时间，建议采用一定时间的平均值作为测点的检测值。

关于截面风速的测量，一般指层流洁净室的截面风速，包括高效过滤器出风面和工作面。测量位置和测点的确定方法，参考 ISO14644-3《洁净室及相关受控环境——第 3 部分 计量和测试方法》中的 B4.2.2。

（2）检测步骤

检查空调系统运行是否正常，依据仪表的操作规程，测量并记录各测点截面风速。

（3）数据处理

对于为检测送风量和截面平均风速进行的风速检测，只需计算各点平均值；对于工作面风速不均匀度的计算，应与委托方协商确认评价和计算方法，一般采用计算风速不均匀度进行评价，公式（5-8）如下：

$$\beta_v = \frac{\sqrt{\dfrac{\sum (v_i - \overline{v})^2}{n-1}}}{\overline{v}} \tag{5-8}$$

式中　β_v ——风速不均匀度；

　　　v_i ——任一点实测风速；

　　　$\overline{v}$ ——平均风速；

n——测点数。

5.4.4 室内噪声的测定

室内环境噪声的测定应符合下列规定：

（1）测点布置

当室内面积小于 $50m^2$ 时，测点位于室内中心，距地 $1.1\sim1.5m$ 高度处或按工艺要求设定，距离操作者 $0.5m$ 左右，距墙面和其他主要反射面不小于 $1m$。当室内面积大于 $50m^2$，每增加 $50m^2$ 增加 1 个测点。测量时声级计或传声器可以手持，也可以固定在三脚架上，使传声器指向被测声源。

（2）检测方法

1）根据设计图纸绘制房间平面图，对各房间进行统一编号；

2）检查测试仪表是否满足使用要求；

3）检查空调系统是否正常运行；

4）根据测点布置原则布置测点；

5）关掉所有空调设备，测量背景噪声；

6）依据仪表的操作规程，测量各测点噪声。

（3）数据处理

根据背景噪声，将噪声测量值与背景噪声的差值 Δ 取整后，按下列规定对实测噪声进行修正：

当实测噪声与背景噪声之差 $\Delta<3dB(A)$，测量无效；

当实测噪声与背景噪声之差 $\Delta=3dB(A)$，实测值-3 dB(A)；

当实测噪声与背景噪声之差 $\Delta=4\sim5$ dB(A)，实测值$-2dB(A)$；

当实测噪声与背景噪声之差 $\Delta=6\sim10$ dB(A)，实测值$-1dB(A)$；

当实测噪声与背景噪声之差 $\Delta>10$ dB（A），不用修正。具体见表5-4。

房间噪声修正值   表 5-4

被测噪声与本底噪声的差值 dB（A）	3	4～5	6～9
修正值 dB（A）	-3	-2	-1
未装修修正值 dB（A）	-5	-5	-5

5.4.5 综合效果试验项目

通风、除尘系统综合效果试验包括以下项目：

（1）室内空气中含尘浓度或有害气体浓度与排放浓度的测定；

（2）吸气罩罩口气流特性的测定；

（3）除尘器阻力和除尘效率的测定；

（4）空气油烟、酸雾过滤装置净化效率的测定。

空调系统综合效果试验可包括下列项目：

（1）送回风口空气状态参数的测定与调整；

（2）空气调节机组性能参数的测定与调整；

（3）室内噪声的测定；

（4）室内空气温度和相对湿度的测定与调整；

（5）对气流有特殊要求的空调区域做气流速度的测定。

恒温恒湿空调系统除应包括空调系统综合效果试验项目外，尚可增加下列项目：

（1）室内静压的测定和调整；

（2）空调机组各功能段性能的测定和调整；

（3）室内温度、相对湿度场的测定和调整；

（4）室内气流组织的测定。

净化空调系统除应包括恒温恒湿空调系统综合效果试验项目外，尚可增加下列项目：

（1）生产负荷状态下室内空气洁净度等级的测定；

（2）室内浮游菌和沉降菌的测定；

（3）室内自净时间的测定；

（4）空气洁净度＞5 级的洁净室，除应进行净化空调系统综合效果试验项目外，还应增加设备泄漏控制、防止污染扩散等特定项目的测定；

（5）洁净度等级≥5 级的洁净室，可进行单向气流流线平行度的检测，在工作区内气流流向偏离规定方向的角度不应大于 15°。

第6章 系统调试培训

6.1 概述

培训是经验、知识转让和传递过程，使受训者获得新的理念、认识接受新的标准、行为以及态度。在完成空调系统联合调试之后，正式投入使用之前，调试团队应该对业主、物业管理团队进行培训。

目前国内空调系统在安装完成之后也会进行简单的培训，但内容较为单一，不是系统的培训。而 Cx 管理要求对空调系统进行全面的系统的培训，二者的对比关系见表 6-1：

传统培训与 Cx 培训对比 表 6-1

比较内容	传统培训	Commissioning 要求
培训者	设备厂商技术人员或销售人员（主要是制冷主机等）	调试团队主导 设计单位、总包、设备承包商参与
受训者	运行管理人员	业主 物业管理团队 运行管理团队
培训内容	主要设备的启停操作 设备简单故障的排除 突发事件的处理	系统的设置及概况 系统各部分的配置及特点 如何建立完善的运行管理体系 日常检修、维护 系统故障诊断 节能运行管理 负荷需求管理 如何使用系统手册
培训依据	设备操作手册和说明书	全套竣工图纸 系统手册 各设备的技术参数及操作指南 阀门、执行装置等各部件技术样本和说明 调试记录 调试报告
培训时间	1～2d	7～15d

Commissioning 培训旨在帮助业主和物业管理团队建立建筑空调系统各部分的整体认识和理解，帮助业主完善过程资料和文件，建立完善、科学的运行管理体系，确保建筑空调投入使用之后正常、高效运行，满足使用要求，同时实现节能运行，降低运行成本。具体培训的内容和文件要求在第二章和第三章有详细的介绍，以下着重介绍培训最主要的两个部分：运行管理和诊断技术。

6.2　空调系统运行管理

6.2.1　运行管理目标

对于业主或物业管理企业来说，围绕空调系统运行管理开展的一切工作，都是为了使空调系统达到满足使用要求、延长使用寿命、降低运行成本这三个基本目标，即以最经济的费用换取最高的综合效能，实现最大的经济效益。

1. 满足使用要求

空调系统的运行管理是建筑物业管理的重要组成部分，空调效果好坏直接反映物业管理的优劣。由于舒适性空调系统的运行效果体现在能否满足人们的工作、生活等要求方面，而空调系统的运行管理又是建筑物业管理的重要组成部分，因此它是物业管理质量优劣的直接体现，对衡量物业管理企业的服务水准是至关重要的。一旦不能达到满足使用要求这个目标，物业管理企业的正常经营就会受到影响。

2. 延长使用寿命

在配置有中央空调系统的建筑物的总投资中，一般空调系统的费用要占到总费用的 20% 左右。要使这方面的投资发挥出最大效益，就要保证在其使用年限内起到应有的作用。主要空调制冷设备的平均使用寿命参见表 6-2。

空调系统主要设备的平均使用寿命　　　　　　　　表 6-2

名　称	平均寿命（年）	名　称	平均寿命（年）
空气源热泵（住宅用）	10	活塞式冷水机组	20
水源热泵（商业用）	19	离心式冷水机组	23
空气源热泵（商业用）	15	吸收式冷水机组	23
屋顶空调机	15	水泵	20
空气冷却盘管	20	冷却塔	20
离心风机	23		

空调系统的使用寿命长短取决于三个主要因素：一是系统和设备类型；二是

设计、安装、制造质量；三是操作、保养、检修水平。因此，准确确定整个空调系统的使用寿命比较困难。

由于使用寿命涉及到折旧年限（我国政府在 2002 年对各种设备规定的折旧年限中，规定空调器、制冷设备的折旧年限 10～15 年；自动化、半自动化控制设备的折旧年限为 8～12 年）和更新资金的投入，因此使用寿命应至少达到预期的使用年限，超过则更好，这样就可以使更新资金晚投入，从而使整个物业管理或经营成本适当降低。

此外，系统或主要设备的更新不仅要耗费大量的人力、物力，而且还会影响房间的正常使用。对大型主机和管道系统来说，对其更新还要损坏建筑结构或室内外装修，从而带来额外的经济损失和费用开支。因此，必须通过正确的操作、合理的使用、精心的保养、及时的维护、科学的检修来管理空调系统的运行，保证其高效运行的同时，还要降低能耗、减少故障及延长整个系统的使用寿命。

3. 降低运行成本

除人工费外，运行成本主要包括能耗费和维护保养费等。目前我国空调系统的冷源绝大部分采用电动式制冷机（包括活塞式、螺杆式和离心式），其辅助设备如水泵、冷却塔等也均为电动式的，而热源则形式多样，有传统的燃煤锅炉和新型燃油、燃气锅炉，也有方便快捷的电锅炉，还有两用的空气、水源热泵和直燃式冷热水机组等。不管热源采用何种形式，空调系统的主要能耗还是用电。

由于建筑类别和地区的不同，空调系统的耗电量约占总耗电量的 18%～35%，单位建筑面积的耗电量约为 35～65W/m²。因此，降低运行成本的首要任务是想方设法减少用电量，同时也要尽量减少其他能源（如煤、石油、天然气等）的消耗量，以降低能源消耗费用。其次，要通过正确的操作、及时维护保养来延长易损件的使用寿命；通过监测情况和定期的水质检验来决定水质处理的合理方法；通过少量多次来适量加注润滑油等。总之，通过严格、规范的管理来减少日常的使用量，以减少相关费用的开支，达到降低运行成本的目的。

6.2.2 运行管理方法

空调系统的运行管理环节主要包括设备操作、维护保养、计划检修、事故处理、技术资料管理、零配件的选购、系统改造等工作。

1. 冷水机组运行管理

空调运行管理涉及的主要设备为冷水机组、水泵、冷却塔和末端设备，其中制冷主机为中央空调系统最为核心的设备，其运行状态和供冷能力将直接影响中央空调系统运行的效果，及其经济性、安全性和寿命等，因此做好冷水机组运行管理工作非常重要。

冷水机组的运行管理就是对不同类型的冷水机组制定针对性的运行管理程序，但不论什么样的冷水机组其运行管理的主要内容都包括冷水机组进行运行前的检查与准备工作、机组及其水系统的启动与停机操作、运行调节监控工作、日常维护保养工作、故障和问题的早期发现与处理等内容。

2. 水泵的运行管理

在中央空调系统的水系统中，不论是冷冻水系统还是冷却水系统，水泵都是水循环流动的动力源。而目前采用的水泵大多数为卧式单级单吸或双吸清水泵（离心泵），只有少数的小型水系统选用管道离心泵（立式单吸泵，简称管道泵）。

这两种水泵工作原理相同，而且基本组成和构造类似，因此运行管理的内容也基本相同，就是启动前的准备和检查工作、运行调节和监控、维护保养以及常见问题和故障的预防和解决方法等方面工作。

3. 冷却塔的运行管理

中央空调系统常用的冷源冷却方式可分为水冷式和风冷式两种。从冷却效能来看，水冷式比风冷式优越，特别是在夏季室外气温较高时，效果更好。因为空气与水表面饱和空气层水蒸气分压力差的蒸发传热量，要比二者温度差的显热传热量大得多。而且水冷方式能使制冷机的冷凝温度相对较低。因此，在相同的室外条件下，水冷式制冷机的制冷效率高于风冷式制冷机的制冷效率。加之水冷式所具备的其他优点，决定了它是中央空调系统冷源的首选方式。

水冷式系统通常采用开式循环，由循环水泵、冷却塔和相应的管道附件等构成。冷却塔作为降低冷水机组所需冷却水温度的散热装置，目前采用最多的是机械抽风逆流式冷却塔，其次是机械抽风横流式（又称直交流式）冷却塔。这两种冷却塔除了外形、布水方式、进风形式以及风机配备数量不同外，其他方面基本相同。因此，在运行管理方面，也大同小异，包含维护保养工作、运行调节和问题发现故障处理等。

4. 末端系统的运行管理

中央空调系统的空气处理方案、处理设备的容量、输送管道的尺寸等，都是根据夏、冬季节室内外设计计算参数和相应室内最大负荷确定的。系统安装好后，经过调试，一般都能达到设计要求。但是，无论在我国的什么地区，在空调使用期间的大部分时间里，室外空气参数都会因气候的变化而与设计计算参数有差异，即使是在一天之内室外空气参数也会有很大变化。此外，室内冷、热、湿负荷也会因室外气象条件的变化以及室内人员的变化、灯光和设备的使用情况而变化，显然在大部分时间里也不会与设计时的室内最大负荷相一致。在上述情况下，如果中央空调系统在运行过程中不做相应调节，则不仅使室内空气控制参数发生波动，偏离控制范围，达不到要求，而且会浪费所供应的能量（冷量和热量），增加系统运行的能耗（电、气、油、煤等消耗）和费用开支。因此，在中央空调系统投入使用后，必须根据当地的室外气象条件，室内冷、热、湿负荷的变化规律，结合建筑的构造特点和系统的配置情况，制订出合理的运行调节方案，以保证中央空调系统既能发挥出最大效能，满足用户的空调要求，又能用最经济节能的方式运行，而且使用寿命长。

由于空调系统的规模不同，以及物业管理企业性质的不同，运行管理的各个环节不一定完全由管理者自己承担，有些可以外包给专业公司，如计划检修、系统改造，特殊装置设备的维护保养等。但不论采用何种方式，必须有以下基本措施作保证：

（1）应根据系统实际情况建立健全规章制度，并应在实践过程中不断完善；

（2）应定期检查规章制度的执行情况，所有规章制度应严格执行；

（3）应定期检查人员的工作情况和系统的工作状况。对检查结果进行分析，发现问题并及时处理；

（4）充分利用设备供应商提供的保修服务期、售后服务以及配件更换等时机，了解设备性能，维保方法等；

（5）空调通风系统的清洗、节能、调试、改造等工程项目，签订的合同中必须明确约定实施结果和有效期限，在执行合同时对其相关技术条款可由有资质的检测机构进行检验；

（6）须对空调系统的运行管理水平综合考量。

总之，只有全面了解运行管理的基本内容，才能深入研究和掌握各个管理环节的规律，以促进运行管理工作开展，全面提高运行管理质量。

6.2.3　运行管理制度

目前空调系统的使用效果、维护保养与运行费用等方面，有许多令人不满意的地方，其中大部分问题并非是设计、设备制造或施工等环节带来的，而是由于忽视运行管理工作重要性造成的。因此，要使中央空调系统既高效、又低能耗运行的同时还能延长使用寿命，就必须着重把握好科学的体系、完善的制度和可靠的执行这三个方面的工作。

制度是贯彻管理方针、达到管理目标、完成管理计划的重要保证。管理制度的完善程度，直接影响到管理质量。因此，完善管理制度是做好管理工作的先决条件。空调系统运行管理要能真正起到应有的作用，就必须有一套切实可行的规章制度来作保障。否则，空调系统也难以保障长期、稳定地发挥应有的效能。

空调系统的运行管理是物业管理的一个重要组成部分，既有与其他专业管理的共性内容，也有自己独到的地方。因此，除了有共性的管理制度可以借用外，还必须在物业管理的总原则基础上，结合空调系统运行管理的自身特点，因地制宜地制订出一套专业性的规章制度，为空调系统的运行管理服务。

1. 管理团队组建

中央空调系统的运行管理涉及的内容多、技术范围广，要做好各项工作，必须根据其规模情况和人员状况，建立一支由空调运行工程师和各类操作人员组成的专业管理团队。而管理团队的组成、分工和选拔都须遵循一定的体系制度。

空调运行工程师负责本团队的全面工作，须业务能力强，还要有一定的管理能力。具体来说，就是要有一定本专业运行管理的工作经验如：设备操作、维修保养工作的组织能力及故障诊断与排除能力，又要有强烈的责任感和事业心，还要有较强的沟通协调能力。规模较小的中央空调系统，可以不设专职空调工程师，但兼职的技术管理人员必须具有一定的空调专业知识和技能。

应该引起重视的是，操作人员技术水平的高低将直接决定系统和设备的运行使用状况，如果操作人员的技术水平不足以满足系统和设备的运行、维护和检修要求，那么不仅影响系统和设备效能的发挥，而且还可能会使其受到损坏。因此，运行操作人员要有一定程度相关工作经历，还应对工作认真负责、踏实肯干、具有团结协作精神。

在各类专业人员的配备问题上，有些物业管理企业（部门）的领导往往没有给予应有的重视。由于目前中央空调系统及设备的自动化程度都很高，因此认为操作人员只要会开机、抄表就行，随便什么人都可以干，而技术管理人员则由机电专业技术人员兼任。没有一支专职的专业团队来从事中央空调系统的运行管理工作，是很难较好完成这项工作的。随着高新技术在空调系统和空调制冷设备中的大量应用，智能化楼宇的迅速普及，对空调系统运行管理人员的要求将会越来越高。

2. 管理制度制订

如果说配备专业管理人员是做好空调系统运行管理工作的基本条件，那么制订必要的管理规章制度就是做好空调系统运行管理工作的基本保证。一套健全的管理制度由人员管理制度、设备管理制度、运行管理制度组成，每一部分又由若干具体制度组成。

（1）人员管理制度

1）人员岗位职责

人员的岗位职责是构成中央空调系统运行管理岗位责任制的主体，在确定人员的岗位职责时，一定要结合空调系统的规模和特点等情况来综合考量，要按岗位的特点和工种类别来分解各项任务，注意避免出现职能不清、责任不明的情况。

有些物业管理企业所管理的中央空调系统规模较小，人员配置较少，故不设空调班组长，相关工作全部由空调工程师承担。还有些物业管理企业为了避免运行和检修不协调，不利于设备的使用和检修，将二者合而为一体，即运行人员也是维修人员。这样不仅节省了人力，工作饱和程度上升，使人员既加深了对设备的了解，又提高了技术水平。因此，岗位及职责不是一个一成不变的关系，根据具体情况而定，应避免呆板刻薄。

2）业务学习与培训制度

中央空调系统的运行管理是一项涉及到多学科、多专业的管理工作，中央空调系统的操作、维护和检修水平与各岗位人员的技术水平密切相关，在实际工作中需要相关人员具备熟练地操作、维护和检修技能，能够规范、正确地操作、维护和检修系统与设备。因此，对中央空调系统一线运行人员的要求除了有高度的责任感外，还要求有一定的专业知识和技能。建立相应的业务学习与培训制度，对提高相关人员的专业素质，使其能适应岗位的要求有重要意义。

（2）设备管理制度

1）机房管理制度

机房指安装运行设备的专用房间。中央空调系统的机房一般有制冷机房、空调机房、新风机房、二次泵房、锅炉房等，多数为单独设置的专用机房，保证设备有一个良好的工作环境。在一些超高层建筑中，也有将中央空调系统的一些设备直接安放在设备层里与其他系统的机电设备混合布置的情况。为了保证设备的运行安全，避免受到非操作、检修人员的接触，同时保护非专业人员，以免其无意中受到伤害，制订相应的制度来给予保证是非常重要的。该制度的内容应包括机房的进入、设备的操作、环境的要求等。

2）维护保养制度

中央空调系统自身良好的工作状态是其保证供冷（热）质量、安全经济运行、延长使用寿命的前提，而有针对性地做好各项维护保养工作又是中央空调系统和设备保持良好工作状态的重要条件之一。

维护保养工作是一项预防性的、有计划的工作，其主要内容是根据维护保养制度进行必要的零件或材料的更换、加油、清洁、清洗、紧固等工作。因此维护保养工作是琐碎而繁杂的。工作完成不彻底，会造成系统或设备运行不正常、故障频发。

由于各种设备和装置的性能、构造以及工作环境不同，维护保养的内容也会相应改变，需要根据随机附带的使用说明书或维护保养手册，结合使用现场的实际情况制订出各自的维护保养制度。

3）检测与修理制度

不管如何加强维护保养，能做到的只是降低设备的损坏速度，延长设备的使用寿命。要想完全使设备不出现故障是不可能的。中央空调系统在运行一定时间后，运动部件都会出现疲劳、磨损、间隙增大，甚至不能运转；而静止的部件和管道也会产生松动、腐蚀、结垢、堵塞等现象，使系统的工作状况发生改变，甚至引发事故，影响到中央空调系统的正常运行和空调的使用效果。因此，必须定期对系统和设备进行检测，并根据检测情况采取相应的措施。通过及时发现、消除系统或设备存在的问题或潜在的事故隐患，来提高中央空调系统的"健康水平"，保证中央空调系统更好地为用户服务。

4）运行、维护保养和检修记录

运行、维护保养和检修记录是设备技术档案中原始技术资料的重要组成部分。原始技术资料包括空调系统设计、施工、安装图纸和说明书，各种设备的安装、使用说明书，系统和设备安装竣工及验收记录等，分别由设计、设备制造、安装单位提供，是在空调系统正式投入运行前就形成的。而运行和检修记录则是在中央空调系统投入运行后形成并不断积累起来的。通过这些记录，可以使运行和管理人员掌握系统和设备的运行情况和现状，一方面可以防止因为情况不明、盲目使用而发生问题；另一方面还可以从这些记录中找出一些规律性的东西，经过总结，再用于工作实际中，使操作检修水平不断提高。

（3）运行的管理制度

1）运行值班制度

当中央空调系统运行时，必须要有人值班监护。因为中央空调系统运行的好坏不仅直接影响到能否满足用户的要求，而且造成运行费用的变化。运行得好，就能既满足用户要求，又能节省费用；运行得不好，则可能无法满足了用户要求，同时产生高消耗，或虽满足用户要求，但不能节省运行费用。影响运行质量的因素很多，如系统与设备的状况、空调运行工的责任心和技术水平等。如何能保证值班监护质量，使运行管理的质量就有了实现基础，而且为系统与设备的维护保养、运行资料的积累、运行环境的整洁、故障隐患的及时发现、突发事故的应对等提供了保障。为了保证值班质量，必须有相应的制度来约束，其基本内容应规定空调运行工值班时段、工作内容等。

2）巡回检查制度

中央空调系统涉及的设备种类和数量较多，安装地点也比较广，特别是夏季供冷运行时，对水系统来说，冷水机组、水泵、冷却塔、膨胀水箱、末端装置等通常分设多处。更有一些高层建筑和多功能建筑，由于技术上或使用上的特殊要求，往往设置了多个机房，而不可能为每个机房都配置值班人员。此时，为了保证系统安全正常的运行，就需要运行维护人员定时或定期地进行巡回检查，发现故障或问题及时处理。巡回检查制度包括巡回检查的时间、内容和要求等，对有特殊要求的还应规定巡回检查的路线和必须做的记录内容等。

3）交接班制度

当中央空调系统按用户的使用要求需要连续运行 8h 以上时，空调运行人员就相应地需要轮换上岗值班，通常上一班运行的情况将直接影响到下一班的运行质量，因此做好交接班工作就显得十分重要。为了在换人不停机的情况下，能把工作衔接好，不出现纰漏、推诿等现象，必须有一个相关的制度来保证，其基本内容应规定怎样交接班，交接内容，异常情况的处理等。

（4）技术资料管理制度

技术资料是具有长期保存价值的重要文件，它包括工程竣工验收资料、运行记录、维护维修记录等。它们是对该项目进行使用管理、维修、事故处理、鉴定、改建、扩建、重建或改变用途等工作必不可少的依据。因此技术资料管理必须做到及时、正确、可靠、齐全。为达到这一效果就必然需要一套相应的制度来对其进行规定、约束。技术资料管理制度所涉及的内容包括：

1）项目竣工资料

项目竣工资料是在工程建设全过程形成的，用以归档保存的图纸、文字、图表、声像、计算材料等不同开工与载体的各种历史记录，是记录工程情况的重要技术资料，它产生于整个工程建设全过程，包括从项目提出、可行性研究、设计、决策、招（投）标、施工、质检、监理到竣工验收、试运行等过程中形成的各种历史记录，这些资料是空调系统运行、诊断、调节及后期改造的重要依据。

2）运行、维护保养资料

中央空调系统的科学运行、维护保养，可保障空调系统的正常运转，节约空调系统的运行成本，预防故障的发生，延长空调系统的使用寿命。在维护维修过程中形成的各种技术资料、过程记录等，对于中央空调系统的再调试，将有重要的借鉴意义。其相关内容涵盖表 6-3 的内容：

中央空调系统维护保养内容　　　　　　　　表 6-3

项　　目	内　　容
运行记录	制冷主机
	冷却塔
	水泵
	组合式空调机组等
维护保养计划表（记录）	制冷主机
	冷却塔
	水泵
	组合式空调机组
	风机盘管等

续表

项　目	内　容
维护保养记录	设备维护保养记录 检修记录等

6.2.4　运行管理考评

空调系统的管理工作考核和评估，可参照建设部与国家质量监督检验检疫总局于 2005 年颁布的《空调通风系统运行管理规范》，规范明确地制定了相关的评价指标，可予以参考。

《空调通风系统运行管理规范》中从服务、管理、节能状况、卫生以及系统安全运行状况五个方面对运行管理质量进行了评价，详细评分如下：

服务评价指标可选取部分空调用户（不少于 10 人）进行抽查，按照表 6-4 选项评分，即可得出对应的分数。

服务评分（满分 100）　　　　　　　　　　　　　　　　表 6-4

满意程度	评价得分
满意率 80% 以上	100
满意率 75% 以上	80
满意率 70% 以上	60
满意率 50% 以上	40
满意率 50% 以下	0

管理评价指标应由技术资料管理、人员管理和规章制度管理三项组成，评分原则如表 6-5、表 6-6、表 6-7 所示：

技术资料管理评分（满分 40）　　　　　　　　　　　表 6-5

评价得分：40 分	评价得分：30 分	评价得分：20 分	评价得分：0 分
齐全、完善	比较齐全	基本齐全	不全

人员管理评分（满分 30）　　　　　　　　　　　　　表 6-6

项　目	评价得分	
人员配备	齐全：10 分	不全：0 分
人员资质（指教育和培训）	具备：10 分	不具备：0 分
技术水平	熟练：10 分	不熟练：0 分

规章制度评分（满分 30）　　　　　　　　　　　　**表 6-7**

评价得分：30 分	评价得分：20 分	评价得分：10 分	评价得分：0 分
齐全、完善	比较齐全	基本齐全	不齐全

节能状况评价评分划分原则如表 6-8 所示：

节能达标评分（满分 100）　　　　　　　　　　　　**表 6-8**

项　　目	评价得分	
系统日常运行中，设备、阀门和管道的表面应保持整洁，无明显锈蚀，绝热层无脱落和破损，无跑、冒、滴、漏现象。设备、管道及附件的绝热外表面不应结露、腐蚀或虫蛀	达标：10 分	未达标：0 分
对于空调通风系统中的温度、压力、流量、热量、耗电量、燃料消耗量等计量监测仪表，应定期检验、标定和维护，仪表工作应正常，失效或缺少的仪表应更换或增设	达标：10 分	未达标：0 分
对空调通风系统的设备进行更换更新时，应选用节能环保型产品，不得采用国家已明令淘汰的产品	达标：10 分	未达标：0 分
空调运行管理人员应掌握系统的实际能耗状况，应接受相关部门的能源审计，应定期调查能耗分布状况和分析节能潜力，提出节能运行和改造建议	达标：10 分	未达标：0 分
应根据系统的冷（热）负荷及能源供应等条件，经技术经济比较，按节能环保的原则，制订合理的全年运行方案	达标：10 分	未达标：0 分
当空调通风系统的使用功能和负荷分布发生变化，空调通风系统存在明显的温度不平衡时，应对空调水系统和风系统进行平衡调试，水力失调率不宜超过 15%，最大不应超过 20%；风量失调率不宜超过 15%，最大不应超过 20%	达标：10 分	未达标：0 分
当空调通风系统为间歇运行方式时，应根据气候状况、空调负荷情况和建筑热惰性，合理确定开机停机时间	达标：10 分	未达标：0 分
空调房间的运行设定温度，在冬季不得高于设计值，夏季不得低于设计值	达标：10 分	未达标：0 分
对作息时间固定的单位建筑，在非上班时间内应降低空调运行控制标准	达标：10 分	未达标：0 分
水泵的电流值应在不同的负荷下检查记录，并应与水泵的额定电流值进行对比。应计算供冷和供暖水系统的水输送系数（ER）。对于水泵电流和水输送系数偏高的系统，应通过技术经济比较采取节能措施	达标：10 分	未达标：0 分

对空调系统的卫生评价可按照表 6-9 逐条核查，得分累加，即可得出。

卫生评价（满分 60）　　　　　　　　　　　　　　　　表 6-9

项　　目	评价得分	
空调通风系统新风口的周边环境应保持清洁，应远离建筑物排风口和开放式冷却塔，不得从机房、建筑物楼道以及吊顶内吸入新风，新风口应设置隔离网	达标：10 分	未达标：0 分
新风量宜按照设计要求均衡地送到各个房间	达标：10 分	未达标：0 分
空调冷水和冷却水的水质应由有检测资质的单位进行定期检测和分析	达标：10 分	未达标：0 分
空气过滤器应定期检查，必要时应清洗或更换	达标：10 分	未达标：0 分
空调通风系统的设备冷凝水管道，应设置水封	达标：10 分	未达标：0 分
卫生间、厨房等处产生的异味，应避免通过空调通风系统进入其他空调房间	达标：10 分	未达标：0 分

系统安全运行状况评分原则如表 6-10 所示：

安全运行达标评分（满分 40）　　　　　　　　　　　　　表 6-10

项　　目	评价得分	
安全防护装置的工作状态应定期检查，并应对各种化学危险物品和油料等存放情况进行定期检查	达标：10 分	未达标：0 分
电源应符合设备要求，接线应牢固。接地措施应符合现行国家标准《建筑电气工程施工质量验收规范》GB 0303，不得有过载运转现象	达标：10 分	未达标：0 分
制冷机组、水泵和风机等设备的基础应稳固，隔振装置应可靠，传动装置运转应正常，轴承和轴封的冷却、润滑、密封应良好，不得有过热、异常声音或振动等现象	达标：10 分	未达标：0 分
空调通风系统的防火阀及其感温、感烟控制元件应定期检查	达标：10 分	未达标：0 分

　　经过对以上各项进行客观公平的评分以后，所得总分即可充分反映当前空调通风系统的运行管理工作是否完善、合理。

6.3　低成本\无成本节能运行策略

6.3.1　建筑节能工作背景

　　随着我国经济和社会快速发展，大型公共建筑日益增多。据统计，我国目前大型公共建筑总量约为 6 亿 m^2，占城镇建筑总量的 4%，总能耗却占全国城镇总耗电量的 22%，单位面积年耗电量达到 70～300kW·h，为普通居民住宅的 10～20 倍。随着社会的发展大型公共建筑即将成为能源消耗的主要领域。目前我国建筑业物质消耗占全部物质消耗总量的 15% 左右，建筑能耗约占全社会能耗的

30％。同时，我国建筑耗能的效率仅为发达国家的 30％左右，建筑节能的空间很大。截止 2006 年底，建筑面积约 400 亿 m^2，绝大部分建筑为高耗能建筑，同时新建建筑中 95％以上仍属于高能耗建筑。预计 2020 年全国房屋建筑面积达690 亿 m^2。建设部要求，到 2010 年全国各大中小城市及城镇普遍实施节能率为50％建筑节能标准（即在 1981 年住宅能耗水平的基础上节能 50％），到 2020 年，所有建筑节能标准得到全面实施，在全国范围内实施节能率为 65％的建筑节能标准，大中城市基本完成既有建筑的节能改造。

当今社会能源紧缺，因此建筑节能的重要性显而易见。大型公共建筑能耗比较复杂，包括采暖、空调、照明、办公电器设备、饮水设备、电梯等，各项能耗特点和相关节能方法都不尽相同，应该区别对待。所以很多运行管理方面的细节或微调都可能很大幅度地降低能耗。因此恰当使用低成本和无成本运行措施通常可以起到很好的节能效果。近年来，国内外专业人士致力于建筑节能领域的工作，取得了一系列成果，对建筑节能有很重要的借鉴意义。

6.3.2 低成本＼无成本概念的引入

亚太清洁发展和气候新伙伴计划（Asia Pacific Partnership on Clean Development and Climate，APP）是由美国于 2005 年提出的多边合作计划，此计划旨在倡导应对气候变化不应影响经济发展，主张采用先进技术，提高能源效率和发展清洁能源，降低碳排放强度，减少温室气体排放，项目共有中国、美国、澳大利亚、日本、韩国、印度、加拿大等 7 国参加，共有包括建筑和家用电器工作组在内的 8 个行业工作组。

2008 年 4 月，中国住房和城乡建设部与美国环境保护局在此项目下联合签署了《关于在 APP 建筑节能领域展开合作的备忘录》。2008 年 10 月，美国国务院批准"通过改善建筑运行提升建筑能效"项目，项目活动也得到了美国国际开发署的支持。

"通过改善建筑运行提升建筑能效"项目是 APP 建筑和家用电器工作组第五合作主题"既有建筑节能"下的合作项目，合作方负责在中国推广低成本的既有建筑节能运行措施，提升建筑能效，达到在建筑实际使用过程中降低建筑能耗的目的。在中国物业管理协会的组织协调下，中国建筑科学研究院与美国 ICF 国际咨询公司等相关单位在大型公共建筑节能运行管理方面开展了大量调研、培训、追踪等活动，得到了良好的社会反响并且取得了巨大的节能效果。

在"通过改善建筑运行提升建筑能效"项目支持下，项目组选择覆盖中国主要气候区的 10 个城市，分别为北京、上海、天津、广州、成都、杭州、南京、大连、廊坊、厦门，通过与当地政府主管部门、建筑节能研究机构、物业管理机构和其他地方相关合作伙伴组成工作组，和相关建筑节能研究人员、物业管理人员、能源服务公司进行技术交流，在每个城市选择1－3栋大型公共建筑进行低成本措施节能潜力评估并进行现场实施，相关措施实施一年后的时间内，将建筑能耗进行记录并与之前的记录进行对比，从而判断相关措施的实际节能效果。工作流程详见图6-1。

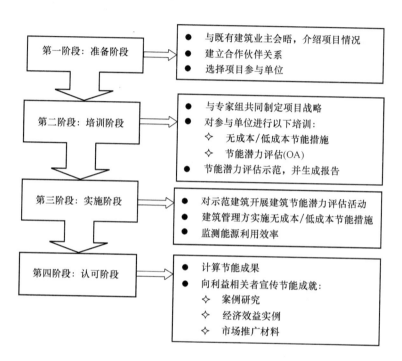

图 6-1　项目实施程序示意图段

项目自 2008 年开始实施，截止 2011 年底，项目组已经完成对 10 个城市 26 栋示范建筑进行了节能潜力评估分析、节能措施现场操作、节能效果追踪等工作。调研的 26 栋建筑总建筑面积 1975708m²，其中，办公建筑 11 栋，总面积 882683m²；酒店建筑 6 栋，总面积 79300m²；综合性公共建筑 6 栋，总面积 702283m²；实验室 1 栋，面积 2000m²；图书馆 1 栋，面积 36442m²；火车站 1 个，面积 37300m²，详见图 6-2 和表 6-11。

调查项目基本情况表　　　　　　　　　　　　表 6-11

建筑类型	总面积（m²）	建筑类型	总面积（m²）
办公建筑	882683	实验室	2000
酒店建筑	79300	图书馆	36442
综合性公共建筑	702283	火车站	37300

调查项目基本情况表（栋）

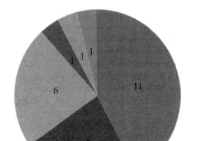

■ 办公建筑
■ 酒店建筑
▤ 综合性公共建筑
■ 实验室
▥ 图书馆
■ 火车站

图 6-2 调查项目建筑类型分布图

在进行实地调研调试前，项目组首先请被调研项目物业管理经理及相关能源系统的具体管理人员联合填写一份问卷，问卷为物业管理行业的合作伙伴提供帮助，以确定在他们所管理的建筑内成功实施低成本节能改进措施的可能性。问卷包括建筑物基本信息、人员编制以及运营与维护时间表、外部承包商、暖通空调系统、车库通风和排烟系统、热水系统、照明系统、电力供应系统、楼宇自动控制系统、建筑内气压平衡、室内温度控制、入住率与办公时间、盘管和过滤器的清洗、文件管理、能耗数据收集及展示、其他节能措施等 16 个大项，79 个具体问题。问卷结构详见图 6-3。

随后，项目组与建筑物管理人员进行交流，了解建筑物在能源、可持续方面的管理现状和目标，对建筑进行实地考察，了解建筑的相关系统和设备布局和相关情况，对会谈和考察中获取的信息进行分析，对一些示范建筑，项目组对其进行现场低成本运行节能示范，对所有参与项目的建筑，项目组撰写报告对建筑考察结果进行总结以及向物业管理方提供低成本的节能建议，并对相关措施的实施情况进行追踪。

6.3.3 建筑节能运行存在障碍

通过对参加调研的建筑运行情况以及针对节能的专项管理技术措施进行总结分析，可以发现，大型公共建筑运行阶段的节能工作贯彻执行，主要存在以下障碍：

1. 管理人员理念

通过对参与调研的企业中高层管理人员来看，现阶段，我国大型办公建筑、酒店建筑的关注重点主要集中在通过提供更高端的硬件设施吸引租户（住户），从而

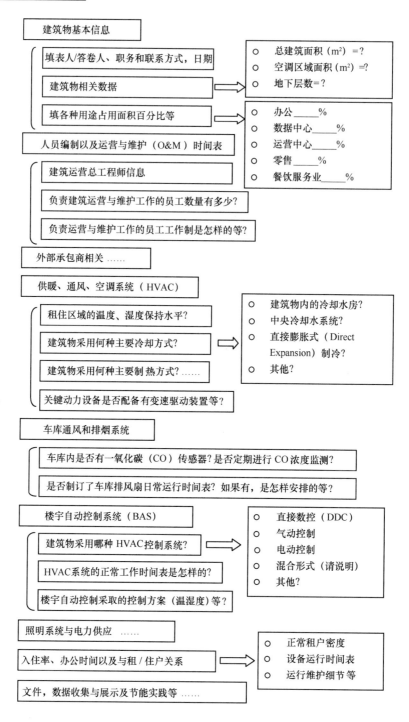

图 6-3　大型公共建筑现场评估问卷表（示意图）

提高营业额，提高利润，对于室内环境和舒适度等软性要求关注度不够。在建筑运行过程中，某些建筑的业主和物业公司甚至还会通过减少建筑能源系统的运行时间，停止开启室内新风等人为措施，以降低室内环境舒适度为代价来被动节能。相信随着租户对室内环境的要求逐步提高后，这些建筑的能耗还将继续增长，这也会促使建筑管理人员寻求更多的主动节能措施。

一些由企业集团自行开发并且自持的物业公司对于既有建筑节能工作非常重视，但通常会在资金充足的条件下，选择对既有建筑的设备进行更新升级，对于低成本的节能技术重视程度还不够。

2. 技术人员专业基础差，流动性大

通过对 26 个项目的 160 名企业管理人员和一线操作人员进行调研来看，大专学历以上人员占全部人员总数的 40%，绝大部分技术人员无专业背景。技术人员在建筑实际运行中，基本以建筑系统和设备的"开/关"控制为主，对于稍微复杂的楼宇自控系统，或需要进行反馈运行调试的 VAV 空调系统等则无从下手。

由于薪酬待遇低而导致的频繁跳槽也是导致物业管理公司无法长期开展节能工作的一个原因，通过对项目组 2008 年调研项目的某些项目回访来看，除物业管理公司高管还在继续工作，所有的中层和一线工作人员全部换人，这也影响到物业管理公司对低成本节能技术的持续使用。

3. 节能专业服务外包少

参与调研的项目，其建筑设施设备维护外包比例低于 20%，基本没有将节能服务进行外包，这主要是由于大部分物业管理公司的管理职能还主要为保安、保洁、设备维护和绿化等方面，不承担建筑节能的工作任务，也没有相关激励措施。

目前"合同能源管理"在国内发展得很快，这种由节能服务公司提供资金、服务、管理，节能服务公司和建筑业主共享收益的服务方式理论上可行度高，但在实际落实上，对于建筑业主和物业公司不属于一个公司的情况，节能服务公司在建筑室内环境测量、机电系统调试、建筑能耗统计、节能量认证的全过程需要物业公司参与的工作量大，如无利益驱动，物业管理公司对自己的定位不清，则容易在配合上出现很多问题，节能结果也往往不够理想。对于建筑业主和物业公司为同一个公司这种情况，通常只有在建筑物室内环境极差的情况下，如冬天室温过低，夏天室温降不下来，物业公司才会聘请专业机构解决此类问题，但此类问题一般不属于常规的建筑节能范围，而一般情况下，物业公司不会寻找专业的建筑节能外包参与其建筑长期管理工作。

6.3.4　建筑物低成本节能措施分析

针对不同建筑类型和系统特点，项目组从建筑能耗数据收集及分析、优化系统及设备使用时间、暖通空调系统节能、照明系统节能、室内室外空气管理、用户服务与管理等 6 大方面给出了 23 个具体的低成本解决办法。每栋建筑都存在 8～15 个可快速实施的低成本的节能技术措施，通过综合分析并总结这 26 栋示范项目采取的低成本节能措施及达到的节能效果，下面 9 项措施可被最广泛地应用于各类大型公共建筑中。

1. 重设冷机出水温度

重设冷机出水温度需要使用设定温度点的室外温度和出水温度关系图，用这些资料对建筑自控系统进行编程，使之能够根据室外温度、时间、季节和（或）建筑负荷，来自动设定出水温度。如果建筑自控系统不能调整出水温度，可以考虑制定人工进行控制的计划。

每个建筑的情况各不相同，所以每个物业工程技术团队均需确定室外温度与满足室内温度设定点的冷冻水水温之间的关系。为此，应收集室外温度、冷机出水温度和由此得出的室内温度设定点的数据。一般来说，楼宇自控系统可以记录这些数据，以便确定最佳条件。楼宇自动控制系统可根据测得的数据关系，对应于室外气温，相应地升高或降低冷机出水温度。如楼宇自动控制系统不能自动控制，可以手动调节冷机出水温度，根据物业工程人员的能动情况选择每天、每周、每月或每季度调节一次。调节频率越高，节能效果就越好。

在示范建筑 AH 大厦中，运行人员通过编程，设置简单的控制逻辑，使冷水机组出水设定温度根据室外温度变化而变化。在改变冷水机组运行方式的同时，使用温湿度测试仪器，跟踪观察室内温湿度效果，在保证室内效果的前提下，修改并确认上述控制逻辑。该项目中设置输入功率为 700kW 的冷水机组 2 台。按照该控制逻辑运行后，在非满负荷工况下，冷机出水设定温度由 7℃上升到 9～10℃，系统运行 COP 提高，平均节电 5%，按照部分负荷运行时间 300h 计算，单台冷水机组可节电 10500kW·h。而该措施未增加任何大型设备，仅增加了一条控制策略。运行方式的转变如图 6-4 所示。

2. 保持建筑微正压运行

很多建筑处于负压状态下运行，这可能导致不需要的室外空气通过门窗和缝隙渗入楼内，这些渗入的空气未经过过滤或温湿度调节处理，会对室内温度和湿度造成影响，为维持室内温度和湿度的设定点，就需要机组额外地供热或制冷，增加机组负荷。建筑中经常可以看到由于潮湿的空气进入室内，在墙上凝结，并导致霉菌滋生等问题。大厦处于负压状态的迹象包括：大门关闭不严、门口气流

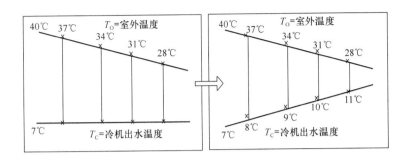

图 6-4 冷水机组运行控制策略优化示意图

过快、室内有湿气凝结等。楼层越高的大楼，越容易出现烟囱效应（由于热空气上升，高层建筑内的气流上升并经由顶层的开口处逸出）。有上述情况出现，就说明该建筑很可能处于负压状态。

修正上述问题，将有助于调节后的空气保留在室内、并阻止未经调节的室外空气通过缝隙和门道渗入。如果建筑保持在微正压状态下运行，暖通空调系统就可对空气进行适当的控制，确保对空气进行适当过滤、调节、湿度控制和分送，从而提高室内空气质量。同时，由于不必对负压引起的室外渗入空气进行调节，因而节约了能源。

如果在通风和空调系统工作的同时打开窗户，可能会改变建筑内的压力，导致需要更多额外的加热/制冷功率来维持建筑的设定温度。因此，此时活动窗户应尽可能关闭，从而避免出现压力问题、产生能源浪费。另外，公共建筑的餐厅也可采取措施对厨房排烟机进行控制，既能降低能耗、又能保证空气质量和室内气压平衡。

若要达到微正压状态，要确认排气口通风阀和进气口通风阀正常工作，确保不会发生造成压差的故障。当确认上述通风阀工作正常之后，调节送风和回风压差、新风进风量和排风率，直至达到微正压状态。

某示范建筑的一层大堂由经常开启平开大门，更改为在上下班高峰时开启平开大门，在平时开启旋转门，减少了室外空气的侵入。通过调节合理匹配新风量和排风量，基本维持大楼对室外的微正压状态，减少了室外无组织的空气的侵入，改善室内热舒适度的同时，实现了节能。

3. 杜绝过度照明，调节照明时间

几乎所有被调研的公共建筑其室内照明均高于所需的照明亮度，将照明强度降低到保证员工有效、舒适工作所需的实际水平，这样既可节约能源开支，又可提高视觉舒适度。

即使采用了高效照明设备，过渡照明也造成能源浪费，入住者更喜欢降低照明强度，同时当照明强度达到最佳状态，员工的效率会提高。通常使用以下方案：减少照明灯数量；拆去灯具内的灯；更换灯管或镇流器（选择最佳的灯管和镇流器配置）；更换灯具（在需要更换或承租人变化时，可调整转换到最佳的灯具类型和数量）；安装独立的照明控制装置（允许住户在独立工作区内调低和改变照明强度）。

调研中部分建筑的设计考虑使用自然光采光，这些建筑使用了自然采光最大化的外墙及玻璃窗，充分利用了遮阳设施和光电控制器。这些设计特点可减少人工照明的需要、减少白天的照明时间和制冷负载，并减少制冷设备的运行，但此类设计意图并未在建筑实际运行中得以体现。所以，在建筑运行时，员工应首先关掉不必要的照明，测试一下自然采光是否够用，物业管理人员可考虑为窗户附近的照明灯加装灯开关，同时建议楼内住户充分利用自然光。

另外，建筑内有些区域在大楼开放时间内并不是一直使用，为了避免能源浪费，可考虑安装人体感应传感器，可在人员进出时自动开、关灯。

项目某示范建筑将现有 544 只 48W 灯管中的 350 只都更换为 28W 灯管，节电量相当于这两个区域先前用电量的 42% 左右。项目组还挖掘了减少非工作时间某些照明系统运行时间的潜力，最后确定：12：00 am 至 7：30am 期间，大约 75% 的车库照明是没有必要的。通过对楼宇自动控制系统（BAS）的编程将照明区域分为两个部分，分别进行控制。最后将 BAS 的设置确定为：其中 160 盏灯关闭 7.5h，120 盏灯关闭 12h。进行照明系统调整后，大厦内这些区域的年用电量又降低了 18%。节能比例如图 6-5 所示。

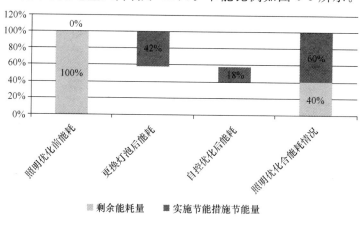

图 6-5　照明系统优化节能示意图

4. 优化车库排风系统

被调研的公共建筑基本都有车库，某些建筑的车库面积占建筑总面积的

10%。一氧化碳（CO）是汽车产生的有毒尾气，会在车库中聚积，特别是在地下车库或通风差的车库。因此，许多大厦的车库排风扇都是每天24h不间断全速运行，即使是车库里车辆很少或根本没有车辆的情况下也是如此（比如在夜间或周末），浪费了大量能源（尤其是库里没有车辆的时候）。如果车库排风扇的运行能与空气质量的实际需求相匹配，就既能将CO浓度维持在对所有人员都安全的水平内，又能达到节省能源、节约费用之目的。

优化车库排风扇运行有多种方法：人工测量CO浓度、控制排风扇的运行；采用CO传感器，由专人手动控制排风扇的运行；将CO传感器与楼宇自动控制系统相连，自动控制风扇运行。

项目某示范酒店车库一直是通过4台37kW通风扇进行24h通风，通过项目组建议安装一氧化碳传感器，可在不需要的时候将风扇关停，安装变频驱动器对风速进行调整，使扇转速与所需通风量尽可能保持一致，采用此项措施可使风扇能耗减少近三分之二，换言之，日均能耗降低1600kW·h以上。改进后的车库通风系统每月用电量减少了50000kW·h，年节电600000kW·h，相当于每年节省开支约387600元人民币。

5. 清洁HVAC盘管和过滤网

参与调研的绝大部分建筑没有定期清洗制热和制冷盘管和过滤网的时间表，盘管和过滤网的维护尤为关键，因为它们是建筑物机械系统与其所影响的环境最直接的交互点，定期清除过滤网和加热/制冷盘管上的灰尘和污渍，对于最大程度地提高加热/制冷效率来说至关重要。

对于酒店建筑，可以考虑在客房停止使用时，对房间内HVAC装置的制热和制冷盘管进行清洗。如果要拆卸格栅才能完成清洗工作，则可能需要在完成后修补漆面。建议格栅和墙面分别补漆和干燥，以方便日后清洗工作的进行。总之，建议每月对这些盘管进行清洗，至少使用带有毛刷的吸尘器进行清洁，以确保散热或制冷盘管的热交换效率。

物业管理人员可制订更为积极的盘管和过滤网清洗时间表，并观察随之而来的能源开支节约情况，因为节约的能源开支可能会大于增加清洗频率的成本。此外，考虑储备一些干净的过滤网，这样，在可以为客户端进行清洁、且不必当场清洗过滤网。换言之，就是能够轻松地换掉脏过滤网，安装干净的过滤网，然后再统一对更换下来的过滤网进行批量清洗并贮存起来，供下次更换时使用。

项目某示范建筑，通过清洗空气过滤网，极大改善了室内空气质量，减少了灰尘的侵入。清洗后空气过滤网的流通阻力降低，输送同样风量所需的风机功耗因此降低。清洗后盘管的换热效率也得到了提升，输送同样冷量所需的水泵功耗因此降低，实现节能。

6. 重视建筑能耗数据的处理

收集、展示，并分析数据，对数据进行记录能够显示一段时间内能源使用情况的变化，即可以知道初始点和基准线；能够掌握采取改进措施后的降低的成本、使用和需要情况；还可以由非预期的变化突出需要立即解决的问题。通常，电表账单是开始追踪记录能源使用情况唯一所需的数据。

对数据进行收集、展示，并分析的好处有很多。首先能够在早期发现运行中出现的问题；其次精确的计算节能量和节省的成本；最后可以清晰直观的向建筑业主、住户和潜在住户等展示节能成果。

7. 优化设备运行

优化设备使用时间即严格控制设备运行时间，在部分时间使用建筑（例如夜间和周末）的情况下，管理人员可以采取以下措施来控制设备运行时间：要求住户提出非工作时间服务的需求；住户同意为非工作时间服务支付额外费用；重新调整空间，调高对部分入住和易变化入住部分的控制。

另外管理人员应该根据制定的运行时间表，使用楼宇自控系统（BAS）控制设备和楼宇系统，利用无成本/低成本核对清单作为控制设备运行时间的工具，使用核对清单，并将设备定时运行任务分配给具体的设备人员，从而有效地控制设备运行时间。

8. 充分利用夜间预冷

充分利用夜间预冷可在一定程度上减少冷却能耗，可大大降低能源使用费用，要求的大气温度仅需比所需室内温度低几度即可，而且同时可以降低设施启动时的电力需求高峰（因为冷却装置可以晚些时候启动）。另外可以对夜间实施预冷，对夜间实施预冷可以做以下几种简单的准备：

（1）挑选出一天，前晚的温度比室内设定点温度低几度，且湿度在舒适范围内；

（2）在住户上班前几个小时，启动 HVAC 的风扇（而不是制冷设备），使室外空气进入室内；

（3）使用楼宇自控系统，监测室内温度、制冷设备的启动时间和制冷设备的能耗；

（4）在不同的几天，采用这些初步措施；

（5）在室外条件相似的另外一天，用楼宇自控系统监测室内温度和制冷设备的运行，但不采用室外空气预冷；

（6）比对预冷方式和常规方案，估算节能潜力；

（7）在不同的几天采取这些措施，对启动时间进行试验，记录室外温度和制冷设备启动工况；

（8）根据这些比较，制定建筑的预冷方式标准；

（9）当室外环境满足标准时，使用楼宇自控系统自动启动预冷工作模式；

（10）持续观察数据，来验证和记录节能效果。

通过以上几个简单的准备可以更有利于夜间预冷的实施，这样可以高效降低能源成本，达到节能的目的。

9. 利用免费冷却也是一种合理的节能措施

当室外空气温度低于内部设定点温度，开启室外空气风阀，具体做法是在BAS 系统中增加节能器算法，能够启动风扇，打开空气风阀，或者制定人工测量室内、室外工况，适时打开空气风阀或启动风扇的计划。这样也可以有效的降低能源成本，达到节能的目的。

6.3.5 经典案例分析（一）

项目组对北京地区一个高级办公项目进行了低成本节能技术措施的全程跟踪。该大厦是一座建筑面积达 $41000m^2$ 的写字楼，由多家租户租用，其中包括 5 家财富 500 强企业。

2006 年，项目组在其下管理的物业中推广节能计划。在相关机构和组织的支持下，确定了大厦能源消耗基准数据、完成节能潜力评估并实施了无成本和低成本节能措施。成功节约了 12% 的能源消耗。

1. 典型项目低成本节能措施

通过交流和沟通，项目组为办公楼物业管理人员提出的可快速实施的低成本节能措施包括：

（1）清洁暖通空调（HVAC）系统的盘管和过滤器

此前，大厦计划每周清洗一次公共区域的新风进气过滤器，但由于工作人员未能认识到此项工作的重要性，因而并未严格执行这一规定。所以，尽管每次都填写巡检表，但并不是对盘管和过滤器进行了正确清洁。经过针对这一问题和相关效益的培训后，物业管理团队每周都对过滤器进行检查，确保均得到正确清洗。大厦的出租区域装有上千台空调设备，其中许多已有数年未进行过清洗。大厦的物业管理团队认识到，清洗这些过滤器会大大提高暖通空调系统的能效。此外，他们还对定期清洗租户区域的盘管和过滤器所需的大致费用进行了估算，相应的成本效益分析结果已形成明确的报告提交给业主，说服业主针对此项工作进行必要的投资。

（2）纠正照明浪费现象

大厦共有 42 间单厕盥洗室。以前，盥洗室的照明由楼宇自动控制系统控制，每天定时开关。大厦的物业管理方现将照明控制与楼宇自动控制系统断开，以实现盥洗室照明只有在使用时才开启。另外，还对清洁工进行了培训，确保盥洗室在无人使用时关闭照明。

（3）研究长期投资战略

改进大厦能源利用效率的其他长期投资战略已经确定。对照明系统也已经进行了简单的改造——将楼梯间和紧急出口区域的 40W 白炽灯全部更换为 20W 的紧凑型节能灯，此项投资只需 16 个月即可全部收回。另外，大厦楼顶的室外霓虹灯亦更换为 LED 灯，不但使维护成本降低了 50%，还降低了火灾隐患。

（4）空调系统的运行采取人工控制

以往，空调系统是根据季节按固定时间表运行的。从 2007 年起，他们改变了做法，每天对空调系统进行密切监控。换季期间，空调根据室外气温只在必要时运行。目前，在换季期间，每天都监控是否有机会利用"免费制冷"。这项简单易行的措施可节省可观的电费开支。

2. 项目节能成果

在与项目组建立合作关系之后，大厦的设备管理人员从 2007 年 4 月份开始实施低成本节能措施。2008 年 7 月至 10 月期间的用电量实现了 12% 的降低。短短六个月的时间内，通过对运营维护的调整，就节约用电开支 178620 元人民币、节约用水开支 5500 元人民币。节能比例如图 6-6 所示。

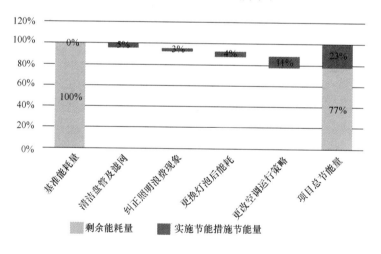

图 6-6　实施典型节能措施节能示意图

6.3.6　经典案例分析（二）

项目组对上海地区一个高级办公项目进行了低成本节能技术措施的全程跟

踪。该项目位于上海浦东，占地面积 290000m²，为综合型建筑（写字楼、饭店和商店）。该项目从 2001 年起，通过采用低成本的运营方法以及采取推陈出新的改进措施，成功节约了 20% 的能源消耗。

1. 典型项目低成本节能措施

2001 年，该项目组物业管理人员在参加低成本运行管理方法的培训后，开始使用评测工具对该大厦的能源利用状况进行评测。通过交流和沟通，项目组为办公楼物业管理人员提出的可快速实施的低成本节能措施包括：

（1）更换大门

将滑动门更换为旋转门。这样既可以在冬天防止冷空气流入建筑物，又能够在夏天有效防止建筑物内冷气的流失。

（2）水泵变频控制

在所有的承租人冷却系统和冷冻系统中对水泵进行变频控制，保证各台水泵实现按需提供水量。

（3）优化冷冻水和冷却水

根据建筑物外部空气状况和内部利用的分布情况，对冷冻水的出水温度和冷却水的进水温度进行优化调节。

（4）可变式厨房排气系统

在屋内安装温度传感器和光传感器，以此对房间内的热度和烟雾浓度进行探测，从而减少空闲时段和非烹饪时段的空气流动及风扇的能源使用率。

（5）平衡建筑物内的气压

不断对建筑物内部的气压平衡系统进行优化，以避免已经过调节的空气流走或散失。

2. 项目节能成果

通过采取上述低成本和推陈出新的改进措施，从实施上述措施的 3 年内，该大厦成功实现节能 20%，该大厦证明了其所用的能源，比相同气候带内其他建筑物的能源消耗要少将近 30 个百分点。该大厦运营中的能源消耗在全球同类可比办公楼中也处于较低水平。节能比例如图 6-7 所示。

6.3.7 经典案例分析（三）

项目组对北京某大厦进行了 VAV 空调系统调试，并进行了相关的节能分析。大厦位于北京市西城区金融街中心。该建筑总建筑面积约为 4 万 m²。2010 年项目组对其 VAV 空调系统进行了全面、系统的调试工作。通过对 AHU 机组、VAV 系统以及 VAV BOX 末端的调试，成功地解决了该建筑夏季大范围区域室内效果差、冬季部分楼层室内温度过高、一层大堂温度偏低等问题。

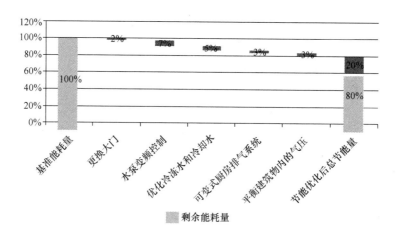

图 6-7　实施典型节能措施节能示意图

1. 典型项目调试措施

调试工作主要包括水系统平衡调试、VAV 送风系统调试以及末端 VAVBOX 的控制调试和再热盘管调试，最终实现了全楼水系统的平衡以及末端的有效控制。具体调试措施有：

（1）系统冷热水管路水平衡调试

首先测试空调机组的水流量，确定各种阀门是否满足要求以及能否正常工作。之后通过检查自控系统，确定自控系统的运行状态是否正常，逻辑关系是否合理。最后测试并调节冷热水管路的水力平衡。

（2）变风量空调机组的性能调试

调试空调机组及相关自控系统，确保空调机组正常运行。调节系统定压点，确定合理静压设定值。同时调试空调机组的各种逻辑关系，使机组合理运行，以此来保证空调机组总风量满足要求。

（3）变风量自控功能调试

对末端的控制进行调试，确保各控制器能进行有效控制。通过自控系统，调试 VAV BOX 的一次风量，确保 VAV BOX 的一次风量和室内温度的设定值、室内温度的测试值及一次风阀的开度的逻辑关系正确。以此保证末端能够准确地进行变风量控制。

（4）变风量末端性能的调试

通过对支路的 VAV BOX 的出风温度及风量的测量和相应的控制效果的检验，从而得出末端性能的实际效果。通过空调机组和自动控制的调试以及相关设备的更新从而提高变风量末端的性能。

2. 项目最终成果

通过对该大厦 VAV 空调系统的调试，最终取得以下成果：

（1）经过调试，大厦的空调能耗有了显著减少，其中冬夏两季能耗较调试前减少约 30%。

（2）夏季室内温度高的问题得到较大改善，部分区域夏季温度从 30℃下降到 25℃。

（3）高低区水力失调情况得到很大改善。高区供水量有了较大提高，高低区温差较大的现象得到缓解。

（4）同楼层部分区域温差较大的情况得到了解决。通过对 VAV BOX 的控制和相关逻辑的改造和调试，使末端由原来的不可控变成可根据室内情况自行调控。同层区域的温差问题基本消除。

（5）一层大堂冬季偏冷的问题得到解决，室内温度从 15℃提高到 19℃。

（6）租区内冬夏的室内空气环境得到了很大的改善。调试的效果非常明显。

6.4　空调系统诊断技术

空调系统投入使用后可能出现不同程度、或区域性、或普遍性的问题，如空调区域过冷、过热、冷热不均、空气品质差、房间噪声偏大、部分控制功能失效、空调设备无法正常运行、报警失灵、系统漏水等，这些问题统称为故障。利用检查、检测、施工安装和运行记录核查及分析、模拟等各种手段找出现故障的系统、设备或部件，并运用专业理论知识和经验分析找出故障原因，并提出科学、可行解决方案的过程称为故障诊断。

目前单体建筑规模越来越大、建筑功能趋于复杂化，对机电系统配置和控制要求也越来越高，又由于我国对设计、施工、调试等环节缺乏有效的监管手段，造成建筑各系统应用效果达不到设计要求甚至系统无法运行，机电系统故障诊断是解决此类问题的重要且必须的手段。

中央空调系统的故障按其性质可分为两类：一是设备故障，一是系统故障。故障既有全局性，也有仅造成局部影响的故障，它们对整个空调系统运行的影响程度也各有不同。设备故障主要是指设备及装置器件故障，如风机突然停机、皮带断裂、阀门完全堵塞等。由故障发生的时间、性质来看，这类故障为突发性故障，影响较大，因此比较容易检测、发现。系统故障是指由于设备装置性能下降或失灵所引起的故障，例如风机盘管的结垢（盘管逐渐堵塞）、阀门关闭时的泄露、仪器仪表的漂移等。系统故障一般是渐进性的，初期表现出的征兆不明显，往往难以被发现，只有当累积到一定程度才能很明显的显现出来。事实上，渐进性故障是由于系统参数的逐步恶化而产生的，从某种意义上讲，系统故障的危害比设备故障更大。因此，这种故障若能通过状态监控，科学合理的诊断在早期进行预防，具有更重大的现实意义。

6.4.1 设备故障诊断

6.4.1.1 冷水机组

冷水机组是中央空调系统的心脏，运行管理人员除了要正确操作、及时认真维护保养外，还要能发现和排除一些常见的问题和故障，以保证中央空调系统正常运行。为了保证冷水机组安全、高效、经济地运转，在其使用过程中发现故障隐患是十分重要的。可以通过"望、切、闻、析"来达到这个目的。

望：指通过观察冷水机组的运行参数来判断其工况是否正常，如冷水机组运行中高、低压力值，油压，冷却水和冷冻水进出口水压等参数。这些参数值是否满足设定运行工况要求的参数值，偏离工况要求为异常，异常的参数都可能反映出一些问题或故障。另外，还要注意观察冷水机组的一些表征，如压缩机吸气管结霜，蒸发温度过低，压缩机吸气过热度小，吸气压力低等现象。

切：在观察运行参数和表征基础上，根据经验（注意安全）体验各部分的温度情况，碰触冷水机组各部分及管道（包括气管、液管、油管、水管等），感觉压缩机工作温度及振动；进出口温度；管道接头处的油迹及分布情况等。如有异常这说明可能存在故障隐患。

闻：通过冷水机组异常声响来分析判断故障，发现问题。主要听压缩机、油泵及抽气回收装置的压缩机、系统的电磁阀、节流阀等设备有无异常声响。

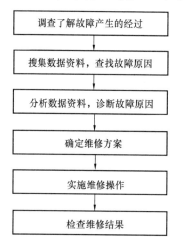

图 6-8 冷水机组故障
处理的流程

（流程图内容：调查了解故障产生的经过 → 搜集数据资料，查找故障原因 → 分析数据资料，诊断故障原因 → 确定维修方案 → 实施维修操作 → 检查维修结果）

析：综合分析以上三步得到的数据或现象，找出故障，制定应急措施。

故障的处理须遵循科学的程序，切忌在情况不明时就盲目行动，随意拆卸。这样做很可能会使故障严重化，引起新的故障，甚至对机组造成严重损坏。故障处理的基本程序如图 6-8 所示。各种故障的逻辑关系如图 6-9。

6.4.1.2 水泵

水泵常见问题和故障原因分析及其解决方法可参见表 6-12。

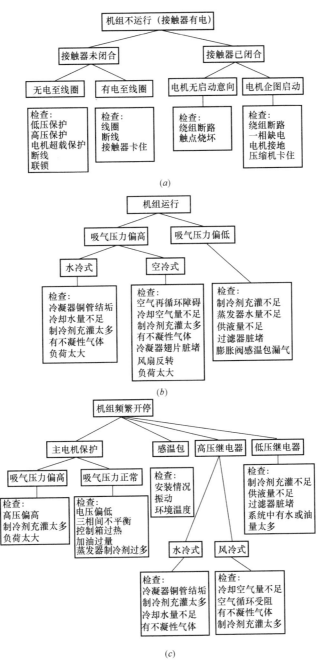

图 6-9　冷水机组各种故障的逻辑关系

（a）机组不启动的故障逻辑关系；

（b）机组运转但制冷效果不佳的故障逻辑关系；（c）机组频繁开停的故障逻辑关系

水泵常见问题和故障原因分析及其解决方法　　　　　　表 6-12

现象	原因分析	解决方法
启动后不出水	1. 水量不足 2. 叶轮旋转反向 3. 阀门未开启 4. 吸入端或叶轮内有异物堵塞	1. 补水 2. 调整电机接线 3. 检查并打开阀门 4. 清除异物
启动后系统末端无水	1. 转速未达到额定值 2. 管道系统阻力大于水泵额定扬程	1. 检查电压是否偏低，填料是否压得过紧，轴承是否润滑不够 2. 更换水泵或改造管路
启动后出水压力表和进水真空表指针剧烈摆动	有空气进入泵内	排气并查明原因，杜绝发生
启动后开始出水，但又停止	1. 管道中积存大量空气 2. 有大量空气吸入	1. 排气 2. 检查管道、轴封等的严密性
在运行中突然停止	1. 进水管口被堵塞 2. 有大量空气吸入 3. 叶轮严重损坏	1. 清除堵塞物 2. 检查管道、轴封等的严密性 3. 更换叶轮
轴承过热	1. 润滑油（脂）不足 2. 润滑油（脂）老化或油质不佳 3. 轴承安装错误或间隙不合适 4. 泵与电机的轴不同心	1. 加油（脂） 2. 更换合格的润滑油（脂） 3. 调整或更换 4. 调整
填料函漏水过多	1. 填料安装不合理 2. 填料磨损 3. 轴有弯曲或摆动	1. 调整填料 2. 更换 3. 校直或校正
泵内声音异常	1. 有空气吸入，发生气蚀 2. 泵内有固体异物	1. 查找原因，杜绝空气吸入 2. 拆泵清除
泵振动	1. 地脚螺栓或各连接螺栓螺母松动 2. 有空气吸入，发生气蚀 3. 轴承磨损 4. 叶轮破损 5. 泵内有异物 6. 泵与电机的轴不同心 7. 轴弯曲	1. 紧固 2. 查找原因，杜绝空气吸入 3. 更换 4. 修补或更换 5. 清除异物 6. 调整 7. 校正或更换
流量达不到额定值	1. 转速未达到额定值 2. 叶轮松动 3. 阀门开度不够 4. 有空气吸入 5. 进水管或叶轮内有异物堵塞 6. 密封环磨损过多 7. 叶轮磨损严重	1. 检查电压、填料、轴承 2. 紧固 3. 开到合适开度 4. 查找原因，杜绝空气进入 5. 清除异物 6. 更换密封环 7. 更换叶轮
电动机耗用功率过大	1. 转速过高 2. 在高于额定流量和扬程的状态下运行 3. 填料压得过紧 4. 水中混有泥沙或其他异物 5. 泵与电机的轴不同心 6. 叶轮与蜗壳摩擦	1. 检查电机、电压 2. 调节出水管阀门开度 3. 适当调整 4. 清洗 5. 调整

6.4.1.3 冷却塔

冷却塔常见问题和故障原因分析及其解决方法可参见表 6-13。

冷却塔常见问题和故障原因分析及其解决方法　　　表 6-13

现　　象	原因分析	解决方法
出水温度过高	1. 循环水量过大 2. 布水管（配水槽）部分出水孔堵塞，造成偏流 3. 进出空气不畅或短路 4. 通风量不足 5. 填料部分堵塞造成偏流 6. 室外湿球温度过高	1. 调阀门开度 2. 清除堵塞物 3. 查明原因、改善 4. 查找原因，增加通风量 5. 清除堵塞物 6. 减小冷却水量
通风量不足	1. 风机转速降低，皮带松 2. 风机转速降低，轴承润滑不良 3. 风机叶片角度不合适 4. 风机叶片破损 5. 填料部分堵塞	1. 张紧或更换皮带 2. 加油 3. 调至合适角度 4. 修复或更换 5. 清除堵塞物
集水盘（槽）溢水	1. 集水盘（槽）出水口（滤网）堵塞 2. 浮球阀失灵，不能自动关闭 3. 循环水量超过冷却塔额定容量	1. 清除堵塞物 2. 修复 3. 减少循环水量
集水盘（槽）中水位偏低	1. 浮球阀开度偏小，补水量不足 2. 补水压力不足，造成补水量小 3. 管道系统有漏水的地方 4. 补水管径偏小	1. 调整浮球阀位 2. 提高压力或加大管径 3. 查明漏水处，堵漏 4. 更换
有明显飘水现象	1. 循环水量过大或过小 2. 通风量过大 3. 填料中有偏流现象 4. 布水器转速过快 5. 挡水板安装位置不当	1. 调节阀门至合适水量 2. 降低风机转速或风机叶片角度 3. 调整填料，使其均流 4. 调整转速 5. 调整
布水不均匀	1. 布水器部分出水孔堵塞 2. 循环水量过小 3. 布水器转速太慢或不稳定、不均匀	1. 清除堵塞物 2. 加大循环水量 3. 调整
有异常噪声或振动	1. 风机转速过高，风量过大 2. 风机轴承缺油或损坏 3. 风机叶片与其他部件碰撞 4. 紧固螺栓的松动 5. 风机叶片松动 6. 皮带与防护罩摩擦 7. 齿轮箱缺油或齿轮组磨损	1. 降低风机转速或调整风机叶片角度 2. 加油或更换 3. 调整 4. 紧固 5. 紧固 6. 张紧皮带，调整防护罩 7. 加油或更换齿轮组
滴水声过大	1. 填料下水偏流 2. 冷却水量过大 3. 积水盘（槽）中未装吸声垫	1. 调整或更换填料 2. 调整水量 3. 加装吸声垫

6.4.1.4　风机

风机是末端空气处理设备的动力部件，其运行状况直接影响空调效果和空调系统能耗。通常空气处理机组（如柜式、吊顶式风机盘管和组合式空调机组）、单元式空调机以及小型风机盘管都是采用离心风机。因此这里主要介绍离心风机故障分析，其常见问题和故障原因分析与解决方法参见表 6-14。

风机常见问题和故障原因分析与解决方法　　　　　　表 6-14

现　　象	原因分析	解决方法
电机温升过高	1. 流量超过额定值 2. 电机或电源方面有问题	1. 关小阀门 2. 查找电机
轴承温升过高	1. 润滑油（脂）不够 2. 润滑油（脂）质量不良 3. 风机轴与电机轴不同心 4. 轴承损坏 5. 两轴承不同心	1. 加足 2. 清洗轴承后更换合格润滑油（脂） 3. 调整同心 4. 更换 5. 找正
传动问题	1. 皮带过松（跳动）或过紧 2. 多条皮带传动时，松紧不一 3. 皮带易自己脱落 4. 皮带擦碰皮带保护罩 5. 皮带磨损、油腻或脏污 6. 皮带磨损过快	1. 张紧或放松 2. 全部更换 3. 调整 4. 张紧皮带或调整保护罩 5. 更换 6. 调整皮带轮的平行度
噪声过大	1. 叶轮与进风口或机壳摩擦 2. 轴承部件磨损，间隙过大 3. 转速过高	1. 调整 2. 更换或调整 3. 降低转速
振动过大	1. 叶轮与轴的连接松动 2. 叶片重量不对称或部分叶片磨损、腐蚀 3. 叶片上附有不均匀的附着物 4. 叶轮上的平衡块重量或位置不对 5. 风机与电机两皮带轮的轴不平行	1. 紧固 2. 调整平衡或更换叶片或叶轮 3. 清洁 4. 进行平衡校正 5. 调整平行
叶轮与进风口或机壳摩擦	1. 轴承在轴承座中松动 2. 叶轮中心未在进风口中心 3. 叶轮与轴的连接松动 4. 叶轮变形	1. 紧固 2. 查明原因，调整 3. 紧固 4. 更换
出风量偏小	1. 叶轮旋转反向 2. 阀门开度不够 3. 皮带过松 4. 转速不够 5. 管道堵塞 6. 叶轮与轴的连接松动 7. 叶轮与进风口间隙过大 8. 风机制造质量问题，达不到铭牌值	1. 调换电机接线 2. 调整阀门开度 3. 张紧或更换 4. 检查电压、变频器 5. 清除堵塞物 6. 紧固 7. 调整 8. 更换风机

6.4.2 系统故障诊断

6.4.2.1 温度异常

室内温度异常的原因通常有以下四个方面：

1. 气流组织

（1）送风方式不合理

如有一建筑层高约 10m 集中变调送风方式，采用双层百叶风口上送上回风的气流组织形式，如图 6-10（a）所示。夏季系统送冷风时，空调区尚可满足室内的温湿度要求。但在冬季系统中，房间上部温度高达 28～32℃，而空调区（距地面 2m 以内）却在 18℃以下。

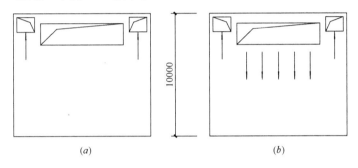

图 6-10 层高较大时的送回风处理方式

造成此种情况的原因为：由于冬季形成侧送贴附气流形式，而使热气流无法直接到达空调区，形成室内沿垂直方向的温度梯度过大。最有效的解决办法是百叶风口改成射流风口向下送风，如图 6-10（b）所示。热风依靠送风口处的送风速度形成向下的射流，即可使热风到达空调区，同时夏季送冷风时也有较好的效果，温度场也较均匀。

（2）回风方式不合理

如图 6-11 所示为顶部上送风、侧下部回风、走廊集中回风、且回风口位于走廊端部的空调系统。此种气流组织方式在运行中，如果由于管理不善，在走廊的两端外门经常处于开启状态时，使空调房间内的回风无法回至空气处理室，相反高于（或低于）房间温度的大量室外新风却直接经回风口，通过风管进入空气处理室，从而增加了处理空气时的冷（热）量的消耗，使回风室空调系统基本上变成了直流式空调系统，造成空调系统运行中夏季室内温度过高和冬季室内温度过低的现象。

解决此类问题的方法比较容易，应对空调房间内的工作人员加强教育，要求他们在进、出空调房间时要随手关好走廊两端的门，使系统按原设定值进行回

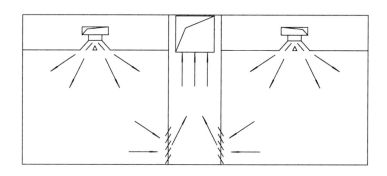

图 6-11　走廊集中间风方式

风，即可保证空气的处理效果，满足空调房间内的温度达到设定值的要求。

2. 空调房间使用功能变更

由于空调房间内的使用性质、设备的布置、工作人员数量变化，而空调系统的送风量和送风参数却未能及时调整和改变、从而导致空调房间内的温、湿度失调的问题较为常见。

当空调房间使用情况发生变化时，可采取下几种措施应对：

（1）改变空调房间的送风量

如果空调房间内的使用性质发生改变，运转设备及工作人员的数量有较大的变化时，可在保持原送风参数不变的条件下，改变该空调房间的送风量来满足室内的温、湿度要求。

（2）改变空调房间的送风温度

在空调房间内的性质发生改变，而送风量不可变的时候，可通过改变送风参数来满足空调房间的要求。

（3）如果以上两种方法，无论是提高送风机转速增加空调系统的送风量，还是改变空调系统的送风参数都不能满足要求时。应对空调系统的送风重新进行平衡和调整，适当加大重点房间的送风量，以保证该房间内所要求的温度和相对湿度。

3. 空调房间内温传感器安装位置不当

如果房间温湿度传感器的安装位置不当，会造成温湿度检测值与房间内（或工作面）要求值之间存在差异，从而造成空调房间内控制的失调。在实际工程中，由于空调、自控施工团队及二次装修缺乏足够的协调、配合，温控器位置不合理的现象经常发生，如有些房间的温控器安装在窗户附近，直接受辐射的影响，甚至有些房间的温度传感器安装到别的封闭区域。对这些问题的处理方法比较简单，就是将温度传感器移到合适的位置。

4. 水系统集气

如末端空气处理设备的换热器处于供水干管的末端，如图 6-12 所示，由于供水、回水干管在敷设时均有一定的坡度，也就是说在供水干管的末端和回水干管的始端有可能处于水系统的最高点。如果不及时对供水干管的末端和回水干管的始端进行排气，就容易造成两端部的气塞现象（即在

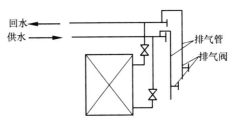

图 6-12　处于供冷（热）水干管末端的空气换热器

管路的端部充满空气，从而阻止了水向端部的流动），使冷（热）水介质无法通过管路进入换热器内与空气进行热交换，以达到处理空气的目的。

气塞现象通常发生在空调系统投入使用的初期，或者换季时水系统重新投入使用时，此时应经常通过排气阀进行排气以防止气塞的产生，或者将排气管道上的手动排气阀更换为自动排气阀，以便随时进行排气，保证水系统的正常运行。

6.4.2.2　湿度异常

控制室内湿度也是空调系统的主要功能之一，如果空调房间湿度过大，会让人觉得有憋闷感。造成湿度偏高的原因一般有以下几个方面：

1. 系统供水温度偏高

空调系统在高湿季节运行时，无论是采用喷水室空气处理方式，还是采用水冷式表面冷却器的空气处理方式，由于室外新风的补入，增加了处理空气的冷量，如果此时水系统的供水温度和循环水量达不到设计要求，就会导致空气除湿不充分，必然造成空调房间内相对湿度失调的现象。因此应根据室外环境参数及室内负荷情况合理控制空调冷冻水系统的供水温度。

2. 房间使用功能改变

如果房间的使用功能发生改变，导致室内实际湿负荷超出设计较多，所配置空调系统的除湿能力不满足实际要求，必然造成房间湿度较高，这种问题只有通过重新校核房间的热湿负荷以重新配置设备或更改空调系统的设定参数来改善和解决。

3. 送风口结露

在夏季运行中，空调系统有时会产生送风口的结露现象，风口结露可能是室内湿度较大造成的，另一个可能原因是送风温度过低、送风温差大，导致风口表面温度低于室内漏点温度。尤其是近年来由于冰蓄冷系统发展迅速，低温送风技术的广泛引用，导致结露问题更容易出现。

低温送风在实际工程应用的障碍之一就是风口表面容易结露，出现滴水现

象，破坏室内环境，因此末端设备要选择高诱导比的风口，或者是带诱导风机的末端风口。但在实际工程中由于项目成本、各专业协调等问题，实际安装的风口各性能参数达不到设计要求的现象较为常见，这就使得结露问题时有发生，出现这种问题的补救办法只能是适当提高送风温度，降低舒适程度。

6.4.2.3　室内噪声偏高

噪声偏高也是空调系统运行过程中较常见的问题，很多工程项目，温度湿度很好满足了使用要求，可是运行过程中却伴随着使人厌烦的噪声，影响人们的正常工作或生活，甚至危害健康。造成空调区域噪声偏高的原因很多，常见的有以下几个方面。

1. 设备噪声传播

空调系统噪声主要来源于设备噪声，噪声源包括压缩机、水泵、风机，另外空气在管道中流动及通过局部阻力部件（如阀门、变径、弯头、风口）也会产生附加噪声。控制系统噪声首先应从声源上着手，设计时应尽量选用低噪声设备。其次应从噪声传播途径上来采取降噪措施，采取有效的隔声、消声措施，高噪声设备机房应尽量远离低噪声要求的区域，且机房应做好隔音措施。

但在实际工程中，有些项目由于受技术或经济条件的限制，选择噪声超标的设备，或受安装空间等条件的限制，高噪声设备机房里空调房间较近，没有采取有效的隔声措施，造成空调房间噪声不满足使用要求。

2. 风速过高

气流通过送回风管道和送回风口等局部阻力部件时，如果风速过高就会产生再生噪声，从而影响空调区域的噪声，因此规范对于送风主管、支管、送风口、回风口的风速都有明确的限定。但在实际测试验收时经常会发现回风口设置过小，或者回风口净面积较小，造成气流速度超过规范要求，引发啸叫声，有些还造成室内正压很大，门的开启困难。

3. 送回风口叶片松动

在实际工程中，由于送回风口叶片松动产生的噪声也较为常见。

6.4.2.4　室内空气品质差

近年来，由于建筑的密闭性加强，室内空气质量下降，室内空气品质的恶化会导致病态建筑综合征的产生，在很大程度上影响了人们的身心健康和工作效率，因此室内空气质量的问题逐渐受到关注和重视。对于写字楼、酒店、商场等公共建筑来说，影响室内空气品质的主要因素就是新风供给情况。以下介绍导致室内空气品质差的常见原因。

1. 新风系统不正常运行

新风系统是室内空气品质的基本保证，在类似问题诊断过程中经常会遇到新风机组不正常运行，导致室内憋闷、异味等问题。如某机关办公楼会议室采用风机盘管加新风系统，已经运行两年，室内空气质量差，经现场测试诊断，末端新风口送风量很小，进一步检查发现，负责该会议室的新风机组风机反转，导致新风送风量非常小，远不满足室内使用要求。

另外，由于新风过滤清洗工作不到位，脏堵严重，系统阻力增大，送风量严重不足的现象也比较常见，如图 6-13。

2. 新风和回风过滤不良

在大多数舒适空调系统的新风柜和空调柜都采用粗效过滤器，从而使大量的尘埃和微生物随气流进入空调箱，由于空调箱热交换多数在湿工况下进行，而表冷器下面的积水盘常常因为排水坡度不够，导致排水管积满凝结水。这种高湿度的环境，会使大量的尘埃和微生物紧紧地黏附在表冷器表面和积水盘中。当空调机组停止运行时，随着机组内温度的逐渐回升，为微生物的迅速大量繁殖创造了良好的营养和温、湿度条件，当机组再次启动时，微生物繁殖时生成的大量气体及细菌，在空气中分散成气溶胶，便随送风气流通过送风管道进入空调室内，使室内空气品质恶化。

3. 系统串风（新风系统和排风、回风）

目前建筑机电系统日趋复杂，各种电缆桥架、消防水管路、给排水、空调冷热水管路、风管路等交错布置在空间有限吊顶内，又由于工期压缩、各专业施工协调不充分导致的安装顺序错乱等原因，造成空调风系统管路安装不满足规范要求，出现扭曲、憋管、漏风等现象，甚至有些风口直接甩口不接。图 6-14 为某办公楼吸烟室排风管直接伸到吊顶里，而恰巧新风吸入口由于某些原因也未接到竖井或者室外，这就造成新排风串风，新风系统将污浊的空气送入室内，造成二次污染，影响室内空气品质。

图 6-13 新风过滤网脏堵

图 6-14 某吸烟室排风管的安装（未接到排风竖井，而是直接甩口到吊顶）

6.4.3 节能诊断

节能诊断是指为了降低建筑能耗、挖掘建筑节能潜力，应用科学的方法和先进的技术手段对建筑围护结构、暖通空调系统、照明系统、办公、动力系统等建筑用能系统进行调查、测试和分析，从而找出建筑存在的问题，找出建筑节能潜力，为建筑的经济运行和节能改造提供客观、全面、准确依据的整个过程。随着国家对节约能源和环保等问题的高度重视，建筑节能工作将不断持续深入，建筑节能诊断工作是建筑能源管理的基础，是建筑节能的重要手段。

节能诊断的对象包括建筑物的能源消耗状况、围护结构热工性能、空调系统、照明和动力系统以及变配电设备等所有与建筑物用能相关环节的测试和分析，为顺利开展节能诊断，业主方应提供的各项资料包括：建筑概况、运行管理数据等。

6.4.3.1 节能诊断流程

节能诊断一般包括现场勘查、账单分析、现场测试和综合分析四个环节，每个环节的主要工作内容及方法如下：

1. 现场勘查

现场勘查是节能诊断的首要步骤，用以对现有建筑的公共环境、建筑结构状况、围护结构热工性能、外装饰情况以和各用能系统的配置等进行勘查，搜集相关资料为后续各项工作提供基本的框架、依据，同时也对建筑用能系统的运行管理水平情况及室内效果做出评价和分析。在建筑节能勘查前应掌握资料见表6-15：

勘 查 资 料 表　　　　　　　　　　　　　　　表 6-15

勘查项目	勘 查 重 点
围护结构	荷载及使用条件的变化
	结构类型、地基基础及重要结构构件的安全性评价
	墙体材料和基本构造做法，墙面受到冻害、析盐、侵蚀损坏及结露情况
	屋顶基本做法及渗漏状况
	墙体热工缺陷状况
	门窗、幕墙用材及翘曲、变形、气密性和热工等状况
用能管理	用能管理机构设置
	用能管理制度
	用能管理文件
	用能记录
	使用者的用能习惯
	能耗账单

勘查项目	勘 查 重 点
用能系统	建筑的能源种类，包括电、燃气、水等
	建筑能源流向
	能耗分项计量情况
	主要用能系统设备清单
空调系统	单位建筑面积的空调冷、热负荷指标
	空调风系统、水系统的形式
	分室（区）温度调控、冷热量计量及水力平衡装置的安装情况
	核算空调冷热源机组的性能系数（或能效比）及空气处理设备的性能指标
	核算空调冷热水系统的输送能效比（ER）
	核算空调风系统风机的单位风量耗功率
	管道的保温隔热效果
	空调系统的运行效果

2. 账单分析

依据现场勘查情况，获取项目能源结构，绘制能源流向图（如图 6-15 为某

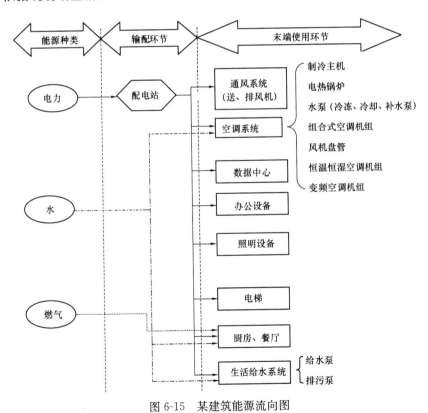

图 6-15　某建筑能源流向图

建筑的能源流向图），然后结合各种能耗账单及分项计量表数据记录，对建筑物各用能系统的能耗进行分析，以找出重点用能设备、系统。能耗分析层次要求清楚，且越具体、越细致越好（图 6-16 为最基本的能耗结构图）。如果有较详细的账单或者分项计量非常到位，应分析逐月的能耗和典型用能月的逐日能耗。

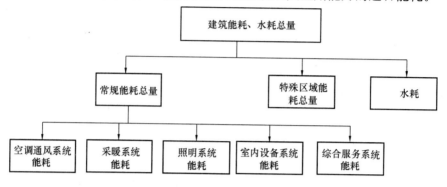

图 6-16 最基本的能耗结构图

根据账单分析结果判断建筑用能水平，分析各主要用能系统的能耗是否合理，确定高耗能环节和不合理的用能环节。

3. 现场测试

现场测试有两个主要目的：1）对重点用能系统和能耗不合理的环节进一步诊断，找出能耗偏高的原因；2）对主要设备如冷水机组、水泵等设备实际运行能效水平进行评价，并对水平较低的原因进行分析、诊断。一般来说，测试包括以下内容：

（1）建筑物围护结构的热工缺陷测试；

（2）采暖空调冷热源系统的能效测试；

（3）冷热源输送系统的性能测试；

（4）冷热源末端设备的性能测试；

（5）通风系统的性能测试；

（6）室内空调效果测试；

（7）照明系统的性能测试；

（8）配电系统的性能测试；

（9）楼宇自控系统的功能验证。

实际项目测试诊断可根据测试目的确定测试的内容、参数、周期，对于主要设备、系统的测试方法可参考《公共建筑节能检验标准》等相关规范。

4. 综合分析

根据测试诊断结果以及能耗分析结果，找出不合理用能现象，分析建筑物的节能潜力，对建筑用能状况和设备及系统性能进行综合评价，并结合建筑物的实际情况，提出节能改造方案并进行经济性分析。

6.4.3.2 主要设备、系统测试诊断方法

现场测试是节能诊断的关键环节，应根据建筑用能系统的配置情况和测试目的制定合理的测试方案，采用正确的测试方法以确保测试工作高效完成，且能够得到想要的信息、数据及结果，以下以冷水机组、循环水泵等重点设备为例，介绍测试诊断的基本方法。

1. 冷水机组测试诊断

（1）测试诊断内容

首先应确定冷水机组的开启状态、各参数设定、水路电动阀、手动阀装状态否正确，然后应对冷水机组的运行参数进行监测，测试参数包括冷水机组两端进出口水温、流量、机组输入功率、机组的 COP，需要注意的是，测试应在运行工况稳定后进行。另外要对冷水机组全年运行性能进行评价，还要结合准确、可靠的运行记录及运行管理人员提供的信息。

（2）评价

规范对各类制冷机能效规定了最低能效限定值如表 6-16，结合建筑配置冷水机组的类型，将测试结果参照表 6-16 进行评价，同时，分析制冷机制冷量和实际制冷负荷大小，进而对制冷机进行诊断。通过节能诊断可得到各台冷冻机制冷能力的衰减情况，同时分析得出多台冷冻机的运行匹配是否合理。

冷水（热泵）机组制冷性能系数及综合部分负荷性能系数 表 6-16

类　　型		额定制冷量（CC）(kW)	性能系数（COP）(W/W)	综合部分负荷性能系数（IPLV）(W/W)
水冷	活塞式/涡旋式	＜528	3.8	—
		528~1163	4.0	
		＞1163	4.2	
	水冷式	＜528	4.1	4.47
		528~1163	4.3	4.81
		＞1163	4.6	5.13
	离心式	＜528	4.4	4.49
		528~1163	4.7	4.88
		＞1163	5.1	5.42
风冷或蒸发冷却	活塞式/涡旋式	＜50	2.4	—
		＞50	2.6	
	螺杆式	＜50	2.6	—
		＞50	2.8	
热水吸收机		—	0.7	
蒸汽双效吸收式制冷机		—	1.2	
直燃机		—	1.2	

（3）造成冷水机组能效低原因

一般造成冷水机组实际运行能效较低的原因有：①机组性能衰减严重；②低负荷运行；③工况恶劣（冷却水温度偏高等）；④循环水流量偏小（可能是由于水量旁通等运行不当造成的）；⑤制冷剂充注量不足；⑥冷凝器和蒸发器污垢热阻大，影响换热效率等。应结合测试参数，进行合理的计算分析，从而诊断冷水机组能效低的原因，以采取相应的技术措施，提高设备的能效。

2. 输送系统测试诊断

空调系统的水输送系统由核心动力设备水泵和输送管道组成，常规中央空调有冷却水输送系统和冷冻水输送系统。空调输送系统性能直接影响室内空调效果和整体能耗，尤其是输送能耗占中央空调系统能耗比例明显偏高时，需要对其做详细的测试诊断。

（1）测试诊断内容

对于冷冻水系统输送性能测试主要参数有：①水泵的流量、功率、进程口压差，以计算水泵的效率；②在某个时段内输送的冷量和水系统消耗的电量，以计算水系统输送能效比；③水系统的静态平衡状况或动态平衡，对于公共建筑，一般通过测试回水温度的一致性来判断水系统动态平衡状况。

（2）评价

对于水泵效率、水系统输送能效比、系统回水温度的评价和判断可参照 JGJ/T 177－2009《公共建筑节能检测标准》、GB 50189－2005《公共建筑节能设计标准》及其他相关标准，如果明显不满足标准限定值，可以判定系统的设备性能、运行或者控制等方面存在一定问题，或者说存在节能空间，需要进一步分析诊断原因。

（3）原因分析及技术措施

通常冷冻水系统存在问题有以下几个方面：

1）水泵的选型偏大

一般来说，多数泵的工作流量大于铭牌值，工作点严重偏离泵的高效工作区，致使泵效率低下。这种观象可通过更换泵加以解决。

2）匹配不合理、缺乏调节手段

空调系统大部分时间都是在部分负荷运行，如果循环水泵配置的比较单一且没有变频措施，将造成输送系统常年高能耗运行，这种问题可以通过增加小容量的水泵或增加变频装置加以改善。

3）水流量旁通

在系统配置多台机组时，正常情况下，处于关闭状态的冷水机组相应的水路阀门应处于关闭状态，但实际实际工程中，经常会发现水阀不关的现象，造成水流量旁通，这时为了保证运行冷水机组的水流量，只能增加泵的开启台数或提高水泵的运行频率，造成能耗的增加。

4）系统流量不平衡

运行中存在的一个认识误区是末端空调效果差是由于总水量偏小，从而增加水泵开启台数甚至更换大流量水泵。实际上问题的原因多数是由于工程竣工后空调水系统从未做过水平衡调试，导致部分末端水量不足，为满足这部分末端的换热要求，只能增大总水量，导致水泵能耗增加。解决水力不平衡的有效办法是进行全面的水力平衡调试。

3. 末端空气处理设备

用于处理空气的新风机组和空调机组的电机功率虽然比水泵小，但是数量很多，因此其电耗在建筑总能耗中的比重也很大。空调箱的节能主要是降低风机的运行电耗，可通过测试风系统的压力分布、空调箱各段的阻力找出相应的问题。

（1）测试内容及目的

空调风系统的作用就是以风为介质在建筑物之间和建筑物内部传递冷量和热量，并向建筑物提供新风。因而对空调风系统检测不仅是整个空调系统正常运行的重要保证，而且能够有效地节省风机的耗电量，通常检测以下三个参数。

1）温度：测定风管内和送风口空气温度，判断风管保温效果，送风温差是否合理；

2）压力：测定风管内和风机进出口的压力，判断风管内是否清洁，过滤器是否堵塞以及风机扬程选择是否合理；

3）流速：测定风管内、送风口、排风口等流速，确定送风机选型是否匹配，是否造成室内正压或负压过大。

（2）诊断方法

1）温度异常

在节能诊断过程中，应特别注意个别区域或房间温度不满足使用要求的情况，不正确的判断会影响中央空调系统的运行策略，从而增加系统运行能耗。

对于夏热或冬季冷的房间（如写字楼办公室、酒店客房等），应首先测试空调末端（风机盘管和送风口）的送风量和送风状态，从而判断是否由于末端安装（如温控阀装反、软管风道压扁）或维护（风机盘管翅片堵塞、变风量末端卡死）的问题，具体判断方法为检查风侧和水侧的温差，如果风侧温差偏大水侧温差偏小，则表明风量偏小，风侧堵塞；如水侧温差偏大风侧温差偏小，则表明水量偏小，水侧堵塞；如风侧水侧温差均偏大，则换热器表面堵塞或污垢严重。

2）压力测试分析

风系统压力测试分为两个部分，其一是空调箱内部各功能段的压力分布，其二则是送、回风风管路的压力分布。前者可判断过滤器、表冷器的阻力和混风段压力是否合理，是否需要清洗或调整。后者则可简单判断消声设备、风道布局和末端风口阻力是否合理、阀门状态是否正确等。

3）风机效率测试

空调箱送风机的节能诊断，可直接测试风机效率，设计选型合理、维护得当的风机在高效区可达到 60%～70% 的效率。对于风机效率的测试目的不在于判断风机本身是否高效产品，而是掌握建筑内风机的实际工作状况，通过测试风机风量、风压、电功率等参数，可分析得到风机实际运行工况点和设计工况点的偏离情况，风机节能的途径首先是维护保养，避免皮带或叶轮损坏等问题。

6.4.3.3 节能量评价方法

随着我国节能事业的不断深入，对既有建筑的节能性改造及空调供热系统的优化运行要求越来越高。为了推动节能事业的发展，我国大力推动合同能源管理模式下的节能改造项目，并对于此类项目提供相应的资金支持。但节能改造后的节能量如何计算，我国还未制定详细的方法，是目前节能改造成果评估的瓶颈。以下将介绍节能量计算、分析方法以及在实际工程项目中的应用。

1. 常用评价方法介绍

目前常用的供暖系统节能量计算方法有很多，采用的手段也多种多样，但总的来说主要有以下几种：整体账单法、模拟计算法、隔离法及实际测量计算法。

（1）整体账单法

整体账单法的基本原理为：比较项目实施前后的能源账单，二者之差即为节能效果。

此种方法在直接使用时存在一定的问题，因为若直接使用账单法必须保证在改造前后，系统运行的工况一样或非常接近，否则预测的节能量就会由于存在天气变化、设备运行情况、设备运行时间、人员操作情况等多方面因素的影响而产生重大误差。

（2）模拟计算法

模拟计算法的基本原理为：用能耗分析软件模拟计算节能量和节能率或用相关软件制作能耗预测模型，通过对比实际能耗与预测能耗来确定节能量或节能率。

若采用此种方法，则必须进行相关的校准及验证，能耗模拟软件普遍采用的是解各种经典的偏微分方程，而不同的软件其解法，以及方程内各种计算参数等都存在一定的差异，再加上计算误差的累计，使得不同软件计算的结果会有很大差别。因此，必须进行校准和检验才能保证计算的准确性。目前很多国家都有能耗模拟软件的校准和验证标准。例如：

1）美国的 ANSI/ASHRAE Standard 140-2004，Standard Method of Test for the Evaluation of Building Energy Analysis Computer Programs（BESTEST）；

2）英国的 CIBSE TM 33-2006，Tests for software accreditation and verification；

影响此种模拟方法精度的另外一方面就是人员问题，主要体现在以下几个方面：1）由于缺乏实际测量，软件的操作人员在进行能耗模拟时很多参数都采用默认值；2）由于进行能耗模拟时很多参数是可以修改的，因此可能存在某些暗箱操作的情况。

因此，若要采用模拟方法不仅需要有相关的校准及验证标准作为支撑，更重要的是相关人员的专业水平及素质的提高。

（3）隔离法

隔离法的基本思路为：将整个系统（或改造工程）进行拆分，通过测量系统各部（分或节能改造各部分）的节能效果来确定整个系统的节能量。

某些系统的节能改造较为复杂，在提高能源利用率的同时还进行了能源回收再利用或其他清洁能源的利用。面对此种情况，若采用整体账单法不仅同样会出现系统使用工况、使用时间、人员使用情况不同的问题，而且由于改造工程相当复杂而使得整体账单法的误差很大。若使用模拟分析法则会出现计算参数选取和条件参数选取困难，使预测节能量可信度降低，节能量计算不准确的情况出现。因此，在此种情况下，将各节能措施的节能量进行分离，单独计算能源回收量（如余热回收量），清洁能源替代量（太阳能发电或制热量）等，再进行节能量的计算则可提高精度。

（4）度日数法

度日数法的基本思路为：通过挖掘度日数及相关影参数与煤耗（或热耗）之间的数学关系，制作出煤耗基准模型，并确定调整量，最后通过基准煤耗（或热耗）与改造完成后的煤耗（或热耗）及调整量的比较从而得出节能量。

度日法的基本公式为：

$$E_{节约}=E_{基准}-E_{当前}+E_{调整}$$

式中，$E_{节约}$ 为节能措施的节能量；$E_{基准}$ 为基准能耗；$E_{当前}$ 为当前能耗，即改造后的能耗；$E_{调整}$ 为调整量。

具体计算过程如图 6-17 所示。

度日法采用的是以实际数据为基础的统计学方法，制作的基准模型全部根据能耗及天气数据，因此，基准模型是符合实际用能情况的模型，具有客观、公正、真实的特点，用此方法计算的节能量也更加准确。

2. 既有供暖系统改造项目节能量审核方法的确定

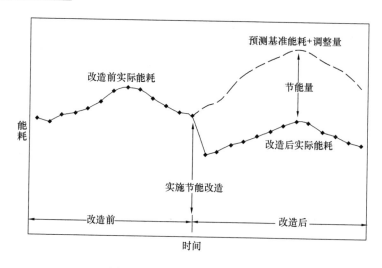

图 6-17　度日法计算过程示意图

度日数法以供热系统整体为研究对象，避免了很多具体的节能措施在节能方面存在重叠和耦合而不易计算的情况。此种方法虽然与整体账单法一样以项目整体为研究对象，但是由于其考虑了天气情况及其他调整因素，使其误差大大降低，同时对于供热系统的改造多为供热站及热网的改造，其影响范围较大，不易使用模拟法。因此，度日数法是目前既有供暖系统改造节能量审核最适用的方法。

3. 度日法的不确定度分析及校准

度日数法采用以实际数据为基础的统计学方法制作能耗基准模型，因此，必然会由于存在模型的不确定度而产生误差。在实际工程中若采用度日数法则必须进行不确定度分析及相关的校准。

（1）不确定度分析

在进行模型制作时，将采用专业的统计学分析软件，如 SPSS、SAS 等，在进行基准模型的预测时，为保证预测模型整体与实际值的偏差达到最小，即保证模型的残差为 0，预测值与实际值之间会产生一定的偏差，此种偏差为产生不确定度的原因，因此，在最终的模型使用时需要进行不确定度的分析及校准。

通过分析发现，实际值越大，与预测值的正偏差越大，实际值越小，与预测值的负偏差越大，具体示意图如图 6-18 所示。

产生实际值越大，与预测值的正偏差越大，实际值越小，与预测值的负偏差越大的现象是因为统计学工具为使预测模型整体的趋势更加趋向与实际值，因此实际值大的点在预测模型中会偏小，而实际值小的点在预测模型中会偏大。

从图 6-18 中可看出，实际值的大小与偏差之间存在一定的关系，可根据此

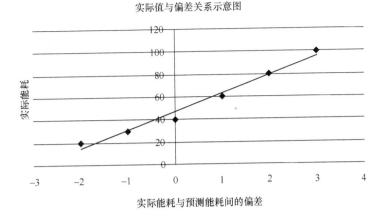

图 6-18 实际能耗与偏差关系示意图

关系进行能耗预测模型的修正，使预测值更加接近实际值。

（2）实际检测校核

在应用度日数法的时候还需要进行实际检测校核，即通过实验或实测的方法验证模型基准值的准确性。具体应用在既有供暖系统节能改造中时，多采用实测验证的方法，抽取某换热站或热网作为测试对象，测试一段时间的耗煤量或热网的热量，同时应用度日法制作的能耗基准模型同时预测该段时间的耗煤量或耗热量，最后将二者进行比较验证。

4. 实际工程案例

（1）实际工程介绍

SYDL 供热中心现有热源厂 3 座，热力站 59 座，2010—2011 年采暖季总供热面积 845 万 m^2，总耗原煤 150917t，原煤热指标 5700kcal/kg，折合一个采暖季单位面积耗原煤量为 17.86kg/m^2。

为了节能减排，降低能源消耗，提高供热能耗的利用效率。SRSD 公司对 SYDL 供热中心进行了节能技术改造，主要工作为建立自动化能源监控系统，通过高水平的监控，实现"按需供热"，减少不必要的浪费，以此来实现能源的高效利用。

为了对 SYDL 供热中心节能改造工程的节能效果进行准确的评估，北京节能环保中心指定中国建筑科学研究院对 SYDL 供热中心节能改造工程的节能量进行检测和审核。

（2）度日法在实际工程中的应用

针对 SYDL 供热中心节能改造项目，中国建筑科学研究院首先进行了项目的整体分析，针对其采用的节能手段的种类及数量，选择最佳的节能量计算方法。

　　SRSD 公司采取的节能改造措施主要包括：气候补偿、水泵变频控制、热网分时分段修正控制等。

　　通过分析发现这些节能改造方法在节能量的反映上存在耦合及重叠现象（如：气候补偿和分区分时控制都可实现节约总供热量，但是具体哪项措施节约多少不易计算），因此，不宜使用隔离法。供热中心的节能改造是在保证用户使用的前提下进行整体节能，而非针对某栋建筑的节能改造，因此，无法使用模拟法。对于整体法来说，若要很好的使用，必须保证改造前后两年的天气情况相同，而这点很难达到，因此，运用整体法会产生较大误差。结合多方面的因素考虑，最终选择度日法作为节能量计算的最终方法。

　　在使用度日法时，首先要统计改造前至少 3 年的能耗数据及天气参数，观察并分析两者之间的关系。具体能耗与天气参数的相关关系见图 6-19～图 6-21。

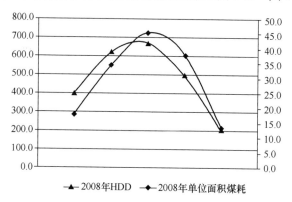

图 6-19　2008 年单位面积煤耗与 HDD 关系图

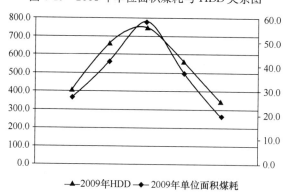

图 6-20　2009 年单位面积煤耗与 HDD 关系图

　　从改造前连续三年的单位面积煤耗与 HDD 的相关关系图中可看出，单位面积煤耗与 HDD 直线存在很强的相关性，因此，可以使用度日法制作单位面积煤

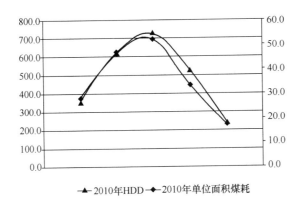

—▲—2010年HDD —◆—2010年单位面积煤耗

图 6-21　2010 年单位面积煤耗与 HDD 关系图

耗的基准预测模型。可通过输入 HDD 预测在此 HDD 情况下未进行节能改造时的单位面积煤耗，在制定完调整量之后，与改造后单位面积煤耗进行对比，从而得出节能量。

（3）预测模型的制作及修正量的制定

在制作预测模型时以月为统计单位，分别统计每月的单位面积煤耗及 HDD，对于 11 月及 3 月只有半个月供暖的月份则统计供暖的半个月的单位面积煤耗及 HDD。通过实际数据的拟合，最终的拟合模型为：

$$y=4.09\times10^{-8}x^3-5.14\times10^{-5}x^2+0.024x-1.21$$

式中　y——月单位面积煤耗；

　　　x——月 HDD。

在制作能耗预测模型之后，需要进行调整量的确定。首先观察实际值与偏差之间的关系，可通过此关系确定调整量。

在应用煤耗基准模型时，基准煤耗是通过输入 HDD 进行预测的，因此，调整量同样与 HDD 相关。HDD 越大说明天气越冷，所需的耗煤量越大，反之 HDD 越小说明天气越暖和，所需的耗煤量越小。根据改造后的实际 HDD，可计算出每个月的煤耗调整量，具体结果见表 6-17。

各月调整量统计表　　　　　　　　　　　　　表 6-17

月　　份	HDD	调整量
11 月	240.6	−0.19848
12 月	631.6	0.28024
1 月	708.9	0.368442
2 月	596.9	0.259015
3 月	241.2	−0.19614

在制定完调整量之后还需对预测能耗与调整量进行校核。在此项目中，采取实际测量法进行校核。本项目实测了 2011 年 12 月 21 日城西换热站全天煤耗为 491t，转化成标煤为 371.7t，城西换热站全天一次网供热量的预测及调整量之和为 384.6t 标煤，误差为 3.4%，说明该方法是合理可行的。

（4）节能量的计算

采用度日法完成能耗基准模型的制作及调整量的确定之后，可进行项目节能量的计算，但必须将使用的原煤转化成标煤，由于原煤的热值存在较大的差异，直接进行计算会产生很大的误差，且能耗基准模型采用的是标准煤，因此，在计算时需将使用的原煤转化成标准煤以保证计算的准确性。

本项目 2009～2010 年及 2010～2011 年供热季原煤的热值为 5700kcal/kg，2011～2012 年供热季原煤热值为 5300kcal/kg，将其转化成标煤即可计算改造后的基准逐月单位面积耗标煤量。

具体的计算方法采用与度日法的原始公式相同：

$$E_{节约}=E_{基准}-E_{当前}+E_{调整}$$

具体计算结果见表 6-18。

改造后及基准月单位面积耗标煤量　　　表 6-18

时　　间	改造后逐月单位面积耗标煤量	基准逐月单位面积耗标煤量＋调整量
2011 年 11 月 15 日—30 日	1.37	1.94
2011 年 12 月 1 日—31 日	3.51	3.45
2012 年 1 月 1 日—31 日	3.82	4.14
2012 年 2 月 1 日—29 日	3.35	3.23
2012 年 3 月 1 日—15 日	1.45	1.94

每月节煤量＝逐月基准单位面积耗标煤量＋调整量－改造后逐月单位面积耗标煤量。

计算结果见表 6-19。

单位面积节煤量　　　表 6-19

时　　间	单位面积节煤量
2011 年 11 月 15 日—2012 年 3 月 15 日	1.18kg/m²

因此，该项目节煤量（标煤）为 9902.6t。

在 SYDL 供热中心节能改造项目中，通过使用度日数法，制作了基准能耗预测模型，并根据 HDD 确定了相应的调整量，通过基准能耗预测模型分别以改造后（2012 年供暖季）各月 HDD 预测改造前供热站的基准能耗，通过公式 $E_{节能}=$

$E_{基准} - E_{当前} + E_{调整}$，分别计算每个月的节能量，再进行总体加和从而计算出最终节能量为 9902.6t 标准煤。

目前既有建筑的节能改造节能量计算方法主要有整体账单法、模拟结算法、隔离法及度日数法，但是由于我国节能改造工程采用的多项节能技术多，工程规模大，且受天气因素影响大，因此综合分析，度日数法是最适合进行既有供热系统节能改造的节能量计算方法。

第7章 空调系统检测方法及技术发展状况

7.1 概述

对于大型公共建筑内空调系统而言，各类参数的检测是了解其性能以及效果最直接最有效的方法，同时，对系统各类参数进行全面、长期、准确的检测也是进一步进行系统平衡调试、故障诊断、制定节能改造方案等优化措施的基础和保证。这就要求我们进行检测时要有科学合理的检测技术、精密的检测仪器并严谨地进行数据处理与分析。

现阶段关于建筑和空调系统节能的条例、检测方法以及设计标准颁布了不少，然而相应的空调系统节能检测技术和手段却迟迟没有跟上来，长期以来一直沿用传统测量仪器进行测试。从空调系统工程前期的性能调试，直至后期的工程验收、运行管理、故障诊断、性能检测各个过程中，系统的现场检测是其中必不可少，也是最为关键的环节。准确、充分、便捷、高效、成本较低的现场测试将能够为上述过程提供充分的设计、分析、诊断依据。

随着越来越多对空调设备产品与信息化传递技术的不断发展，尤其是互联网的蓬勃发展，空调系统检测技术也从原来传统的仪器仪表的现场检测技术逐步地向数据存储、数据实时在线监测技术发展。

因此，本章将主要对空调系统性能的具体检测方法进行详细的论述，同时对各种检测技术的特点及其发展状况进行相应的介绍。

7.1.1 空调系统检测依据规范

空调系统检测项目、检测方法和判断标准应按照现行的相应规范要求严格执行，检测工程技术标准规范有：

1. 验收规范

《建筑节能工程施工质量验收规范》（GB 50411 - 2007）

2. 运行管理规范

《空调通风系统运行管理规范》（GB 50365 - 2005）

《空调通风系统清洗规范》（GB 19210 - 2003）

《北方采暖地区既有居住建筑供热计量及节能改造技术导则》

《国家机关办公建筑和大型公共建筑能耗监测系统数据中心建设与维护技术导则》

《国家机关办公建筑和大型公共建筑能耗监测系统楼宇分项计量设计安装技术导则》

《国家机关办公建筑和大型公共建筑能耗监测系统分项能耗数据采集技术导则》

《国家机关办公建筑和大型公共建筑能耗监测系统分项能耗数据传输技术导则》

《可再生能源建筑应用示范项目数据监测系统技术导则》

3. 检测规范

《公共建筑节能检测标准》（JGJ/T 177 - 2009）

《居住建筑节能检测标准》（JGJ/T 132 - 2009）

4. 评价应用规范

《公共建筑节能改造技术规范》（JGJ 176 - 2009）

《民用建筑能效测评标识技术导则》

《可再生能源建筑应用示范项目测评导则》

7.1.2　空调系统基本参数检测

在大型公共建筑通风空调系统检测中，按照系统类别可分为：风系统检测、水系统检测、室内环境基本参数检测、电气参数检测和系统性能参数检测。以下将对各系统涉及的检测参数进行介绍。

1. 风系统检测

空调风系统检测项目包括：

（1）送、回风温度：体现送回风空气状态的重要参数，对室内环境效果起着重要作用，同时也是通过动压计算风管内送、回风风量的必要参数。

（2）风速：通常以风速乘以截面积的方式计算风量，因此风速是体现系统送风能力的重要参数。系统应保证适宜的风速，风速过小则必须增大风管截面积，占用不必要的空间；风速过大会加大风管负荷，同时会产生较大的噪声。

（3）风量：空调系统送风能力的直接体现，是为保证系统效果达到要求的重要参数，现场检测中常用毕托管测动压的方式计算机组风量。

（4）动压、静压：动压决定了风量的大小，而静压体现的是机组的送风能力。同时，通过对风管静压的测量，往往可以判断出系统运行异常的情况。

（5）大气压力：由大气压力值可计算出被测空气的密度，是通过动压计算风管风量的必要参数。

风系统各检测项目及所需检测仪器见表 7-1。

风系统检测项目所需仪器一览表　　　表 7-1

序号	检测项目	检 测 仪 器
1	送、回风温度（℃）	玻璃水银温度计、热电阻温度计、热电偶温度计等各类温度计（仪）
2	风速（m/s）	风速仪、毕托管和微压计
3	风量（m³/h）	毕托管和微压计、风速仪、风量罩
4	动压、静压（Pa）	毕托管和微压计
5	大气压力（Pa）	大气压力计

2. 水系统检测

空调水系统检测项目包括：

（1）温度：冷热水温度是保证系统制冷/制热效果正常的重要参数，是计算空调水系统制冷/制热量的必备参数。

（2）流量：系统循环流量是保证空调水系统正常运行并满足使用要求的重要参数，是计算空调水系统制冷/制热量的必备参数。水系统循环流量是空调水系统水力平衡度和系统补水率的主要体现方式。

（3）压力：系统循环水的压力测量是系统管网阻力、循环水泵的扬程、系统主要设备的承压、系统实际扬程等的直接体现。通过对水系统压力的测量可以了解水系统运行状况。

水系统各检测项目及所需检测仪器见表 7-2。

水系统检测项目所需仪器一览表　　　表 7-2

序号	检测项目	检 测 仪 器
1	温度（℃）	玻璃水银温度计、铂电阻温度计等各类温度计（仪）
2	流量（m³/h）	超声波流量计或其他形式流量计
3	压力（Pa）	压力表

3. 室内环境基本参数检测

室内环境参数检测项目通常包括：

（1）温度：空调系统效果的直接体现，与室内环境舒适度密切相关。

（2）相对湿度：通常与温度一起检测，保证室内环境舒适度的重要参数。

（3）风速：应控制在适当范围内，既满足室内冷热负荷的需求，又不产生明显的吹风感，影响舒适度。

（4）噪声：空调系统若设计或运行不当，会造成室内噪声过大，影响室内环境。

（5）照度：应满足室内正常的工作、生活需求。

室内环境检测项目及所需检测仪器见表 7-3。

室内环境检测项目所需仪器一览表　　　　　　表 7-3

序号	检测项目	检测仪器
1	温度（℃）	温度计（仪）
2	相对湿度（%RH）	相对湿度仪
3	风速（m/s）	风速仪
4	噪声（dB（A））	声级计
5	照度（Lx）	照度计

4. 电气参数检测

电气参数检测项目通常包括：

（1）电流：电气系统基本参数，通常以额定值或规定值为准。

（2）电压：电气系统基本参数，空调系统中额定电压通常为 380V。

（3）功率：判断系统运行状态和性能的重要参数。

（4）功率因数：数值上是有功功率和视在功率的比值，是衡量电气设备效率高低的一个系数。

（5）累计电量：反映系统耗能的主要参数。

电气参数检测项目及所需检测仪器见表 7-4。

电气参数检测所需仪器一览表　　　　　　表 7-4

序号	检测项目	检测仪器
1	电流（A）	交流电流表、交流钳形电流表
2	电压（V）	电压表
3	功率（kW）	功率表或电流电压表
4	功率因数	功率因数表
5	累计电量（kW·h）	三相电力分析仪

5. 系统性能参数检测

采暖空调水系统各项性能检测均应在系统实际运行状态下进行检测。采暖空调水系统性能检测应满足《公共建筑节能检测标准》中相关实际运行工况点的规定要求。系统性能参数检测项目通常包括：

（1）冷水（热泵）机组实际性能系数检测：反映机组性能的主要参数。对于

161

电驱动压缩机的蒸气压缩循环冷水（热泵）机组的实际性能系数（COP_d）与机组的实际供冷（热）量 Q_0（单位 kW）成正比，与机组的实际输入功率 N（单位 kW）成反比；对于溴化锂吸收式冷水机组实际性能系数（COP_x）与机组的供冷（热）量（单位 kW）成正比，与机组的平均燃气消耗量（或燃油消耗量）（需折算成一次能，单位 kW）和检测工况下机组平均电力消耗量（需折算成一次能，单位 kW）的和成反比。

（2）水系统回水温度一致性检测：反映水系统水力平衡性的重要参数。主要检测对象为与水系统集水器相连的一级支管路的水系统回水温度。

（3）水系统供、回水温差检测：反映机组实际制冷（热）效果和负荷动态变化的主要参数。主要检测对象为冷水机组或热源设备的供、回水温度。

（4）水泵效率检测：反映水泵实际运行性能的重要参数指标。主要检测内容包括水泵的平均水流量 V（单位 m³/h）、进、出水口平均压差 ΔH（单位 m）、平均输入功率 P（kW）。

（5）冷源系统能效系数检测：反映系统性能的主要体现参数。冷源系统的能效系数 EER-sys 与冷源系统的实际供冷量 Q_0 成正比，与对应时间的冷源系统（包括冷水机组、冷冻水泵、冷却水泵和冷却塔）的输入功率 N_{sys} 成反比。

7.2　空调系统检测方法

7.2.1　检测仪器性能要求

在确定空调系统需要测量的检测参数后，接下来就需要选择合适的测量工具完成检测项目。由于各类测量参数性质不同，所需测量精度也各异，因此用于测量的仪器也多种多样。而各类规范作为检测的最重要依据，也对仪器的选择起着至关重要的作用。

1. 检测仪表的特性

凡用于现场测量，而不参与计量检定的计量器具统称为工作计量仪表，简称计量仪表。其主要特性有以下几个方面：

（1）标称范围：即计量仪表的操纵器件调到特定位置时可得到的示值范围。通常用其上限和下限来表示。标称范围上下限之差的模，称为量程。例如，有一块电压表标称范围为 −20V～+40V，其量程为 60V。选择仪器应保证被测量在仪器量程范围内，否则超量程测量不仅无法得到准确数值，还会造成仪器损坏。

（2）测量范围：计量仪表的误差处于允许极限内的一组被测量的值的范围。测量范围亦称工作范围，其上下限分别可称为上限值和下限值。

（3）准确度等级：符合一定的计量要求，使误差保持在规定极限以内的计量仪表的等别或级别。

（4）响应特性：在确定条件下，作用域计量仪器的激励与计量仪器所作出的对应响应之间的关系。

（5）灵敏度：计量仪器相应的变化与对应的激励变化之比。当激励和响应为同种量时，灵敏度也可称为放大比或者放大倍数。

（6）分辨力：指示装置分辨力是指指示仪表装置对紧密相邻量值有效辨别的能力。一般认为模拟式指示仪表的分辨力为标尺分度值的一半，数字式指示仪表的分辨力为末位数的一个字码。

（7）稳定性：在规定条件下，计量仪器保持其计量特性随时间恒定不变的能力。通常稳定性是对时间而言，当对其他量考虑稳定性时，则应明确说明。

与此同时，现场检测时往往还提到计量仪表的漂移。它是指计量仪表的计量特性随时间的满变化。在规定条件下，对一个恒定的激励在规定时间内的相应变化，称为点漂，标称范围最低值上的点漂称为零点漂移。

2. 检测仪表的性能指标

为保证现场检测的顺利进行和测量结果的有效性，需要有针对性地选择适合的测量仪表进行测量，这就涉及到了测量仪表的各种性能指标。仪器的特性指标除仪器本身的量程外，另一主要指标为精度。

测量仪表的精度是指测量仪表实际测量数值与被测量真实数值的接近程度。因此测量结果越接近真值，意味着测量仪器的精度越高。而测量精度与误差是密不可分的，测量结果越接近真值，测量误差越小。所以，精度高意味着误差小，因此，往往都用测量误差的大小来评价测量精度。

对应于测量误差的不同种类，精度可用精密度、正确度和准确度三个指标加以表征。

（1）精密度：精密度是用以表示测量结果中随机误差大小的程度，即用以表示在一定条件下，对同一被测量进行多次测量时，得到的各次测量结果的分散程度。

（2）正确度：正确度用以表示测量结果中的系统误差大小的程度。测量结果中，系统误差小，则测量的正确度高；但正确度高不一定精密度也高。正确度用来反映仪表指示值与真值的接近程度。

（3）准确度：准确度是指测量结果中系统误差与随机误差的综合，表示测量结果与真值的一致程度。准确度是精密度和正确度的综合反映。准确度高意味着精密度和正确度都高，表明测量结果有很高的可信性。

图 7-1 所示的打靶结果，若以靶心比作测量真值，子弹着靶点有三种情况：

图（a）中各测量数值大致均匀地分布在真值周围，与真值较为接近，因此正确度较高，但各测量数值分布分散，说明精密度较低，体现在误差分析中即为系统误差和随机误差都大；图（b）中各测量数值分布紧凑，精密度高，但整体偏离真值较大，正确度低，体现在误差分析中即系统误差大，随机误差小；图（c）所有测点都紧密分布在很靠近真值的地方，说明精密度和正确度都很高，即仪表精度高，体现在误差分析中即为系统误差和随机误差都小。

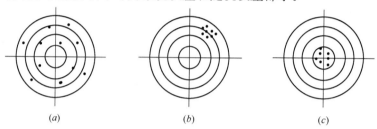

图 7-1　打靶结果的误差分析示意图

在实际测量中，我们当然希望使用如图（c）所示仪表，但也不乏出现图（a）和图（b）中的情况。面对前两种情况，则更应优先选择类似图（b）的仪器。因为通过适当的校准和修正，它可以满足使用要求。而图（a）这种情况虽然通过多次测量取平均值的方法得到的测量值与真值较为接近，但其不确定度区间较大，属于仪表性能问题，很难通过校准修正提高其测量精度。有关不确定度的概念和相关内容，将在 7.3 节中详细介绍。

（4）灵敏度：表示测量仪表对被测量变化的敏感程度，一般定义为测量仪表的指示值（指针的偏转角度、数码的变化等）增量 Δy 与被测量增量 Δx 之比。灵敏度的另一种表述方式叫做分辨力或分辨率，定义为测量仪表所能区分的被测量的最小变化量，在数字式仪表中经常使用。

例如，某数字式温度表分辨力为 $0.1\,℃$，表示该温度表最末位跳变 1 个字时，对应的温度变化量为 $0.1\,℃$，即这台温度表能区分出最小为 $0.1\,℃$ 的温度变化。可见，分辨力的值越小，其灵敏度越高。但在检测工作中并不是分辨力越高越好，而是应该结合测量参数要求和仪器成本等多方面因素综合考虑，选择最适宜的测量仪表来使用。

以上是在选择测量仪表过程中最重要也是最应优先考虑的性能指标，当然，除了上面介绍的几点，测量仪表还有如稳定度、线性度和动态特性等其他性能指标。但对于空调系统现场检测而言，这些因素的影响不如介绍的几点那么直观，因此不再做详细介绍。

3. 常用检测规范对于仪表的性能要求

在空调系统检测常用的参照规范中，不仅规定了检测项目、检测方法和判定依据，往往还会列出针对该规范检测项目所需检测仪表的性能要求，这也为我们选择检测仪表提供了依据。表 7-5～表 7-9 分别列出了《公共建筑节能检测标准》、《居住建筑节能检测标准》、《容积式和离心式冷水（热泵）机组性能试验方法》、《风管送风式空调（热泵）机组》、《组合式空调机组》中关于各主要检测项目现场检测所用仪器的性能参数要求。

《公共建筑节能检测标准》　　　　　　　　　　　表 7-5

序号	检测参数	仪表准确度等级	最大允许偏差
1	空气温度	—	≤0.5℃
2	空气相对湿度	—	≤5%（测量值）
3	采暖水温度	—	≤0.5℃
4	空调水温度	—	≤0.2℃
5	水流量	—	≤5%（测量值）
6	水压力	2.0	≤5%（测量值）
7	冷热量	3.0	≤5%（测量值）
8	风速	—	≤5%（测量值）
9	耗电量	1.0	≤1.5%（测量值）
10	电功率	1.0	≤1.5%（测量值）
11	耗油量	1.0	≤1.5%（测量值）
12	耗气量	2.0（天然气） 2.5（蒸汽）	≤5%（测量值）
13	太阳辐射照度	—	≤10%（测量值）
14	质量流量控制器	—	≤1%（测量值）

《居住建筑节能检测标准》　　　　　　　　　　　表 7-6

序号	检测参数	功能	扩展不确定度（$k=2$）
1	空气温度	应具有自动采集和存储数据功能，并可以和计算机接口	≤0.5℃
2	空气温差	应具有自动采集和存储数据功能，并可以和计算机接口	≤0.4℃
3	相对湿度	应具有自动采集和存储数据功能，并可以和计算机接口	≤10%（0～10%RH） ≤5%（10～30%RH） ≤3%（30～70%RH） ≤5%（70～90%RH） ≤10%（90～100%RH）

165

续表

序号	检测参数	功　　能	扩展不确定度（$k=2$）
4	供回水温度	应具有自动采集和存储数据功能，并可以和计算机接口	≤0.5℃（低温水系统） ≤1.5℃（高温水系统）
5	供回水温差	应具有自动采集和存储数据功能，并可以和计算机接口	≤0.5℃（低温水系统） ≤1.5℃（高温水系统）
6	循环水量	应能显示瞬时流量或累计流量、或能自动存储、打印数据或可以和计算机接口	≤5%（$Q_{min}\sim 0.2Q_{max}$） ≤2%（$0.2Q_{max}\sim Q_{max}$）
7	补水量	应能显示瞬时流量或累计流量、或能自动存储、打印数据或可以和计算机接口	≤5%（$Q_{min}\sim 0.2Q_{max}$） ≤2%（$0.2Q_{max}\sim Q_{max}$）
8	热量	宜具有自动采集和存储数据功能，并可以和计算机接口	≤10%（测试值）
9	耗电量	应能显示累计电量或能自动存储、打印数据或可以和计算机接口	≤2%FS
10	耗油量	应能显示累计电量或能自动存储、打印数据或可以和计算机接口	≤5%（$Q_{min}\sim 0.2Q_{max}$） ≤2%（$0.2Q_{max}\sim Q_{max}$）
11	耗气量	应能显示累计电量或能自动存储、打印数据或可以和计算机接口	≤3%（$Q_{min}\sim 0.2Q_{max}$） ≤1.5%（$0.2Q_{max}\sim Q_{max}$）
12	耗煤量	—	≤2%FS
13	风速	宜具有自动采集和存储数据功能，并可以和计算机接口	≤0.5m/s
14	太阳辐射照度	宜具有自动采集和存储数据功能，并可以和计算机接口	≤5%FS

《容积式和离心式冷水（热泵）机组性能试验方法》　　　　表 7-7

序号	分　类	名　　称	精度或准确度
1	温度计	玻璃水银温度计、热电偶、电阻温度计、半导体温度计、温差计	制冷剂（液、气）温度：±0.1℃ 水温及水温温差：±0.1℃ 其他温度：±0.2℃
2	压力表	弹簧管式压力表、压力传感器、U形管压差计、水银柱大气压力计	压力或压差读数的±1%
3	流量计	流量节流装置、液体流量计、流量计量容器	测量流量的±2%
4	电气仪表	功率表（含指示式、积算式）、电流表、电压表、功率因素表、频率表、互感器	功率表：指示式 0.5 级，积算式 1 级；电流表、电压表、功率因素表、频率表：0.5 级；互感器：0.2 级

续表

序号	分 类	名 称	精度或准确度
5	功率测量仪表	转矩转速仪、天平式测功计、标准电动机和其他测功仪表	测定轴功率的±1.5%
6	转速测量仪表	转速计数器、转速表、闪光测频仪等	测定转速的±1%
7	时间测量	秒表	测定经过时间的±0.1%
8	质量测量	各类台秤、磅秤	测定质量的±0.2%

《风管送风式空调（热泵）机组》　　　　　　　　表 7-8

序号	类 别	型 式	精 度
1	温度测量仪表	水银玻璃温度计 电阻温度计 温度传感器	空气温度：±0.1℃ 水温：±0.1℃
2	流量测量仪表	记录式、指示式、积算式	测量流量的±1.0%
3	制冷剂压力测量仪表	压力表、变送器	测量流量的±2.0%
4	空气压力测量仪表	气压表、气压变送器	风管静压±2.45Pa
5	电量测量	指示式	0.5级精度
		积算式	1.0级精度
6	质量测量仪表	—	测定质量的±1.0%
7	转速仪表	转速表、闪频仪	测定转速的±1.0%
8	气压测量仪表（大气压力）	气压表、气压变送器	大气压读数的±0.1%
9	时间测量仪表	秒表	测定经过时间的±0.2%

注：噪声测量应使用Ⅰ型或Ⅰ型以上的精度级声级计。

《组合式空调机组》　　　　　　　　表 7-9

序号	测量参数	测量仪表	测量项目	仪表准确度
1	温度	水银温度计、电阻温度计、热电偶温度计	冷热性能试验时空气进出口干湿球温度和换热设备进出口温度	0.1℃
			其他温度	0.3℃
2	压力	微压计（倾斜式、补偿式或自动传感式）	空气静压和动压	1Pa
		U型水银压力计或同等精度的压力计	水阻力，蒸汽压降	1.5hPa
		蒸汽压力表	供蒸汽压力	2%
		水压表	喷水段喷水压力	2%
		大气压力表	大气压力	2hPa

续表

序号	测量参数	测量仪表	测量项目	仪表准确度
3	水量	流量计、重量式或容量式液体定量计	换热器水流量、蒸汽凝结水量、喷淋室水流量等	1%
4	风量	标准喷嘴（长径）	机组风量	1%
		皮托管	机组风量和风压	GB/T 1236－2000
5	风速	风速仪	断面风速均匀度等	0.25m/s
6	电压	电压表	电参数	0.5 级
7	电流	电流表		
8	功率	功率表		
9	频率	频率表		
10	噪声	声级计	机组噪声	0.5dB（A）
11	振动	测振仪	机组振幅	5%
12	时间	秒表	凝结水量等	0.1s
13	变形	大量程百分表	箱体变形箱	±0.01mm

注：表中%指被测量值的百分数。

7.2.2　性能参数检测方法

空调系统性能检测参数主要包括：温度、压力、流量、流速、电力、室内环境参数等。

1. 温度检测

温度是空调系统的一个重要物理量，同时它也是国际单位制（SI）中 7 个基本物理量之一，然而要准确地测量温度是很困难的，无论采用准确度多高的温度计，如果温度计选择不当，或者测试方法不适宜，均不能得到满意结果，由此可以看出测温技术的重要性与复杂性。

根据温度传感器的使用方式，通常分为接触法与非接触法两类。其中接触法测温是指测温传感器与被测物体有良好的热接触，使两者达到热平衡，测温传感器的指示温度则为被测物体的实际温度，因此测温准确度较高。由于用接触法测温必须使得感温元器件与被测物体相接触，受被测介质的物性所限，因此对感温原件的结构、性能要求苛刻。非接触法是指利用物体的热辐射能随温度变化的原理测定物体温度的方法。其特点是不与被测物体相接触，也不改变被测物体的温度分布，热惯性小。由于测温原理不同，故此种方法可测得的温度上限值可以很高。接触法与非接触法的特点如表 7-10 所示。常用温度计的种类及特性如表7-11所示。

接触法与非接触法测温特性   表 7-10

测量方法	接 触 法	非 接 触 法
特点	测量热容量小和移动物体有困难; 可测量任何部位的温度; 便于多点集中测量和自动控制	不改变被测介质温度,通常测量移动物体的表面温度
测量条件	测量元件要与被测对象很好接触;接触测温元件不要使被测对象的温度发生变化	由被测对象发出的辐射能充分照射到检测元件;被测对象的有效发射率要准确知道,或者具有重现的可能性
测量范围	容易测量 1000℃ 以下的温度,但测量 1800℃ 以上的温度有困难	测量 1000℃ 以上的温度较准确,但测量 1000℃ 以下的温度误差大
准确度	通常为 0.5%～1%,依据测量条件可达 0.01%	通常为 20℃ 左右,条件好的可达 5～10℃
相应速度	通常较大,约 1～2min	通常较小,约 2～3s

常用温度计的种类及特性   表 7-11

测温方式		测温仪表	测温范围（℃）	主 要 特 点
接触式	膨胀式	玻璃液体	−100～600	结构简单、使用方便、测量准确、价格低廉;测量上限和精度受玻璃质量的限制,易碎,不能远传
		双金属	−80～600	结构紧凑、可靠;测量精度低、量程和使用范围有限
	热电效应	热电偶	−200～1800	测温范围广、测量精度高、便于远距离、多点、集中检测和自动控制,应用广泛;需自由端温度补偿,在低温段测量精度较低
	热阻效应	铂电阻	−200～600	测量精度高,便于远距离、多点、集中检测和自动控制,应用广泛;不能测高温
		铜电阻	−50～150	
		半导体热敏电阻	−50～150	灵敏度高、体积小、结构简单、使用方便;互换性较差,测量范围有一定限制
非接触式	非接触式	热辐射式	0～3500	不破坏温度场,测温范围大,响应快,可测运动物体的温度;易受外界环境的影响,标定较困难

温度计的选择原则如下:

(1) 使用温度范围、准确度及测量误差是否能达到要求。

(2) 响应速度、互换性及可靠性如何。

（3）读数、记录、控制、报警等操作是否方便。

（4）使用寿命，耐热、耐蚀、抗热震性能如何。

（5）价格高低。

其中空调系统检测中常用的是膨胀式温度计、电阻式温度计、热辐射式温度计等。

（1）膨胀式温度计

图 7-2　玻璃水银温度计

根据物体热胀冷缩原理制成的温度计统称为膨胀式温度计。它的种类较多，有液体膨胀式玻璃温度计，有液体、气体膨胀式压力温度计及固体膨胀式双金属温度计。图 7-2 所示为盒装的玻璃水银温度计。

膨胀式温度计优点是直观、测量准确、结构简单、造价低廉，可广泛应用于工业、实验室等各个领域和日常生活中，但其缺点是不能自动记录、不能远传、易碎、测温有一定延迟。因此在空调系统检测中，膨胀式温度计通常只用于空调系统水温测量。

（2）电阻式温度计

利用导体或半导体的电阻值随温度变化来测量温度的元件称为电阻温度计。它是由热电阻体（感温元件）、连接导线和显示或记录仪表构成。习惯上将用作标准的热电阻体称为标准温度计，而作为工作用的热电阻体直接称为热电阻。热电偶测温是利用热电现象，由被测端与参考端温差而造成回路产生热电动势，由于参考端温度已知，即可根据热电动势大小得到被测端温度数值。热电阻测温则是利用导体或半导体温度变化时引起电阻率变化，因此根据导体或半导体电阻值判断元件所处的环境温度，即被测温度。

以热电偶或热电阻测温元件制成的电阻式温度计具有测量准确度高、输出信号大、测温范围广、稳定性好、无需参考点等特性，因此是目前空调系统检测中最常用的测温元件，可用于空调水系统冷热水供回水温度测量、室内外环境温度测量、空调机组送回风温度测量、地源热泵系统土壤源温度测量等。图 7-3 所示为工程应用中常用的铠装热电偶结构示意图。

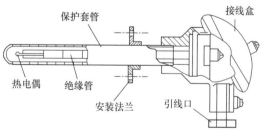

图 7-3　铠装热电偶结构示意图

（3）非接触式测温仪器

在空调系统检测中，由于现场条件所限，某些位置温度无法通过接触式测温仪器进行测量，这时候便可以利用非接触式测温仪器进行测量，其中最常用的是红外测温仪。

红外测温仪是根据普朗克定律进行温度测量的：任何物体只要其温度高于绝对零度都会因为分子的热运动而辐射红外线，物体发出的红外辐射能量与物体绝对温度的四次方成正比。通过红外探测器将物体辐射的功率信号转换成电信号后，该信号经过放大器和信号处理电路按照仪器内部的算法和目标辐射率校正后转变为被测目标的温度值。

空调系统检测中常用的红外测温仪是通过仪器发出的激光光点对被测点进行瞄准，然后根据上述原理进行温度测量，特别适合于测量系统管路中因温度较高不能接触测量或被测点无法到达等情况下的温度测量。图 7-4 为现场常用的红外测温仪实物图。

同样以红外辐射为原理制成的仪器还有红外热像仪，不同于红外测温仪的单点测量，它可以以图像的方式对某一区域内的温度分布情况进行直观的体现。图 7-5 所示为现场某机房内空调设备的实际状态与红外热像仪拍摄的热图像。

图 7-4　红外测温仪

红外热像仪在空调系统检测中对于判断温度异常位置从而对系统故障原因进行诊断和解决有着重要的作用，而且由于是非接触式测量，可对一般情况下无法到达的位置进行温度测量，如建筑围护结构、系统风管水管等。

(a)实物图　　　　　　　　　　　　(b)热像图

图 7-5　实物图与红外热像仪图像对比

温度检测除需对各种感温元器件有所了解外，还应对温度测量装置及仪器进行熟知与掌握。

　　随着近年来暖通空调领域技术的飞速发展，对于空调水系统供回水温度、空调机组及系统送回风温度、室内外环境温度、地源温度场等参数的测量不再局限于单点瞬时值的测量，而是追求多点长时间数据监测，从而了解被测环境在较长一段时间中温度的变化趋势，通过监测数据对系统性能和效果进行更加全面和准确的评价。

　　目前用于数据监测的常用温度测量仪器主要有温湿度记录仪和数据采集模块型温度测量系统。

　　图 7-6 所示为 Testo 生产的型号为 H174 的温湿度记录仪。温湿度记录仪是通过其内置的温湿度传感器对所处环境的温度和相对湿度进行测量，并根据测量前设定的模式对测量数据自动存储。当测量结束后可将仪器内存储的数据导出加以分析。在空调系统检测中，温湿度记录仪由于其仪器小巧、操作简便且测量精度较高，主要用于室内温湿度的监测测量。

　　图 7-7 所示为 Agilent 生产的型号为 34970A 的数据采集开关单元。该仪器主要用来采集模拟量信号，如电压、电流、电阻等。目前常用于空调系统的各种传感器信号的监测与数据采集。数据采集模块型温度测量系统由温度测量探头、数据采集模块和数据分析主机组成。温度测量探头可根据测量需求选择热电偶或热电阻等多种测温元件；数据采集模块用于采集传感器产生的各类模拟量采集信号，并产生供上位机 PC 读取的计算机信号，如转变成各种现场总线、数据通讯方式等；数据分析主机将数据采集模块采集到的各种原始传感器的模拟信号值，通过分析软件形式展示在上位机界面中，供现场运行人员及时读取。由于数据采集模块型温度测量系统具有测量精度高、各组件可选择性强等特点，因此适用范围很广。但受限于携带不便和仪器组装相对复杂等原因，在空调系统检测中通常用于管路内空气温度或水温，尤其是高温热水温度的监测测量。

图 7-6　Testo H174
温湿度记录仪

图 7-7　Agilent 34970A
数据采集开关单元

2. 压力检测

压力是空调水系统及风系统运行状态的一个重要参数。对于运动流体，任何一点的压力与所取的断面有关，并在与流动方向垂直的断面上得到的值最大，称此数值为该面的总压力。而作用在与流体流动方向相平行的面上的压力，就是通常所称的静压力，把总压力与静压力之差称为动压力。

目前工业上常用的压力检测方法和压力检测仪表很多，根据敏感元件和转换原理的不同，一般分为四类：

（1）液柱式压力检测：一般采用充有水或水银等液体的玻璃 U 形管或单管进行测量。

（2）弹性式压力检测：它是根据弹性元件受力变形的原理，将被测压力转换成位移进行测量的。常用的弹性元件有弹簧管、膜片和波纹管等。

（3）电气式压力检测：它是利用敏感元件将被测压力直接转换成各种电量进行测量的仪表，如电阻、电荷量等。

（4）活塞式压力检测：它是根据液压机液体传送压力的原理，将被测压力转换成活塞面积上所加平衡砝码的质量来进行测量。活塞式压力计的测量精度较高，允许误差可以小到 $0.05\% \sim 0.02\%$，它普遍被用作标准仪器对压力检测仪表进行检定。

在工程实际检测中常用的三种压力表示方法为：绝对压力 p_a、表压力 p、负压或真空度 p_h。三者的具体关系详见图 7-8 所示。

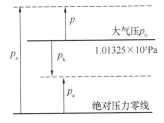

图 7-8 绝对压力、表压力、真空度的关系示意图

（1）绝对压力 p_a：指物体所承受的实际压力。

（2）表压力 p：指一般压力表所测得的压力，它是高于大气压力的绝对压力与大气压力之差，

（3）负压或真空度 p_h：指大气压与低于大气压的绝对压力之差。

由于各种工艺设备和检测仪表通常是处于大气之中，本身就承受着大气压力，因此工程上通常采用表压或者真空度来表示压力的大小，一般的压力检测仪表所指示的压力也是表压力或者真空度。

空调系统中常用的压力检测仪表主要有液柱式压力计、弹性压力计、电气式压力计等。

（1）液柱式压力计

液柱式压力计是利用液柱产生的静压力与被测压力相平衡的原理，通过液柱高度反映被测压力大小的仪器。液柱式压力计结构简单、使用方便，准确度高，应用广泛；但量程受液柱高度的限制，体积大，玻璃管易损坏，读数不方便。通

常用于低压、负压或压差的测量，常见仪器有 U 形管压力计、单管压力计、斜管微压计等。常用于空调通风系统风量、风管压力、室内环境正压差等检测。

（2）弹性压力计

弹性式压力检测是利用弹性元件作为压力敏感元件，并把压力转换成弹性元件位移的一种检测方法。这类仪表结构简单，价格便宜，使用和维修方便，应用广泛，但不适用于在压力变化快和高真空、超高压环境下使用。

弹性元件在其弹性限度内受压后会产生形变，根据胡克定律可知，形变量大小与被测压力成正比。目前常用的弹性压力元件有膜片、波纹管和弹簧管等，空调水系统最常见的压力表就是典型的弹性压力计。

（3）电气式压力计

电气式压力计解决了弹性压力计适用范围的限制，它一般是用压力敏感元件直接将压力转换成电阻、电容及电荷量等电量的变化。利用压敏元件的压电特性实现压力——电量的转换。常用压敏元件有压电材料、应变片和压阻元件。电气式压力计主要用于空调水系统压力的长期监测。

3. 流量检测

流量通常是指单位时间内流经管道某截面的流体的数量，也就是所谓的瞬时流量。在某一段时间内流过流体的总和，称为流体总量或累计流量。因此流量又分为瞬时流量与累计流量，亦可分为体积流量和质量流量。

利用流体的流动属性，并采用某种物理方法将这一流动属性加以检测，便得某种流量的测量方法。由于流量测量对象是液体、气体等流体，他们的流动特性有速度、压差、容积、质量、离心力、阻力、漩涡、散热、超声传播速度等等，因此流量测量方法相当繁多。目前常用的流量测量仪器，主要有容积式流量计、速度式流量计、压差式流量计、阻力式流量计、质量式流量计等。

（1）容积式流量计

容积式流量计是通过仪表壳体中不停转动的具有计量容积功能的转子计数来测定体积流量。

这类仪表有椭圆齿轮流量计、腰轮（罗茨）流量计和旋转活塞式流量计等。

（2）速度式流量计

流速式流量计是通过仪表检测流体流速，并与流体流经管道该界面面积计算得到流体的体积流量。速度式流量计测量体积流量须知三个要素：管道截面积、流体在该截面处的流速、该点的流速比。

这类常用的流量测量仪表主要有涡轮流量计、漩涡流量计、超声波流量计、电磁流量计、热式流量计等。

（3）差压式流量计

差压式流量计是利用流体流动中造成的差压与其流速成一定关系，并测取其差压之大小来测流量的。当流体中放入某一节流元件时，该节流元件前、后分别产生不同的静压力，测取这一静压力之差便可得到流量。

当流体中放入一个毕托管，分别测取流体的全压力和静压力后，此二者压力之差（动压力）与流体流速有关，于是便测此压差得到管流量，这是标准动压管（毕托管）流量计。

当流体流过某一弯管时，由于流体离心力的不同，在弯管内、外侧管壁上分别可测得不同的静压力，测取此二静压力之差便可得知流体流速，也即测得了管内流量，这是弯管流量计。

（4）阻力式流量计

当流体中置入一个活动靶，流体流速越大，靶受冲力越大，测取此靶轴上阻力大小便可得知流量，这是靶式流量计。

在流体的垂直管道中置入一个会自旋的转子时，因垂直管截面自下而上变大，则不同流速下转子自重与浮力平衡位置自下而上不同，测取其平衡位置即知其流量，这是转子流量计。

（5）质量式流量计

利用直接测量流体质量的方法称为质量式流量计，这种方法与流体的成分和参数无关、具有明显的优越性。

当用一个恒加热器去加热管道内流体时，测出加热器前、后流体的温度差即可求知流体的质量流量，这是热式质量流量计。

对于空调系统的现场性能参数的检测，通常是指流体的体积流量的实际测量。而因为流体密度会随流体状态参数的变化而变化，所以在给出流体体积流量时，必须说明流体状态，尤其是气体。

空调系统的流量检测主要包括风管风量（气体流量）和水系统水流量（液体流量）两种。测量方法普遍采用速度式流量测量。

（1）气体流量

通常在空调系统现场检测中，测量气体流量的核心方法是流速乘以截面积。而考虑到精度、量程和操作方法等因素，最常用的是毕托管测风管动压和风量罩测风口风量，如现场条件不允许，可用风速仪代替。

（2）液体流量

液体流量的测量方法有很多，结合现场检测各方面因素，目前最常用的检测仪器是超声波流量计。超声波流量计是利用超声波在流体中传播速度会随被测流体流速而变化的特点制作的流量测量仪表。由于其结构简单，无相对运动部件，阻力损失小，且适用范围（被测介质种类、管径等）广泛，测量精度较高，特别适合于空调水系统流量测试。

4. 流速检测

流体速度是描述流动现象的主要参数。用于测量流体流动速度的仪器主要有四种：机械式风速仪、热线风速仪、测压管和激光多普勒测速仪。其中常用于空调系统检测的是热线风速仪和测压管。

（1）热线风速仪

把被加热的金属丝（热线）置于被测流体中，利用金属丝散热率与流体速度成比例的特点测定流速。

（2）测压管

测压管是根据伯努利方程式设计制造的流体测速仪表。而在空调系统检测中，通常把测压管、连接管和压力计三部分组成测压系统使用。最常用的测压管是毕托管，它是将全压管和静压管组合在一起的复合测压管。毕托管结构简单，使用、制造方便，价格便宜，坚固可靠，在一定速度范围内（通常空气流速不超过40m/s，水流速不超过25m/s），它可以达到较高的测速精度。毕托管可以通过不同连接方式灵活测量动压、静压和全压，广泛用于空调系统检测中。

5. 电力参数检测

用于空调系统现场检测的电力参数检测仪表是根据电磁感应现象制作的，电磁感应现象是指因为磁通量变化而产生感应电动势的现象。

（1）钳形电力计

在使用钳形电力计测试时，被测导线相当于带电主线圈，钳口相当于铁芯。钳口卡住导线时，带电导线有电流通过，导线自身产生的磁场，感应到钳口的铁芯，使铁芯内部产生磁通。而电力计铁芯上面还缠绕着一个副线圈，磁通会使副线圈也产生一个磁通，在铁芯内部两个磁通相互阻碍，这时会使副线圈两端产生一个与主线圈有变比倍率的电流数据。这个数据在经电力计内部集成电路处理就会在电表里面计算出导线（也就是主线圈）所流过的电流的大小数据，而其余功率和功率因子会根据其他测试数据自动显示在显示屏上面。

（2）钳形电力分析仪

钳形电力分析仪与钳形电力计基本原理相同，而且有独立的数据处理和存储主机。不仅能测量电力系统功率、电流、电压等常规参数，还可以显示三相电路中的有功/无功/视在功率以及频率、谐波等参数，而且能对测量数据进行存储，从而可以监测一段时间内被测电力系统的参数变化趋势，便于对整个系统进行监测和管理。

7.2.3 系统性能检测方法

图 7-9 为典型空调系统流程图，为了能够使得整个空调系统达到合理的运行效果，空调系统应分别从末端空调机组、空调冷（热）源、室内环境效果、设备运行能耗、系统运行能效等多个方向分别进行逐项检测。因此就构成了空调系统运行性能的主要四项检测内容，即：风系统参数检测、水系统参数检测、电气参数检测和系统性能参数检测。

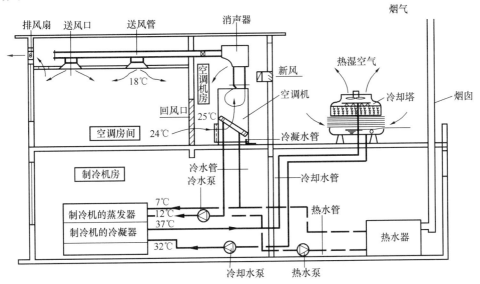

图 7-9 空调系统原理图

1. 风系统参数检测

风系统性能参数主要包括机组送、回风温湿度，风管的风量、风速和风压，同时由于空气的比热容受空气所在环境的大气压力影响较大，因此检测风系统相关性能参数时，还应对机组测试环境的大气压力进行检测。

（1）送、回风温湿度的检测

1）测点布置

① 风口送、回温度检测位置位于风口表面气流直接触及的位置（包含散流器出口）。

② 风管内和机组送、回风温度检测位置位于风管中央或机组预留点。

2）测量步骤及方法

① 根据现场的检测要求和机组的实际运行情况确定合适的检测状态。

② 检查空调系统是否运行稳定，待空调系统连续运行稳定后放开进行相应

177

的检测工作。

③ 确定合理的检测位置，以及相对应测点的数目。

④ 待各种条件具备后，方可使用检测仪器设备进行相应的检测工作。

3）数据处理

平均温度计算方法见公式（7-1）：

$$t_{\mathrm{p}} = \frac{\sum\limits_{i=1}^{n} t_i}{n} \qquad\qquad (7\text{-}1)$$

式中　t_{p}——平均温度,℃;

　　　t_i—— i 测点的实测温度,℃。

（2）风管风量、风速和风压的检测

1）测点布置

测点布置应符合《公共建筑节能检测标准》（JGJ/T 177-2009）的相关规定，见附录 E.1.3。

2）测量步骤及方法

① 根据现场的检测要求，检查系统和机组是否正常运行，并调整到检测状态。

② 确定风量测量的具体位置以及测点的数目和布置方法，测量截面应选择在气流较均匀的直管段上，并距上游局部阻力管件 4～5 倍管径（或矩形风管长边尺寸）以上，距下游局部阻力管件 2 倍管径（或矩形风管长边尺寸）以上的位置。图 7-10 和图 7-11 分别展示了圆形风管、矩形风管的测点布置，图 7-12 展示了空调系统风管静压和测定断面的测点位置。

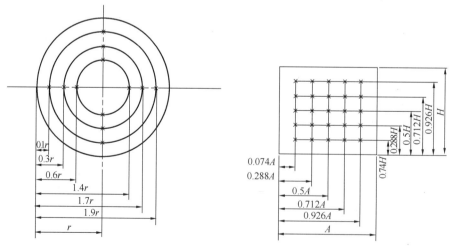

图 7-10　圆形风管 3 个圆环时的测点布置　　图 7-11　矩形风管 25 个测点时的测点布置

178

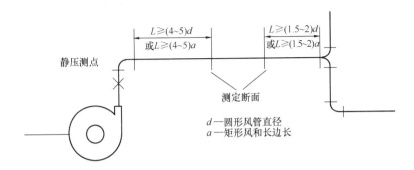

图 7-12 风管静压和测定断面的测点位置

③ 依据仪表的使用操作规程，调整测试用仪表到测量状态。

④逐点进行测量，每点宜进行 2 次以上测量，当 2 次测量值接近时，应取 2 次测量的平均值作为测点的测量值。

⑤ 当采用毕托管测量时，毕托管的直管应垂直管壁，毕托管的测头应正对气流方向且与风管的轴线平行，测量过程中，应保证毕托管与微压计的连接软管通畅无漏气。

⑥ 记录所测空气温度和当时的大气压力。

3）数据处理

当采用毕托管和微压计测量风量时，风量计算应按下列方法进行。

① 平均动压计算应取各测点的算术平均值作为平均动压。当各测点数据变化较大时，可按公式（7-2）计算动压的平均值：

$$\overline{P}_v = \left(\frac{\sqrt{P_{v1}} + \sqrt{P_{v2}} + \cdots + \sqrt{P_{vn}}}{n} \right)^2 \tag{7-2}$$

式中　　　　　　$\overline{P}_v$ ——平均动压，Pa；

P_{v1}、P_{v2} $\cdots$ P_{vn} ——各测点的动压，Pa。

② 断面平均风速应按公式（7-3）计算：

$$\overline{V} = \sqrt{\frac{2\overline{P}_v}{\rho}} \tag{7-3}$$

式中　$\overline{V}$ ——断面平均风速，m/s；

ρ ——空气密度，kg/m^3，$\rho = \dfrac{0.349B}{273.15 + t}$

B ——大气压力，Pa；

t ——空气温度，℃。

③ 机组或系统实测风量应按公式（7-4）计算：

$$L = 3600\overline{V}F \tag{7-4}$$

179

式中　　F——断面面积，m^2；

　　　　L——机组或系统实测风量，m^3/h。

（3）大气压力的检测

1）测点布置

将大气压力测试装置放置于当地测点水平处，保持与测试环境充分接触，并不受外界相关因素干扰。

2）测量步骤及方法

当测试环境稳定后，对大气压力测试仪表进行读值。

3）数据处理

取两次测试读数值的平均值作为测试结果。

2. 水系统参数检测

空调系统检测中，水系统运行正常与否直接影响系统的冷热效果和系统运行能效，因此，对空调系统中水系统的检测尤为重要。水系统性能参数主要包括水系统供回水温度、循环流量、系统压力等。

（1）供回水温度检测

水系统供回水温度主要涉及到冷水（热泵）机组的蒸发器、冷凝器进出水温度、用户侧供回水温度、地源热泵系统热源侧供回水温度等。各测点受现场实际测试安装位置、测试管道距离、测试传感器引线长度等诸多条件所限，现场检测时应充分考虑各种影响检测结果的误差因素。

1）测点布置

为了能够准确检测空调水系统的供回水温度，从而有效反映机组的实际性能，现场选择的测点应尽量布置在靠近被测机组（设备）的进出口处。当被检测机组（设备）及系统预留安放温度计位置时，可利用预留位置进行测试。

2）测量步骤及方法

① 根据现场实际检测环境、检测要求，确定机组（设备）及系统的检测状态，合理安装检测仪表。

② 依据现场检测用仪表的操作规程，调整相对应的测试仪表到测量状态。

③ 待机组（设备）及系统运行稳定后，开始测量并读取有效数据。

④ 测试过程中，若测试工况发生较大变化时，需对当前测试状态进行调整，重新进行测试，并读取有效数据。

3）数据处理

将同一测试工况下的各次测量值的算术平均值作为测试值。

（2）循环水流量检测

水系统循环流量主要涉及到冷水（热泵）机组的蒸发器、冷凝器循环流量、用户侧循环流量、地源热泵系统热源侧循环流量等。各测点受现场实际测试安装位置、测试管道距离、周围环境设备干扰程度、测试仪表抗干扰性能、流量测试仪的性能等诸多条件所限，现场检测时应充分考虑各种影响检测结果的误差因素。

1）测点布置

流量计应设置在设备进口或出口的直管段上，一般对于超声波流量计，其最佳位置为距上游局部阻力构件 10 倍管径，距下游局部阻力构件 5 倍管径之间的管段上。

2）测量步骤及方法

① 根据现场实际检测环境、检测要求，确定机组（设备）及系统的检测状态，合理安装检测仪表。

② 依据现场检测用仪表的操作规程，调整相对应的测试仪表到测量状态。

③ 待机组（设备）及系统运行稳定后，开始测量并读取有效数据，同一流量测试时间应取 10min 为宜，并分别读取不同时间段的有效数据。

④ 测试过程中，若测试工况发生较大变化，需对当前测试状态进行调整，重新进行测试，并读取有效数据。

3）数据处理

将同一测试工况下的各次测量值的算术平均值作为测试值。

（3）水系统压力检测

由于水系统压力测量受循环水运行、压力表（或压力传感器）测压原理等因素的限制，水系统压力进行现场检测时应根据实际状况，确定合适位置并选用适当量程压力表进行测量。

1）测点布置

一般选用水系统原有压力表的安装位置进行测量。

2）测量步骤及方法

① 根据现场检测要求确定机组（设备）及系统的检测运行状态，拆卸系统原有的压力表，并安装已进行标定合格或校准过的精密压力表。

② 依据检测仪表的使用操作规程，调整测试仪表到测量状态。

③ 待机组（设备）及系统测试工况运行稳定后，开始测量，并读取有效的测量数值。

3）数据处理

将同一测试工况下的各次测量值的算术平均值作为测试值。

3. 电气参数检测

在空调系统检测中，电气参数（电流、电压、功率、功率因数、频率）的测量能够直观体现出机组风机的运行状况，从而判断机组的送风状态。同时，通过电力参数数值往往可以判断机组故障原因。同时检测空调系统中各设备的运行电气参数，可有效统计空调系统能耗，从而为检测空调系统性能做准备。

在电力参数测量中，需要特别指出的是测试过程中一定要注意安全因素，采取必要的安全措施，如测量高压线路的电流时，要戴绝缘手套，穿绝缘鞋，站在绝缘防护垫之上。

（1）测点布置

对于电气参数的测量，测点位置通常在机组或设备配电柜处。当使用现场检测常用的钳形功率计等仪表检测时，仪表应接在供电系统次级电路上，切忌接在初级电路，以保证电路出现故障时，次级电路能够切断电源，避免出现事故。

（2）测试方法

1）熟悉被测设备电路系统情况，确定合理的测试位置。

2）将检测仪表调整至测试状态，连接仪表。

3）按照仪器操作方法分别测量所需的电气参数并记录测试数据。

（3）数据处理

对于空调系统检测，主要设备通常为三相电路，其功率计算见公式（7-5）：

$$P = \sqrt{3}UI\cos\varphi \tag{7-5}$$

式中　　P——功率，W；

　　　　U——线电压，V；

　　　　I——电流，A；

　　$\cos\varphi$——功率因数。

检测所得电力参数数据可根据该公式进行验证。

4. 系统性能参数检测

系统性能参数的测量是对系统内各组成部分的性能情况和系统联合运行状态的整体评价。它是在规定的检测工况条件下对系统制冷/制热量、冷水/热泵机组性能系数、水泵效率、冷却塔效率、冷源系统能效系数等参数进行测量。

现场检测时的测试工况一般规定如下：

（1）采暖空调水系统各项性能检验均应在系统实际运行状态下进行。

（2）冷水（热泵）机组及其水系统性能检测工况应符合以下规定：

1）系统负荷不宜小于实际运行最大负荷的 60%，且运行机组负荷不宜小于其额定负荷的 80%；

2）冷水出水温度应在 6～9℃之间；

3）水冷冷水（热泵）机组冷却水进水温度应在 29～32℃之间；风冷冷水（热泵）机组要求室外干球温度在 32～35℃之间。

空调系统性能参数的现场检测根据性能指标不同，检测方法有所不同。

（1）制冷/制热量与冷水/热泵机组实际性能系数测量：

1）测点布置

①对于2台及以下（含2台）同型号机组，应至少抽取1台；对于3台及以上（含3台）同型号机组，应至少抽取2台；

②温度计应设在靠近机组的进出口处；流量传感器应设在设备进口或出口的直管段上，并应符合产品测量要求。

2）测试方法

依据GB/T 10870《容积式和离心式冷水（热泵）机组性能试验方法》，相应规定如下：

① 分别对冷水（热水）的进、出口水温和流量进行检测，根据进、出口温差和流量检测值按公式（7-6）计算得到系统的供冷（供热）量：

$$Q_0 = V \rho c \Delta t / 3600 \qquad (7\text{-}6)$$

式中 Q_0——制冷量，kW；

$\quad$ V——流量，m^3/h；

$\quad$ ρ——密度，kg/m^3；

$\quad$ c——比热，$kJ/(kg \cdot \text{℃})$；

$\quad$ Δt——机组进出口温差，℃。

② 每隔5～10min读一次数，连续测量60min，取每次读数的平均值作为测试的测定值。

③ 冷水机组的校核试验热平衡率偏差不大于15%。

④ 机组实际性能系数计算见公式（7-9）：

$$COP = \frac{Q_0}{N_i} \qquad (7\text{-}7)$$

式中 COP——机组实际性能系数；

$\quad$ Q_0——制冷量，kW；

$\quad$ N_i——输入功率，kW。

（2）水泵效率

1）测试方法

①被测水泵测试状态稳定后，开始测量；

②测试过程中，测量水泵流量，并测试水泵进、出口压差，以及水泵进、出口压力表的高度差，同时记录水泵输入功率；

③检测工况下，应每隔5～10min读数1次，连续测量60min，并应取每次读数的平均值作为检测值。

2）数据处理

水泵效率计算方法见公式（7-8）、公式（7-9）：

$$\eta = 10^{-6} V \rho g (\Delta H + Z)/3.6W \qquad (7\text{-}8)$$

$$\Delta H = (P_{out} - P_{in})/\rho g \qquad (7\text{-}9)$$

式中　η——水泵效率；

　　　V——水泵流量，m^3/h；

　　　ρ——水密度，kg/m^3；

　　　g——重力加速度，m/s^2；

　　ΔH——水泵扬程，m；

　　　Z——水泵进出口高度差，m；

　　　W——水泵输入功率，W；

　　P_{out}——水泵出口压力，Pa；

　　P_{in}——水泵入口压力，Pa。

（3）冷却塔效率

1）测试方法

① 被测冷却塔测试状态稳定后，开始测量。冷却水量不低于额定水量的 80%。

② 测量冷却塔进、出口水温，并测试冷却塔周围环境空气湿球温度。

2）数据处理

冷却塔效率计算见公式（7-10）。

$$\eta_{ic} = \frac{T_{iC,in} - T_{iC,out}}{T_{iC,in} - T_{iw}} \times 100\% \qquad (7\text{-}10)$$

式中　η_{ic}——冷却塔效率；

　　$T_{iC,in}$——冷却塔入口温度，℃；

　$T_{iC,out}$——冷却塔出口温度，℃；

　　T_{iw}——环境温度，℃。

（4）冷源系统能效系数

1）测试方法

①被测冷源系统测试状态稳定后，开始测量。

②分别对系统的制冷量、机组输入功率、冷冻水泵输入功率、冷却水泵输入功率、冷却塔风机输入功率进行测试。

③检测工况下，应每隔 5～10min 读数 1 次，连续测量 60min，并应取每次读数的平均值作为检测的检测值。

2）数据处理

冷源系统能效系数计算见公式（7-11）：

$$EER_{sys} = \frac{Q_0}{\sum N_i} \quad\quad (7-11)$$

式中　EER_{sys}——冷源系统能效系数，kW/kW；

$\quad\quad\ Q_0$——冷源系统制冷量，kW；

$\quad\quad\ \sum N_i$——冷源系统各用电设备的平均输入功率之和，kW。

（5）风机单位风量耗功率检测

1）抽样原则

抽检比例不应少于空调机组总数的 20%；不同风量的空调机组检测数量不应少于 1 台。

2）检测方法

①被测风机测试状态稳定后，开始测量。

②分别对风机的风量和输入功率进行测试，风管风量的检测方法参照本规程要求。

③风机的风量应为吸入端风量和压出端风量的平均值，且风机前后的风量之差不应大于 5%。

3）数据处理

风机单位风量耗功率计算见公式（7-12）：

$$W_s = \frac{N}{L} \quad\quad (7-12)$$

式中　W_s——单位风量耗功率，W/（m³/h）；

$\quad\quad\ N$——风机输入功率，W；

$\quad\quad\ L$——风机实际风量，m³/h。

（6）水力平衡度检测

1）测点布置

当热力入口总数不超过 6 个时，应全数检测；当热力入口总数超过 6 个时，应根据各个热力入口距热源距离的远近，按近端 2 处、远端 2 处、中间区域 2 处的原则确定受检热力入口。

2）检测步骤与方法

① 检测应在采暖系统正常运行后进行。

② 水力平衡度检测期间，保证系统总循环水量应维持恒定且为设计值的 100%～110%。

③ 热力入口流量测试应参照本规程 3.3.3 条的要求。

④ 循环水量的检测值应以相同检测持续时间内各热力入口处测得的结果为

185

依据进行计算。

⑤ 待系统稳定后开始读数，检测持续时间宜取 10min。

3）数据处理

系统水力平衡度计算见公式（7-13）：

$$HB_j = \frac{G_{wm,j}}{G_{wd,j}} \tag{7-13}$$

式中　HB_j——第 j 个支路的系统水力平衡度；

　　　$G_{wm,j}$——第 j 个支路的实际水量，m^3/h；

　　　$G_{wd,j}$——第 j 个支路的实际水量，m^3/h。

（7）水系统补水率检测

1）测点布置

补水管上适宜的位置。

2）检测步骤与方法

①应在供暖系统正常运行后进行，检测持续时间宜为整个供暖期。

②总补水量应采用具有累计流量显示功能的流量计量装置检测，且应符合产品的使用要求。

③当供暖系统中固有的流量计量装置在检定有效期内时，可直接利用该装置进行检测。

3）数据处理

水系统补水率的计算方式可按公式（7-14）、公式（7-15）进行计算：

$$R_{mp} = \frac{g_a}{g_d} \times 100\% \tag{7-14}$$

$$g_d = 0.861 \times \frac{q_q}{t_s - t_y} \tag{7-15}$$

$$g_a = \frac{G_a}{A_0}$$

式中　R_{mp}——系统补水率；

　　　g_a——检测持续时间内系统单位补水量，$kg/(m^2 \cdot h)$；

　　　g_d——系统单位设计循环水量，$kg/(m^2 \cdot h)$；

　　　q_q——供热设计热负荷指标，W/m^2；

　　　t_s——设计供水温度，℃；

　　　t_y——设计回水温度，℃；

　　　G_a——检测持续时间内系统平均单位时间内的补水量，kg/h；

　　　A_0——系统覆盖区域总建筑面积，m^2。

（8）室外管网热损失率检测

1）测点布置

热源总出口及各个热力入口。

2）检测步骤与方法

① 应在供暖系统正常运行 120h 后进行，检测持续时间不应少于 72h。

② 检测期间，供暖系统应处于正常运行工况，热源供水温度的逐时值不应低于 35℃。

③ 供暖系统室外管网供水温降应采用温度自动检测仪进行同步检测，数据记录时间间隔不应大于 60min。

④ 建筑物供暖供热量应采用热计量装置在建筑物热力入口处检测，供回水温度和流量传感器的安装宜满足相关产品的使用要求，温度传感器宜安装于受检建筑物外墙外侧且距外墙外表面 2.5m 以内的地方。供暖系统总供暖供热量宜在供暖热源出口处检测，供回水温度和流量传感器宜安装在供暖热源机房内，当温度传感器安装在室外时，距供暖热源机房外墙外表面的垂直距离不应大于 2.5m。

3）数据处理

管网热损失率可按公式（7-16）计算：

$$\alpha_{ht} = (1 - \sum_{j=1}^{n} Q_{a,j}/Q_{a,t}) \times 100\% \qquad (7\text{-}16)$$

式中　α_{ht}——系统室外管网热损失率；

　　　$Q_{a,j}$——检测持续时间内第 j 个热力入口处的供热量，MJ；

　　　$Q_{a,t}$——检测持续时间内热源的输出热量，MJ。

（9）锅炉运行效率检测

1）检测步骤与方法

① 应在供暖系统正常运行 120h 后进行，检测持续时间不应少于 24h。

② 检测期间，供暖系统应处于正常运行工况，燃煤锅炉的日平均运行负荷率不应小于 60%，燃油和燃气锅炉瞬时运行负荷率不应小于 30%，锅炉日累计运行时数不应少于 10h。

③ 燃煤供暖锅炉的耗煤量应按批计量；燃油和燃气供暖锅炉的耗油量和耗气量应连续累计计量。

④ 在检测持续时间内，煤样应用基低位发热值的化验批数应与供暖锅炉房进煤批次一致，且煤样的制备方法应符合现行国家标准《工业锅炉热工试验规范》GB10180 的有关规定；燃油和燃气的低位发热值应根据油品种类和气源变化进行化验。

⑤ 供暖锅炉的输出热量应采用热计量装置连续累计计量。

2）数据处理

锅炉运行效率计算如公式（7-17）、公式（7-18）所示：

$$\eta_{2,a} = \frac{Q_{a,t}}{Q_i} \times 100\%$$ (7-17)

$$Q_i = G_c \cdot Q_c^y \cdot 10^{-3}$$ (7-18)

式中　$\eta_{2,a}$——检测持续时间内锅炉日平均运行效率；

$\quad\quad Q_{a,t}$——检测持续时间内锅炉的输出热量，MJ；

$\quad\quad Q_i$——检测持续时间内锅炉的输入热量，MJ；

$\quad\quad G_c$——检测持续时间内锅炉的燃煤量（kg）或燃油量（kg）或燃气量（Nm³）；

$\quad\quad Q_c^y$——检测持续时间内燃用煤的平均应用基低位发热值（kJ/kg）或燃用油的平均低位发热值（kJ/kg）或燃用气的平均低位发热值（kJ/Nm³）

7.3　检测不确定度处理方法

7.3.1　概述

1. 用测量不确定度取代测量误差

在测量领域，人们最常用到的是测量误差这一概念，它可以追溯至一百多年以前，那时候人们就知道，在给出测量结果的同时，还应给出测量误差。但在用传统方法进行测量结果的误差评定时，存在一些问题。主要体现在两个方面：逻辑概念上的问题和评定方法的问题。

（1）逻辑概念问题

国家计量技术规范JJF 1001—1998《通用计量术语及定义》中给出测量误差的定义为"测量结果减去被测量的真值"，而真值只是一个理想概念，只有通过完善的测量才有可能得到真值。然而任何测量都会有缺陷，真正完善的测量是不存在的。也就是说，严格意义上的真值是无法得到的。

根据误差的定义，若要得到误差就必须知道真值。但真值无法得到，因此严格意义上的误差也无法得到。通常得到的误差值只是误差的估计值。

（2）评定方法问题

在进行误差评定时，通常要求先找出所有需要考虑的误差来源，然后根据来源的性质分为随机误差和系统误差两类。通过统计学方法将这两类误差分别进行合成，最后将总的随机误差和总的系统误差按方和根法合成得到测量结果的总误差。

　　然而随机误差和系统误差是两个性质不同的量，在数学上无法解决两个不同性质的量之间的合成问题，因此长期以来在随机误差和系统误差的合成方法上一直无法统一。不仅各国之间不一致，即使同一国家，不同的测量领域甚至不同的测量人员所采用的方法往往也不完全相同。

　　上述两方面的问题导致测量误差这一概念的使用会造成测量结果之间缺乏可比性，这与当今全球化市场经济的快速发展是不相适应的。正是在这种背景下，人们逐渐认同用测量不确定度来统一评价测量结果的质量，这使得不同国家所得到的测量结果可以进行相互比较，可以得到相互承认并达成共识，因此，各国际组织和各国的计量部门非常重视测量不确定度评定方法和表示方法的统一。

　　2. 测量不确定度常用术语及其概念

　　测量的目的是为了得到测量结果，但在许多情况下仅给出测量结果往往还不充分。任何测量都存在缺陷，所有的测量结果也都会或多或少地偏离被测量的真值。因此，我们在给出测量结果的同时，还必须指出所给测量结果的可靠程度。测量不确定度正是用来体现测量结果质量好坏的参数。以下将从测量不确定度的常用术语的定义出发来解释其含义，并阐明测量不确定度及其评定的基本概念：

　　(1) 测量不确定度：表征合理赋予被测量之值的分散性，与测量结果相联系的参数。

　　(2) 实验标准差：对同一被测量作 n 次测试，表征测量结果分散性的量。可按公式 (7-19) 算出：

$$s(q_k) = \sqrt{\frac{\sum\limits_{k=1}^{n}(q_k - q)^2}{n-1}} \qquad (7-19)$$

式中　　$s(q_k)$ ——实验标准差或样本标准差；

　　　　　q_k ——第 k 次测量结果；

　　　　　q ——n 次测量的算术平均值。

　　(3) 标准不确定度：以标准差表示的测量不确定度。

　　(4) A 类不确定度：通过对测量结果进行统计分布估算，并用实验标准差表征的测量不确定度。

　　(5) B 类不确定度：基于经验或其他信息的假定概率分布估算，以标准差表征的测量不确定度。

　　(6) 合成标准不确定度：当测量结果是由若干个其他量的值求得时，按其他各量的方差算得的标准不确定度，它是测量结果标准差的估计值。

　　(7) 扩展不确定度：确定测量结果区间的量。

　　(8) 包含因子：为求得扩展不确定度，对合成标准不确定度所乘之数字因子。

根据定义，测量不确定度表示被测量之值的分散性，因此不确定度表示一个区间，即被测量之值可能的分布区间。而测量误差是一个差值，这是测量不确定度和测量误差的最根本区别。二者之间其他主要区别见表 7-12。

测量误差与测量不确定度的主要区别　　　　　　　　　　表 7-12

序号	内容	测量误差	测量不确定度
1	定义	表明测量结果偏离真值，是一个确定的值，在数轴上表示为一个点	表明被测量之值的分散性，是一个区间。用标准偏差、标准偏差的倍数或说明了置信水准的区间的半宽度来表示。在数轴上表示为一个区间
2	分类	按出现于测量结果中的规律，分为随机误差和系统误差，它们都是无限多次测量的理想概念	按是否用统计方法求得，分为 A 类评定和 B 类评定，它们都以标准不确定度表示。 在评定测量不确定度时，一般不必区分其性质。若需要区分时，应表述为"由随机效应引入的测量不确定度分量"和"由系统效应引入的测量不确定度分量"
3	可操作性	由于真值未知，往往无法得到测量误差的值。当用约定真值代替真值时，可以得到测量误差的估计值	测量不确定度可以由人们根据实验、资料、经验等信息进行评定，从而可以定量确定测量不确定度的值
4	数值符号	非正即负（或零），不能用"±"表示	是一个无符号的参数，恒取正值。当由方差求得时，取其正平方根
5	合成方法	各误差分量的代数和	当各分量彼此不相关时用方和根法合成，否则应考虑加入相关项
6	结果修正	已知系统误差的估计值时，可以对测量结果进行修正，得到已修正的测量结果。修正值等于负的系统误差	由于测量不确定度表示一个区间，因此无法用测量不确定度对测量结果进行修正。对已修正测量结果进行不确定度评定时，应考虑修正不完善引入的不确定度分量
7	结果说明	误差是客观存在的，不以人的认识程度而转移。误差属于给定的测量结果，相同的测量结果具有相同的误差，而与得到该测量结果的测量仪器和测量方法无关	测量不确定度与人们对被测量、影响量以及测量过程的认识有关。在相同的条件下进行测量时，合理赋予被测量的任何值，均具有相同的测量不确定度，即测量不确定度仅与测量方法有关

序号	内容	测量误差	测量不确定度
8	试验标准差	来源于给定的测量结果，它不表示被测量估计值的随机误差	来源于合理赋予的被测量之值，表示同一观测列中，任一个估计值的标准不确定度
9	自由度	不存在	可作为不确定度评定可靠程度的指标。它是与评定得到的不确定度的相对标准不确定度有关的参数
10	置信概率	不存在	当了解分布时，可按置信概率给出置信区间

7.3.2 标准不确定度的评定方法

在测量领域，被测量 Y 往往是通过与其有函数关系的其他可测量 X_1，X_2，$\cdots$，X_N 来表述，详见公式（7-20）：

$$Y = f(X_1, X_2, \cdots, X_N) \qquad (7\text{-}20)$$

即 Y 是由 X_1，X_2，$\cdots$，X_N 通过函数关系得出的，故将 Y 称为"输出量"，X_1，X_2，$\cdots$，X_N 称为"输入量"。若输出量的估计值为 y，输入量的估计值为 x_1，x_2，$\cdots$，x_N，则要想得到测量结果，首先要确定数学模型中各输入量 x_i 的最佳估计值，方法有两类，分别称为标准不确定度的 A 类评定和 B 类评定。

1. 标准不确定度的 A 类评定

标准不确定度的 A 类评定是指"用对观测列进行统计分析的方法，来评定标准不确定度"。根据测量不确定度的定义，标准不确定度以标准偏差表征。实际工作中则以实验标准差 s 作为其估计值。

而对于标准不确定度的 A 类评定方法，通常有：贝塞尔法、合并样本标准差、极差法和最小二乘法。其中贝塞尔法是最基本也是最常用的 A 类评定方法。

贝塞尔法：

若在重复性条件下对被测量 X 作 n 次独立重复测量，得到的测量结果为 x_k（$k=1$，2，$\cdots$，n）。则 X 的最佳估计值可以用 n 次独立测量结果的平均值来表示，见公式（7-21）：

$$x_0 = \frac{\sum\limits_{k=1}^{n} x_k}{n} \qquad (7\text{-}21)$$

根据定义，用标准差表示的不确定度称为标准不确定度。则单次测量结果的标准不确定度，即上述测量列中任意一个观测值 x_k 的标准不确定度 $u(x_k)$ 可用贝塞尔公式（7-22）表示：

$$u(x_k) = s(x_k) = \sqrt{\frac{\sum\limits_{k=1}^{n}(x_k - x_0)^2}{n-1}} \tag{7-22}$$

若在实际测量中，采用该 n 次测量结果的平均值作为最佳估计值，此时平均值 x_0 的实验标准差 $s(x_0)$ 可由单次测量的实验标准差 $s(x_k)$ 得到，如公式（7-23）：

$$s(x_0) = \frac{s(x_k)}{\sqrt{n}} = \sqrt{\frac{\sum\limits_{k=1}^{n}(x_k - x_0)^2}{n(n-1)}} \tag{7-23}$$

由上述公式可以看出，n 次测量结果的平均值 x_0 比任何一个单次测量结果 x_k 更可靠，因此平均值 x_0 的实验标准差 $s(x_0)$ 比单次测量结果的实验标准差 $s(x_k)$ 小。

同时，通过贝塞尔法进行标准不确定度 A 类评定时应注意，测量次数 n 不能太小（最好不少于 10 次），否则所得到的标准不确定度 $u(x_k) = s(x_k)$ 除了本身会存在较大的不确定度外，还存在与测量次数 n 有关的系统误差，从而影响评定结果。

2. 标准不确定度的 B 类评定

凡是不适用于标准不确定度 A 类评定方法的情况，均属于标准不确定度的 B 类评定，从定义上说，标准不确定度的 B 类评定是指"用不同于对观测列进行统计分析的方法来评定标准不确定度。"

另外不同于 A 类评定的标准不确定度仅来自于对具体测量结果的统计评定，获得 B 类标准不确定度的信息来源更多，一般有：

（1）以前的观测数据；

（2）对有关技术资料和测量仪器特征的了解和经验；

（3）生产部门提供的技术说明文件；

（4）校准证书、检定证书或其他文件提供的数据、准确度的等别或级别，包括目前暂在使用的极限误差等；

（5）手册或某些资料给出的参考数据及其不确定度；

（6）规定实验方法的国家标准或类似技术文件中给出的重复性限 r 或复现性限 R。

而这些信息来源，大致可分为两类：由检定证书或校准证书得到以及由其他各种资料得到。

（1）信息来源于检定证书或校准证书

检定证书或校准证书通常均给出测量结果的扩展不确定度，其表示方法主要有以下两种：

1）给出被测量 x 的扩展不确定度 $U(x)$ 和包含因子 k

根据扩展不确定度和标准不确定度之间的关系，被测量 x 的标准不确定度可由公式（7-24）得出：

$$u(x) = \frac{U(x)}{k} \tag{7-24}$$

2）给出被测量 x 的扩展不确定度 $U_p(x)$ 和其对应的置信概率 p

此时若无特殊说明，一般按被测量 x 正态分布来考虑评定其标准不确定度 $u(x_i)$。按照给定的置信概率 p，查出在正态分布情况下与其相对应的包含因子 k_p 的值，然后得出标准不确定度。p 与 k_p 之间的关系见表 7-13：

正态分布情况下置信概率 p 与包含因子 k_p 间的关系　　表 7-13

p（%）	50	68.27	90	95	95.45	99	99.73
k_p	0.67	1	1.645	1.960	2	2.576	3

（2）信息来源于其他各种资料或手册

这种情况下通常得到的信息是被测量分布的极限范围，也就是说可以知道输入量 x 的可能值分布区间的半宽 a，即允许误差限的绝对值。由于 a 可以看作对应于置信概率 $p=100\%$ 的置信区间的半宽度，所以实际上它就是该输入量的扩展不确定度。则输入量 x 的标准不确定度可表示为公式（7-25）形式：

$$u(x) = \frac{\theta}{k} \tag{7-25}$$

包含因子 k 的数值与输入量 x 的分布有关。因此为得到标准不确定度 $u(x)$，必须先对输入量 x 的分布进行估计。分布确定后，就可以由对于该分布的概率密度函数计算得到包含因子。常见分布对应的包含因子 k 的数值见表 7-14：

常见分布的包含因子 k 值　　表 7-14

分布类型	k 值
两点分布	1
反正弦分布	$\sqrt{2}$
矩形分布	$\sqrt{3}$
梯形分布 $\beta=0.71$	2
梯形分布	$\sqrt{6/(1+\beta^2)}$
三角分布	$\sqrt{6}$
正态分布	3

7.3.3　合成标准不确定度

当得到各标准不确定度分量 $u_i(y)$ 后，需要将各分量合成以得到被测量 Y 的合成标准不确定度 $u_c(y)$。

在合成前必须确保所有的不确定度分量均用标准不确定度表示，如果存在用其他形式表示的分量，则须将其换算为标准不确定度。合成时需要考虑各输入量之间是否存在相关性，以及数学模型是否存在显著的非线性。如果存在相关性，则合成时需考虑是否要加入相关项。若数学模型为非线性模型，则合成时需考虑是否要加入高阶项。

合成标准不确定度的评定方法：

设被测量（输出量）$Y = f(X_1, X_2, \cdots, X_n)$ 的估计值 $y = f(x_1, x_2, \cdots, x_n)$ 的合成标准不确定度由输入估计值 $x_1, x_2, \cdots, x_n$ 的各个不确定度所合成，则合成方差 $u_c^2(y)$ 的一般表达式见公式（7-26）：

$$u_c^2(y) = \sum_{i=1}^{n} \sum_{i=1}^{n} \frac{\partial f}{\partial x_i} \frac{\partial f}{\partial x_j} u(x_i, x_j)$$

$$= \sum_{i=1}^{n} \left(\frac{\partial f}{\partial x_i} \right)^2 u^2(x_i) + 2 \sum_{i=1}^{n-1} \sum_{j=j+1}^{n} \frac{\partial f}{\partial x_i} \frac{\partial f}{\partial x_j} u(x_i, x_j) \tag{7-26}$$

式中，x_i 和 x_j 为 x_i 和 x_j 的估计值，且 $u(x_i, x_j) = u(x_j, x_i)$ 为 x_i 和 x_j 的估计协方差。

x_i 和 x_j 之间的相关程度，可用估计的相关系数 $r(x_i, x_j)$ 来表征，如公式（7-27）：

$$r(x_i, x_j) = \frac{u(x_i, x_j)}{u(x_i) u(x_j)} \tag{7-27}$$

式中，$r(x_i, x_j) = r(x_j, x_i)$ 且 $-1 \leqslant u(x_j, x_i) \leqslant 1$。

若 x_i 和 x_j 相互独立，即 $r(x_i, x_j) = 0$，则 y 的估计合成方差为公式（7-28）形式：

$$u_c^2(y) = \sum_{i=1}^{N} \left[\frac{\partial f}{\partial x_i} \right]^2 u^2(x_i) \tag{7-28}$$

7.3.4　扩展不确定度

JJF1059-1999 规定，除计量学基础研究、基本物理常数测量以及复现国际单位制单位的国际比对可以仅给出合成标准不确定度外，其余绝大部分测量均要求给出测量结果的扩展不确定度。扩展不确定度 U 等于合成标准不确定度 u_c 与包含因子 k 的乘积，如公式（7-29）：

$$U = ku_c \tag{7-29}$$

这其中扩展不确定度主要有两种表示方法：

（1）在合成标准不确定度 $u_c(y)$ 确定后，乘以一个包含因子 k，即 $U = ku_c(y)$。可以期望在 $y-U$ 至 $y+U$ 的区间包含了测量结果可能值的较大部分。k 值一般取 $2 \sim 3$，多数情况下取 $k=2$，当取其他值时，应说明其来源。

（2）将 $u_c(y)$ 乘以给定概率 p 的包含因子 k_p，从而得到扩展不确定度 U_p。可以期望在 $y-U_p$ 至 $y+U_p$ 的区间内，以概率 p 包含了测量结果的可能值。k_p 与 y 的分布有关。当可以按中心极限定理估计接近正态分布时，k_p 采用 t 分布临界值。一般采用的 p 值为 99% 和 95%。

7.4 空调系统检测技术发展状况

空调系统的检测技术随着科学技术的发展、节能环保的政策响应、人为认知检测目的的重要性等因素的驱使，对其提出了愈来愈高的要求。

从检测项目内容来看，要求检测的空调系统运行参数越来越全面，如从常规的系统供回水温度、循环流量、系统能耗等，发展到现如今的对单台设备的性能检测，包括冷水主机的运行能效、压缩机的运行时间、实际运行负荷分布、水泵实际运行频率与效率、末端空调机组的运行参数、室内外环境效果、地源热泵系统热源侧全年热趋势变化等。这就要求对整个空调系统的检测参数越来越扩大其检测范围。

而随着科学技术的不断发展，各种检测仪器的精度也随之有所提高，如空调系统的群控系统中就要求各设备的主要控制参数需长期有效地进行准确测试；为了能够体现系统末端室内环境舒适性效果，对室内环境温湿度检测的准确度也有所提高；地源热泵系统为了能更加准确地反映全年运行期间系统热源侧取放热的平衡性，对地源侧的换热量也逐步由仅测试系统热源供回水温度与流量，从而计算热源侧换热量的单一方法，发展到同时监测地源侧土壤源实际温度的全年变化趋势。因此就要求空调系统的检测范围有所扩大，对各环节的检测功能也要有所扩展。

与此同时，随着计算机与网络技术的不断发展，又驱使整个检测仪器能够向着项目检测参数一体化、检测仪器小型化、检测技术智能化、检测数据网络化等方向逐步发展。

因此整个空调系统的检测技术也经历了：现场常规检测技术、数据采集仪检测技术、虚拟仪器检测技术、监测系统检测技术等几个阶段。

7.4.1 传统检测技术

传统检测技术是指在指定的检测设备（系统）的测试位置安装传统的仪器、仪表，通过现场连续人工读取实际测试数据的检测技术方法。这类检测技术中使用的检测仪器仪表主要通过热胀冷缩、弹性形变、电磁感应等特性制成，如玻璃水银温度计、指针式压力表、指针式温度计、指针式万用表、家用房间温湿度计等。图 7-13 所示为常见的几种常规检测仪表。

(a)　　　　　　　(b)　　　　　　　(c)　　　　　　　(d)

图 7-13　常见的常规检测仪表

（a）指针式压力表；（b）指针式温度计；（c）指针式万用表；（d）房间温湿度计

这种检测技术要求检测人员采用传统的检测仪器仪表，依据现场的实际情况，合理的安装检测仪表，并按照规定时间进行数据读取并记录。因此要求各仪器仪表在运输、安装应特别注意仪器仪表自身的安全，同时要求现场读取数据时应严格遵守仪器仪表的参数说明，如仪表的量程、分辨率、修正值、误差分析等主客观因素的影响。

目前还在使用的常见常规检测技术包括：采用玻璃水银温度计（或指针式温度计）测量水系统的温度、采用指针式压力表测量水系统的压力、采用指针式万用表测量设备的配电参数等。

由于受仪器仪表自身的特点所限、人为主观因素的影响，此类检测技术在实际应用过程中与其他几种检测技术相比，具有测量仪表响应时间周期较长、检测精度较低、受人为主观因素影响较大等特点。

7.4.2　数据采集仪检测技术

随着传感器技术的不断发展，仪器仪表的测量技术也有所变化，因此出现了数字化仪表与智能化仪器。其中数字化仪表是指将模拟信号测量转化为数字信号的测量，并以数字方式输出最终结果，如常见的手持式温湿度计、手持式 CO_2 测试仪等。智能仪器是指仪器自身内置微处理器，既能对接入仪器的传感器信号进行自动测量，又可通过人为的参数设定，对测量数据做一定的数据处理功能，该仪器的各功能模块均以硬件和内部固化软件的形式存在于仪器本身，现场测试时可对仪器进行相应的测量信号设置、量程转换设置、线性化设置等操作后，仪器可直接显示当前的测试物理量，若要简单对比各测试点数据特性，可通过仪器自身所带的测试软件进行趋势曲线显示。

在空调系统检测中，不仅需要测量温度的瞬时值，往往还需要对温度在一段时间内的变化趋势情况进行了解，这就需要测量仪器具有长时间检测数据并存储数据的功能。

1. Agilent 34970A 功能介绍

根据目前使用的不同类型的采集仪器功能有所不同，在这里对惠普公司生产的 Agilent 34970A 数据采集/开关单元在空调系统现场检测进行介绍，并对常用采集量的具体采集过程进行说明。

在熟练掌握一种数据采集仪之前，应该了解该数据采集仪可以采集哪些数据量。不同的数据量采集过程中都有哪些不同的设置要求，在采集每个数据量时都需要设置哪些参数。如果需要与计算机进行数据传输，那么还应该了解该数据采集仪与上位机的通讯方式，每种通讯方式的简单原理亦应有所了解，如 RS232/RS485 通讯中的端口配置等。另外所使用仪器具体能够实现哪些功能也必须有所了解。

该仪器主要由数据采集单元和数据采集模块组成，通常还需要配备电脑用来存储和处理数据。该采集单元可测量温度、直流/交流电压电流、电阻、频率和周期等多种参数，具体到空调系统检测中通常用于空调水系统温度、多联机的室内机送回风温湿度等的测量。图 7-14 展示了该仪器的外观及其主要性能特点。

2. Agilent 34970A 数据采集量

Agilent 34970A 数据采集/开关单元采集仪可直接采集的物理量有以下几种：

热电偶、热电阻、热敏电阻、直流电压、交流电压、电阻、直流电流、交流电流、频率、周期等。这些采集量是直接通过采集仪采集上来的信号值，并没有进行数学运算（也称定标运算），因此称为直接采集量。

而根据这些直接采集量，可通过线性函数计算，输出需要的间接采集量，如我们平时所使用的湿度传感器，就是在该采集仪中采集直流电压，然后通过定标计算后得到湿度值的输出量。

本节主要以 Agilent 34970A 用以采集温度（包括铂电阻和热电偶）和湿度（直流电压信号）两种参数进行阐述。

3. Agilent 34970A 数据采集特性

Agilent 34970A 数据采集/开关单元的数据采集特性有以下四点：

(1) 每台仪器有 60 个通道（120 个单独通道）；

(2) 单通道上的读取速率为每秒 600 个读数，扫描速度为每秒 250 个通道；

(3) 具有独立的通道配置，可在每个通道上使用 Mx＋B 定标和报警限功能；

(4) 标准的 GPIB（IEEE-488）和 RS-232 接口通讯。

4. Agilent 34970A 传感器接线

根据不同类型的传感器相对应的模块中的接线方式有所不同，在此对该采集仪能够采集的传感器的接线方式进行讲述。

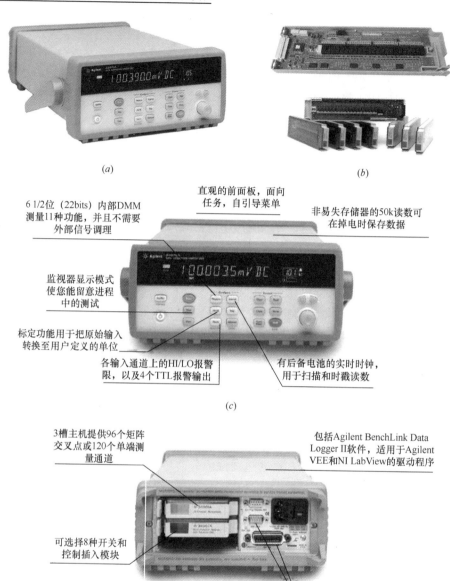

图 7-14　Agilent 34970A

(a) Agilent 34970A 主机外观；(b) Agilent 34970A 配备的 34901 采集模块

(c) Agilent 34970A 主机前面板展示；(d) Agilent 34970A 主机后面板展示

(1) 热电偶

现有的热电偶类型有：B、E、J、K、N、R、S、T。根据不同类型的热电偶，其接线方式需要正确把握，如果线序接反，则温度的变化趋势也会相反，因

198

此在模块上接热电偶时一定要按照正确的接线方式进行接线。热电偶的具体接线示意图如图 7-15 所示。热电偶的具体类型详见附录 A。

（2）直流电压/交流电压/频率

直流电压/交流电压/频率的接线方式如图 7-16 所示，和热电偶的接线方式基本一致，也存在正负极之分。测试的范围为：100mV、1V、10V、100V、300V。

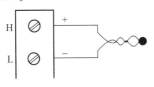

图 7-15　热电偶接线示意图

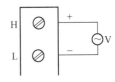

图 7-16　直流电压/交流电压/
频率接线示意图

（3）直流电流/交流电流

直流电流/交流电流接线方式如图 7-17 所示，和热电偶的接线方式基本一样，也有正负极之分。并且直流电流/交流电流只能在 34901A 的通道 21 和 22 上有效。测试的范围为：10mA、100mA、1A。

（4）2-线欧姆/电阻温度检测器/热敏电阻

2-线欧姆/电阻温度检测器/热敏电阻的接线方式如图 7-18 所示，和热电偶的接线方式相似，但没有正负之分。测试的范围为：100Ω、1kΩ、10kΩ、100kΩ、1MΩ、10MΩ、100MΩ。电阻温度检测器类型有：0.00385 和 0.00391 两种，热敏电阻类型有 2.2k、5k 和 10k 三种。

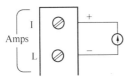

图 7-17　直流电流/
交流电流接
线示意图

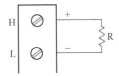

图 7-18　2-线欧姆/电阻
温度检测器/热敏
电阻的接线示意图

（5）4-线欧姆/电阻温度检测器

4-线欧姆/电阻温度检测器的接线方式如图 7-19 所示。由于 Agilent 34970A 有两种采集模块，型号分别为 34901A 和 34902A，此时源通道与检测通道自动配对，具体配对方式为：在 34901A 采集模块上通道 n（源）与通道 n+10（检测）配对，在 34902A 采集模块上通道 n（源）与通道 n+8（检测）配对。

4-线接法的测量范围为：100Ω、1kΩ、10kΩ、100kΩ、1MΩ、10MΩ、100MΩ。电阻温度检测器类型有：0.00385 和 0.00391 两种。

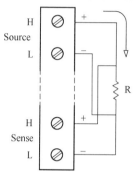

图 7-19　4-线欧姆/电阻温度检测器的接线示意图

5. Agilent 34970A 参数设置

针对平时常用于温度与湿度测量，因此这里主要论述温度和湿度测量时如何对测量通道进行设置。如果使用电脑进行数据采集时，我们可直接用软件对采集仪进行通道设置。

（1）温度测量

空调系统现场检测中常用的温度测量传感器有热电偶与铂电阻两种，其中热电偶又以 T 型热电偶为最常用，铂电阻又以 4-线铂电阻为最常用。因此这里仅以 T 型热电偶和 4-线铂电阻现场测试时的具体设置方法进行说明。

1）T 型热电偶设置

T 型热电偶测量温度时采集仪的具体设置操作步骤如下：

① 旋转旋钮至要设置的通道后进入设置界面；

② 选择功能项——TEMPERATURE；

③ 选择传感器类型——THERMOCOUPLE；

④ 选择热电偶类型——J TYPE T/C；

⑤ 选择单位——℃；

⑥ 选择显示精度——0.1℃。

设置完成后，可查看该通道上的温度测量结果。

2）4-线铂电阻

由于 4-线铂电阻测温时具有补偿测温导线引起的温度偏移值的优点，因此在空调系统现场检测时常用 4-线铂电阻，这里就铂电阻测量的具体操作步骤说明如下：

① 旋转旋钮至要设置的通道后进入设置界面；

② 选择功能项——TEMPERATURE；

③ 选择传感器类型——RTD 4W；

④ 选择电阻量程——100 OHM；

⑤ 选择温度检测器类型——0.00385（PT100）；

⑥ 选择单位——℃；

⑦ 选择显示精度——0.1℃。

设置完成后，可查看该通道上的温度测量结果。

（2）湿度测量

由于湿度的直接测量值是直流电压，然后通过定标运算计算出最后的湿度结果，因此这里主要就测量直流电压的具体操作步骤说明如下：

1）旋转旋钮至要设置的通道后进入设置界面；

2）选择功能项——AC VOLTS；

3）选择量程——AUTO RANGE。

设置完成后，可查看该通道上的直流电压测量结果。待通过电脑下载相应定标运算系数的程序后就可得到具体的湿度测量结果。

注：如果现场需要使用上位机电脑对采集仪进行数据读取时，可参考 Agilent 34970A 的软件帮助文件。

除上面讲述的 Agilent 34970A 数据采集/开关单元的数据采集仪外，常见的数据采集仪还有美国 NI 公司、日本横河公司等其他公司生产的各种数据采集仪。

受数据采集仪自身的功能模块全都是以硬件和固化的软件形式存在于采集仪中的条件的限制，在后期使用过程中无论是产品开发还是实际应用都缺乏相应的灵活性。如空调系统检测过程中，仅用来检测空调水系统供回水温度、多联机空调室内机的送回风温湿度等参数，而诸如水系统循环流量、室内外环境效果、系统设备能耗等其他参数均需第三方检测设备·（仪器）进行测试。

7.4.3 虚拟仪器检测技术

1. 概述

从 20 个世纪 80 年代开始，随着计算机技术和自动测量技术的迅猛发展，PC-Based Test & Measurement 渐渐成为测量领域的主流，越来越多的工程师进行 PC-Based 方面的数据采集应用。所谓的数据采集是指将一块基于 IAS（Industrial Application Server）或 PCI 的板卡接入工业计算机或商用机上，将外部信号通过导线引至计算机的端子上然后接入数据采集卡，通过定制的软件就可以进行采集。数据采集的优点是成本较低、速度快、运算能力、通讯能力强、易于使用、灵活多变。

虚拟仪器技术（Virtual Instrument Technology）则是在这种环境下应运而生。虚拟仪器技术是由美国国家仪器公司（National Instruments，NI）在 1986 年提出的一种构成仪器系统的新概念，其基本思想是：用计算机资源取代传统仪器中的输入、处理和输出等部分，实现仪器硬件核心部分的模块化和最小化，用计算机软件和仪器软面板实现仪器的测量和控制功能，即在测试系统或仪器设计中尽可能地用软件代替硬件，即"软件就是仪器"。也就是说，虚拟仪器技术利用高性能的模块化硬件，结合高效灵活的软件来完成各种测试、测量和自动化的应用。虚拟仪器包括高效的软件、模块化 I/O 硬件和用于集成的软硬件平台这三大组成部分，具有技术性能高、扩展性强、开发时间少，以及出色集成这四大优势。灵活高效的软件能帮助用户创建完全自定义的用户界面，模块化的硬件能方便地为用户提供全方位的系统集成，标准的软硬件平台能满足用户对同步和定时应用的需求。

软件是虚拟仪器技术中最重要的部分。使用正确的软件工具并通过设计或调用特定的程序模块，工程师和科学家们可以高效地创建自己的应用以及友好的人机交互界面。有了功能强大的软件，就可以在仪器中创建智能性和决策功能，从而发挥虚拟仪器技术在测试应用中的强大优势。

I/O 硬件系统是虚拟仪器的硬件支撑。面对如今日益复杂的测试测量应用，各种各样的测试产品可以提供全方位的软硬件解决方案。硬件产品结合灵活的开发软件，可以为负责测试和设计工作的工程师们创建完全自定义的测量系统，满足各种独特的应用要求。

虚拟仪器技术突破了传统电子仪器以硬件为主体的模式，将日益普及的计算机技术与传统的仪器仪表技术结合起来，使用户在操作计算机时，如同在操作自己定义的仪器，可以方便灵活地完成对被测试量的采集、分析、判断、显示及数据存储等，是一种基于计算机虚拟原型系统的全新的科学研究与工程设计方法，是除理论与实物实验之外的第三种研究设计手段和形式。虚拟仪器技术充分利用了最新的计算机技术来实现和扩展传统仪器的功能。

使用虚拟仪器技术，工程师们及测试人员可以利用图形化开发软件来创建完全自定义的解决方案，以满足他们的特殊需要——这完全不同于专门的、只有特定功能的传统仪器。另外，虚拟仪器技术利用了个人电脑日益增强的功能。例如，在测试测量和控制应用中，工程师已经使用虚拟仪器技术减小了自动化测试设备（ATE）的尺寸，同时使工作效率提升十倍之多，而成本只相当于传统仪器解决方案的一小部分。

传统测试仪器是由制造厂商把所有软件和测量电路封装在一起，并利用仪器前面板为用户提供一组有限的功能，比如示波器，逻辑分析仪，信号发生器，频谱分析仪等。而虚拟仪器系统提供的则是完成测量或控制任务所需的所有软件和硬件设备，功能完全由用户自定义。此外，利用虚拟仪器计数，工程师和科学家们还可以使用高效且功能强大的软件来自定义采集、分析、存储、共享和显示功能。在仪器计量系统方面，示波器、频谱仪、信号发生器、逻辑分析仪、电压电流表是科研机关、企业研发实验室、大专院所的必备测量设备。随着计算机技术在测绘系统的广泛应用，传统的仪器设备缺乏相应的计算机接口，因而配合数据采集及数据处理十分困难。而且，传统仪器体积相对庞大，多种数据测量时常感到捉襟见肘，手足无措。我们常见到硬件工程师的工作台上堆砌着纷乱的仪器，交错的线缆和繁多待测器件。然而在集成的虚拟测量系统中，我们见到的是整洁的桌面，条理的操作，不但使测量人员从繁复的仪器堆中解放出来，而且还可实现自动测量、自动记录、自动数据处理。其方便之极固不必多言，而设备成本的大幅降低却不可不提。一套完整的实验测量设备少则几万元，多则几十万元。在同等的性能条件下，相应的虚拟仪器价格要低 50%甚至更多。虚拟仪器强大的功能和价格优势，使得它在仪器计量领域具有很强的生命力和十分广阔的前景。

2. 虚拟仪器分类

随着计算机技术的不断发展，以及各个厂家不同形式的现场总线方式的提出，虚拟仪器的发展也随之有了相应的发展，具体可分为以下五种类型：

(1) 基于 PC 总线型的虚拟仪器

这种类型的虚拟仪器是指通过向计算机内部主板的对应插槽中插入专用的数据采集卡，并与安装的专用虚拟仪器软件（如 LabVIEW 等）相结合的方式，由用户组建适合自己使用的虚拟仪器。它充分利用计算机内部的总线、机箱、电源等硬件设备，使用系统安装的软件简便搭建虚拟仪器。

由于这种类型的虚拟仪器受计算机机箱与总线插槽的限制，以及机箱内部的噪声电平、插槽尺寸等因素的影响，组装与开发这类虚拟仪器费用较高，因此这类虚拟仪器目前已经淘汰，

(2) 基于串口总线型的虚拟仪器

串口总线型的虚拟仪器是指一系列可连接到计算机并行串口的测试装置，他们把仪器硬件集成在一个集中式的采集盒内。RS-232 总线是早期采用的 PC 通用串行总线，适合于单台仪器与计算机的连接，故其控制性能较差。仪器软件装在计算机上，通常可以完成各种测量测试仪器的功能，他们的优点是可以与笔记本相连接，携带方便，方便现场实际检测，受到广泛应用。但由于 USB 总线目前只用于较简单的测试系统，从而在采用虚拟用组建自动测量系统时，目前最常用的是采用 IEEE1394 高速串行总线，其传输速度最高可达到 100Mbit/s。

(3) GPIB 总线方式的虚拟仪器

GPIB 技术是计算机和仪器间的标准通信协议，同时也是发展最早的仪器总线。一个典型的 GPIB 测试系统包括 1 台计算机、1 块 GPIB 接口卡和诸多 GPIB 仪器，每台 GPIB 仪器有单独的设备地址，由计算机进行地址识别并控制操作。1 块 GPIB 接口卡最多可连接 15 台 GPIB 仪器。GPIB 总线的虚拟仪器就是通过这块 GPIB 接口卡插入计算机的插槽中，从而建立起计算机与具有 GPIB 接口的仪器设备之间的通信桥梁。

基于 GPIB 接口技术，可方便地实现计算机对仪器的操作与控制，从而替代传统的人工操作方式；简便地将多台 GPIB 接口仪器进行组合，形成较大规模的自动测量系统；同时由于 GPIB 测量系统的结构和命令简单，主要应用于台式仪器。

由于 GPIB 总线的数据传输速度一般低于 500kbit/s，因此不适用于有实时性要求和高速测试要求的系统应用。

（4）基于 VXI 总线的虚拟仪器

VXI 总线是一种高速计算机总线——VME 总线在 VI 领域的扩展，它具有稳定的电源，强有力的冷却能力和严格的 RFI/EMI 屏蔽。VXI 系统有 VXI 标准机箱、零槽控制器、具有多种功能的模块仪器和驱动软件、系统应用软件等组成。VXI 总线最多可包含 256 个模块，系统中各功能模块可随意变换、即插即用组成新的系统。

由于 VXI 总线的标准开放、结构紧凑、数据吞吐能力强、定时和同步精确、模块可重复利用及众多仪器生产厂家支持等优点，其应用范围越来越广。经过多年发展，VXI 系统的组建和使用越来越方便，尤其是组建大、中型规模的自动测量系统以及对速度、精度都有非常高的要求的场合，因此具有其他仪器无法比拟的优势。然而组建 VXI 总线要求有机箱、零槽管理器及嵌入式控制器等，因此造价较高。

（5）基于 PXI 总线的虚拟仪器

NI 公司于 1997 年推出了 PXI 控制方案，它是 PCI 总线内核技术增加了成熟的技术规范和要求形成的新的基于 PCI 总线的开放式、模块化仪器总线规范。其核心是 Compact PCI 结构和 Microsoft Windows 软件。

3. 构建虚拟仪器产品

在空调系统现场检测的专用测量系统方面，虚拟仪器较数据采集器仪具有更广的发展空间。由于空调系统现场检测任务具有多变性和复杂性，以及在数据处理、人机对话界面等方面的不同要求，虚拟仪器有着传统采集仪器无法比拟的优势。由于行业特点，空调系统现场检测任务既是复杂多变的，又是单项专一的。在测试过程中，我们要求所使用的测试仪器既有通用方面的要求，又有针对每次测试的专业要求。因此，就要求测试仪器既是通用的，又是专属的。

因此在空调系统的现场检测中，由于测试参数、测试精度等的多变特性，传统的、单一的、专业化的测试设备已经很难应对各种各样的测试工作。基于传统数字万用表通用测试模块存在接口单一、可扩展性能差、控制能力较弱、自动化程度较差、二次开发受限及驱动不完善、测试成本较高、搭建现场测试系统工作量大等缺点，基于数据采集卡（DAQ）通用测试模块系统具有即插即用灵活多变、二次开发能力强、驱动丰富、系统可扩展性能强、功能多样化、控制能力强、自动化程度高、数据处理能力强、测试成本低、可供选择品种多样、可选择性大等优点。基于数据采集卡通用测试模块系统的虚拟仪器就成为了空调系统现场检测仪器的首选。为此，中国建筑科学研究院空调所研制出了适用于小型空调系统检测的基于 NI USB6008/6009 的 8 通道通用测试模块系统。

基于 NI USB6008/6009 的 8 通道通用测试模块系统选用了性价比较高的美国国家仪器公司（NI）生产的 USB6008/6009 型数据采集器。该型号数据采集卡具有 8 通道单端信号（4 差分）采集能力，12（14）位 AD，最高采样频率可达 48K，并且具有 2 通道的模拟输出。值得注意的是，USB6008/6009 可以通过 USB 通信接口与计算机，尤其是笔记本电脑进行高速稳定通信，因此非常适合空调系统检测所需的便携式通用测试系统。该通用测试模块可对空调系统的水系统供回水温度、压力、设备功率与电量、系统压差、室外温度等诸多检测项目进行集中检测。

图 7-20　基于 NI USB6008/6009 的 8 通道通用测试模块系统样机

图 7-20～图 7-22 为针对小型空调系统现场检测项目自主研发的通用测试系统。其中包括现场实际检测的硬件设备，又包含了虚拟仪器的操作界面。

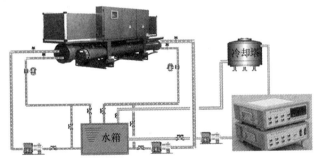

图 7-21　8 通道通用测试模块系统在热泵检测中的应用示例

在大中型的空调系统现场检测项目中，通道数往往超过 8 个，甚至可以达到 20 多个。虽然小型通用测试系统具备组合性能，可以由两个以上的小型测试系统搭建成具备更多通道的大中型测试系统，但是也往往会带来接口增加、携带困难等诸多问题。因此，开发少量的大中型通用测试系统也是必要的。综合考虑性价比等因素，我们又选择了 NI 公司的另外一款 USB 接口多通道数据采集卡：

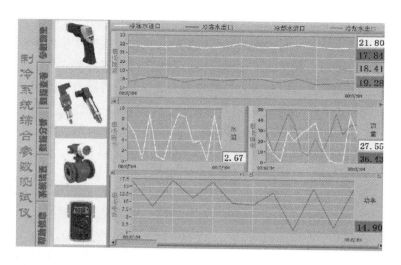

图 7-22　基于通用测试模块系统开发的热泵性能测试专属虚拟仪器展示

USB 6218。USB 6218 具有 32 个单端信号通道（16 差分），全量程测试精度为 5%。如果量程为 $-5\sim+5V$，则测试精度可以达到 $160\mu V$，完全可以达到常规现场测试任务的需求。

　　同时，为了提高检测系统在控制方面的功能，我们引入了可编程控制器（PLC）和触摸显示屏。通过 PLC 编程，可以实现检测控制和被测系统控制。同时，在测试箱的背部，预留有 4 个控制接口，检测时可以与现场系统进行混接，实现测试系统与被测系统的统一。

　　图 7-23 为针对大中型的空调系统现场检测项目自主研发的通用型测试模块系统样机展示图。通过进一步完善后，该通用仪器可以应对大部分复杂空调系统的现场检测，而测试人员需要做的只是根据测试要求选择传感器、定义传感器。

图 7-23　基于 USB 6218 的 32 通道通用测试模块系统样机展示

7.4.4　监测系统检测技术

　　1. 监测系统概述

　　根据最近的统计和调查，我国建筑能耗的总量呈逐年上升的趋势，其中采暖和空调系统的能耗占建筑总能耗的 55% 左右，成为建筑中的用能大户。而且随着近年来空调负荷增长迅速，炎夏季节多数电网高峰负荷约有 1/3 用于空调制冷，使得许多地区用电高度紧张，而且今后将呈继续上升的趋势。

21 世纪初国内大力推广地源热泵系统以来，为了很好的掌握地源热泵系统的实际运行数据与节能环保性能，由财政部和住建部共同开展了可再生能源建筑应用的专项措施，并且建立了国家可再生能源建筑应用示范项目数据中心平台，该平台的建立推动了国内对于地源热泵系统运行能效数据的集中监测与采集，从而推动了国内空调系统的在线监测技术的大力发展。

为了能够详细掌握整个空调系统的实时与历史运行数据，需对空调冷热源系统、末端空调设备、室内环境效果等进行详尽的在线监测，一套完整的空调系统的在线监测系统除对空调冷热源运行参数、末端空调机组运行参数、室内外环境效果等参数的监测外，还应具有相应的分析功能，下面几点分析内容仅仅为诸多分析功能的一部分。

(1) 空调系统在全年实际运行过程中系统能效比的全年变化趋势；

(2) 可再生能源全年运行过程中的节能减排量的全年分布趋势；

(3) 空调系统全年运行过程中各系统与各设备的电耗分布比例；

(4) 空调末端室内负荷同室外环境气象参数的变化分布特性；

(5) 空调系统能效同室外环境气象参数的变化分布特性；

(6) 地源热泵系统地源侧全年实际冷热负荷平衡性分析；

(7) 空调主机实际运行负荷分布特性。

2. 监测系统的分类

依照各监测系统的实施特点，按照是否建立集中式的监测平台，用来集中监测多个项目的运行数据，并对这些项目的运行状态与运行效果进行集中展示，可将监测系统分为项目级监测系统和区域级监测系统。

所谓项目级监测系统，是指以项目为整体，在项目本地通过现场总线的形式建立监测系统，用来实时监测本项目中空调冷热源系统、空调末端设备、室内外环境效果等参数。一般以一套完整的冷热源系统所覆盖的建筑群为一个项目建立的监测系统称为项目级监测系统。项目级监测系统的监测主机一般设置在空调冷热源机房内。

所谓区域级监测系统，是指为了集中监测与管理各项目的运行状态与运行数据，通过网络通信的方式建立的集多个项目运行数据为一体，集中采集各项目运行数据、集中展示各项目运行状态和参数的集中式监测系统。一般区域级监测系统可实现 C/S 架构与 B/S 架构，其中 C/S 架构主要用于区域级平台管理中心中多个展示分析主机之间的数据调阅，B/S 架构主要用于营运管理者通过 IE 远程登录访问服务器的运行画面。区域级监测系统的监测主机一般设置在总公司数据中心、政府主管单位数据中心等集中式的数据机房内。图 7-24 展示了区域级监测平台的网络构架。

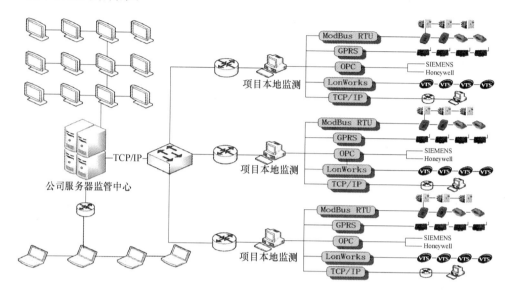

图 7-24 区域监测平台的网络构架示意图

3. 监测系统的设计

（1）主要监测参数

空调系统的项目级监测系统监测技术主要是指在项目本地建立项目级监测系统，集中监测采集本项目中的各设备运行参数。如冷水（热泵）主机的各运行数据及主机能耗、各循环水泵的运行状态与能耗、空调系统供回水温度、流量及压力、室内外环境温湿度、末端空调设备运行数据，地源热泵系统建议监测地温场的实际温度等。其中冷水（热泵）主机和末端空调设备的运行数据应直接读取其控制器面板中的数据，而其余的系统供回水温度、流量、压力、室内环境温湿度等参数则应以单独加装传感器的方式进行监测。

监测系统在实施过程中最基本的原则是准确反映空调系统各设备和系统的运行数据，同时能够计算统计空调系统的运行能耗与运行负荷。图 7-25 所示为冷水（热泵）系统负荷与能耗的结构分布示意图。

（2）数据采集

根据不同的监测参数，应选用合适的监测传感器与采集方式。针对具体的空调系统监测系统，需依照系统运行特点，合理选择监测位置，选用合适的传感器与采集设备，确定有效可靠的数据采集通讯方式。一套完整的空调系统监测系统

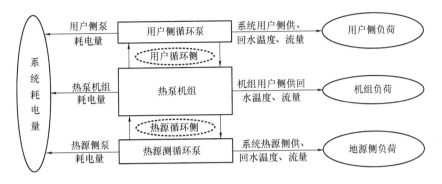

图 7-25 冷水（热泵）系统负荷与耗电量的分布示意图

应包括：传感器系统、采集模块系统、IO 通讯系统、数据展示系统、数据传输系统，如果涉及到区域级监测平台时，还应包括网络环境、数据集中展示与分析、远程访问等环节。

传感器系统主要是针对空调监测系统中加装的水系统温度传感器、流量传感器、电参数传感器（仪表）、室内温湿度传感器、压力传感器等。其产生的信号多为电阻、直流电流、直流电压等模拟量信号。图 7-26 为空调监测系统检测技术中常用的几种传感器。

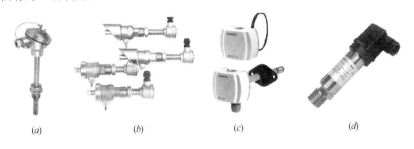

图 7-26 空调系统监测系统常用传感器
（a）铠装温度传感器；（b）超声波流量计；（c）温湿度传感器；（d）压力传感器

采集模块系统主要是为了将各种传感器产生的模拟量信号转变成工程人员能够直接读取的数字信号的采集模块，如温度传感器需用温度采集模块进行信号转变，温湿度传感器和压力传感器等产生的直流电流或直流电压信号应使用模拟量采集模块进行信号转变。

IO 通讯系统主要是指上位机采集软件通过现场总线的方式与各采集模块之间的通讯，从而在上位机软件中展示各监测采集数据的瞬时值。监测系统中 IO 通讯方式主要以现场总线形式来实现。

现场总线是一种工业数据总线，是自动化领域中底层数据通信网络。是指以工厂内的测量和控制机器间的数字通讯为主的网络，也称现场网络。也就是将传感器、各种操作终端和控制器间的通讯及控制器之间的通讯进行特化的网络。按照 IEC（国际电工委员会：International Electro technical Commission，简称 IEC）的解释是指安装在制造或过程区域的现场装置与控制室内的自动装置之间的数字式、串行、多点通信的数据总线。简单说，现场总线就是以数字通信替代了传统 4~20mA 模拟信号及普通开关量信号的传输。

从现场总线技术本身来分析，它有两个明显的发展趋势：一是寻求统一的现场总线国际标准，二是 Industrial Ethernet 走向工业控制网络。统一、开放的 TCP/IP Ethernet 是 20 多年来发展最成功的网络技术，过去一直认为，Ethernet 是为 IT 领域应用而开发的，它与工业网络在实时性、环境适应性、总线馈电等许多方面的要求存在差距，在工业自动化领域只能得到有限应用。事实上，这些问题正在迅速得到解决，国内对 EPA 技术（Ethernet for Process Automation）也取得了很大的进展。国际上形成的工业以太网技术的四大阵营，主要用于离散制造控制系统的是：Modbus-IDA 工业以太网、Ethernet/IP 工业以太网、Profinet 工业以太网；主要用于过程控制系统的是：Foundation Fieldbus HSE 工业以太网。随着科学技术的快速发展，过程控制领域在过去的两个世纪里发生了巨大的变革。

由于各个国家各个公司的利益之争，虽然早在 1984 年国际电工技术委员会/国际标准协会（IEC/ISA）就着手开始制定现场总线的标准，至今统一的标准仍未完成。很多公司也推出其各自的现场总线技术，但彼此的开放性和互操作性还难以统一。目前现场总线市场有着以下的特点，下面就几种主流的现场总线做一简单介绍。

1）基金会现场总线（FoundationFieldbus 简称 FF）

这是以美国 FisherRousemount 公司为首的联合了横河、ABB、西门子、英维斯等 80 家公司制定的 ISP 协议和以 Honeywell 公司为首的联合欧洲等地 150 余家公司制定的 WorldFIP 协议于 1994 年 9 月合并的。该总线在过程自动化领域得到了广泛的应用，具有良好的发展前景。

基金会现场总线采用国际标准化组织 ISO 的开放化系统互联 OSI 的简化模型（1，2，7 层），即物理层、数据链路层、应用层，另外增加了用户层。FF 分低速 H1 和高速 H2 两种通信速率，前者传输速率为 31.25Kbit/s，通信距离可达 1900m，可支持总线供电和本质安全防爆环境。后者传输速率为 1Mbit/s 和 2.5Mbit/s，通信距离为 750m 和 500m，支持双绞线、光缆和无线发射，协议符号 IEC1158-2 标准。FF 的物理媒介的传输信号采用曼彻斯特编码。

2）CAN（ControllerAreaNetwork 控制器局域网）

最早由德国 BOSCH 公司推出，它广泛用于离散控制领域，其总线规范已被 ISO 国际标准组织制定为国际标准，得到了 Intel、Motorola、NEC 等公司的支持。CAN 协议分为二层：物理层和数据链路层。CAN 的信号传输采用短帧结构，传输时间短，具有自动关闭功能，具有较强的抗干扰能力。CAN 支持多种工作方式，并采用了非破坏性总线仲裁技术，通过设置优先级来避免冲突，通讯距离最远可达 10kM/（5kbps·s），通讯速率最高可达 40M/（1Mbp·s），网络节点数实际可达 110 个。目前已有多家公司开发了符合 CAN 协议的通信芯片。

3）LonWorks

它由美国 Echelon 公司推出，并由 Motorola、Toshiba 公司共同倡导。它采用 ISO/OSI 模型的全部 7 层通讯协议，采用面向对象的设计方法，通过网络变量把网络通信设计简化为参数设置。支持双绞线、同轴电缆、光缆和红外线等多种通信介质，通讯速率从 300bit/s 至 1.5M/s 不等，直接通信距离可达 2700m（78Kbit/s），被誉为通用控制网络。Lonworks 技术采用的 LonTalk 协议被封装到 Neuron（神经元）的芯片中，并得以实现。采用 Lonworks 技术和神经元芯片的产品，被广泛应用在楼宇自动化、家庭自动化、保安系统、办公设备、交通运输、工业过程控制等行业。

4）DeviceNet

DeviceNet 是一种低成本的通信连接，也是一种简单的网络解决方案，有着开放的网络标准。DeviceNet 具有的直接互联性不仅改善了设备间的通信，而且提供了相当重要的设备级阵地功能。DebiceNet 基于 CAN 技术，传输率为 125Kbit/s 至 500Kbit/s，每个网络的最大节点为 64 个，其通信模式为：生产者/客户（Producer/Consumer），采用多信道广播信息发送方式。位于 DeviceNet 网络上的设备可以自由连接或断开，不影响网上的其他设备，而且其设备的安装布线成本也较低。DeviceNet 总线的组织结构是 Open DeviceNet Vendor Association（开放式设备网络供应商协会，简称"ODVA"）。

5）PROFIBUS

PROFIBUS 是德国标准（DIN19245）和欧洲标准（EN50170）的现场总线标准。由 PROFIBUS—DP、PROFIBUS—FMS、PROFIBUS—PA 系列组成。DP 用于分散外设间高速数据传输，适用于加工自动化领域。FMS 适用于纺织、楼宇自动化、可编程控制器、低压开关等。PA 用于过程自动化的总线类型，服从 IEC1158－2 标准。PROFIBUS 支持主—从系统、纯主站系统、多主多从混合系统等几种传输方式。PROFIBUS 的传输速率为 9.6Kbit/s 至 12Mbit/s，最大传输距离在 9.6Kbit/s 下为 1200m，在 12Mbit/s 下为 200m，可采用中继器延长至 10km，传输介质为双绞线或者光缆，最多可挂接 127 个站点。

6）HART

HART 是 Highway Addressable Remote Transducer 的缩写，最早由 Rose-mount 公司开发。其特点是在现有模拟信号传输线上实现数字信号通信，属于模拟系统向数字系统转变的过渡产品。其通信模型采用物理层、数据链路层和应用层三层，支持点对点主从应答方式和多点广播方式。由于它采用模拟数字信号混和，难以开发通用的通信接口芯片。HART 能利用总线供电，可满足本质安全防爆的要求，并可用于由手持编程器与管理系统主机作为主设备的双主设备系统。

7）CC-Link

CC-Link 是 Control&CommunicationLink（控制与通信链路系统）的缩写，在 1996 年 11 月，由三菱电机为主导的多家公司推出，其增长势头迅猛，在亚洲占有较大份额。在其系统中，可以将控制和信息数据同时以 10Mbit/s 高速传送至现场网络，具有性能卓越、使用简单、应用广泛、节省成本等优点。不仅解决了工业现场配线复杂的问题，同时具有优异的抗噪性能和兼容性。CC-Link 是一个以设备层为主的网络，同时也可覆盖较高层次的控制层和较低层次的传感层。2005 年 7 月 CC-Link 被中国国家标准委员会批准为中国国家标准指导性技术文件。

8）WorldFIP

WorkdFIP 的北美部分与 ISP 合并为 FF 以后，WorldFIP 的欧洲部分仍保持独立，总部设在法国。其在欧洲市场占有重要地位，特别是在法国占有率大约为 60%。WorldFIP 的特点是具有单一的总线结构来适用不同的应用领域的需求，而且没有任何网关或网桥，用软件的办法来解决高速和低速的衔接。WorldFIP 与 FFHSE 可以实现"透明联接"，并对 FF 的 H1 进行了技术拓展，如速率等。在与 IEC61158 第一类型的连接方面，WorldFIP 做得最好，走在世界前列。

9）INTERBUS

INTERBUS 是德国 Phoenix 公司推出的较早的现场总线，2000 年 2 月成为国际标准 IEC61158。INTERBUS 采用国际标准化组织 ISO 的开放化系统互联 OSI 的简化模型（1，2，7 层），即物理层、数据链路层、应用层，具有强大的可靠性、可诊断性和易维护性。其采用集总帧型的数据环通信，具有低速度、高效率的特点，并严格保证了数据传输的同步性和周期性；该总线的实时性、抗干扰性和可维护性也非常出色。INTERBUS 广泛地应用到汽车、烟草、仓储、造纸、包装、食品等工业，成为国际现场总线的领先者。

此外较有影响的现场总线还有丹麦公司 Process-Data A/S 提出的 P-Net，该总线主要应用于农业、林业、水利、食品等行业；SwiftNet 现场总线主要使用在航空航天等领域，还有一些其他的现场总线这里就不再赘述了。

与此同时，为方便不同操作系统和不同硬件体系结构的互联，还应包括相应的通讯协议。所谓通讯协议又称为通讯规程，是指通信双方对数据传送控制的一种约定。约定内容包括对数据格式、同步方式、传输速度、传输步骤、校验方式以及相应的控制字符定义等问题做出统一规定。通信双方必须共同遵守，也称为链路控制规程。目前现场通讯中常用的通讯协议主要为：Modbus 协议。Modbus 协议是 OSI 模型第 7 层的保温传输协议，Modbus 协议能够应用在不同类型的总线或网络中。目前 Modbus 协议依照不同方式的通讯模式，主要分为：基于以太网的通讯模式称为 Modbus TCP；基于异步串行（如有线的 RS-232、RS-422、RS-485 等）传输的通讯模式称为 Modbus RTU。

近几年随着监测参数的多样化、地域分布的分散性等因素的要求，大量的基于 GPRS 网络的通讯方式也逐渐成为监测系统中的主要通讯方式。由于 GPRS 无线传输方式的通讯协议是基于移动网络的 GPRS 的数据传输，因此具有：无需现场单独布线、安装方便、组网灵活、覆盖面广、适用性强、无需人工干涉、数据传输过程中稳定性高、抗干扰能力强、相应速度快、精度高等诸多优点，目前成为监测室内外环境温湿度的主要设备。图 7-27 为 MOXA 生产的一款具有工业级四频段，可通过 GSM/GPRS/EDGE 网络进行数据传输通讯模块。

图 7-27　GPRS 通讯模块

主要涉及到的现场总线形式与通讯协议有：Modbus RTU、TCP/IP、LonWorks、GPRS、OPC、BACNet 等。

另外，涉及到与第三方软件的通讯均属于现场已安装有监测软件，由于采集参数不完善、软件之间直接通讯不支持等因素，常采用 OPC 方式。OPC 全称为 Object Linking and Embeding（OLE）for Process Control，它的出现为基于 Windows 的应用程序和现场过程控制应用建立了桥梁。在过去，为了存取现场设备的数据信息，每一个应用软件开发商都需要编写专用的接口函数。由于现场设备的种类繁多，且产品的不断升级，往往给用户和软件开发商带来了巨大的工作负担。通常这样也不能满足工作的实际需要，系统集成商和开发商急切需要一种具有高效性、可靠性、开放性、可互操作性的即插即用的设备驱动程序。在这种情况下，OPC 标准应运而生。OPC 标准以微软公司的 OLE 技术为基础，它的制定是通过提供一套标准的 OLE/COM 接口完成的，在 OPC 技术中使用的是 OLE 2 技术，OLE 标准允许多台微机之间交换文档、图形等对象。

空调监测技术现场实施过程中常用的现场总线通讯方式有：Modbus、TCP/

IP、Lon、GPRS、OPC 等。

数据展示系统是指在上位机中通过监测软件为运行管理人员实时展示各监测参数的数据及系统运行状态等。同时为了能够达到相应的数据处理功能，还应在上位机软件中为用户提供相应的数据报表统计、报警提示、数据对比曲线等展示分析功能。

数据传输系统主要是为了实现将项目级的运行数据实时传输至区域级平台的数据通讯服务功能。

以上各环节均在项目级监测系统中实现，为了能够很好的管理各项目的运行数据，集中展示各项目的运行状态，可建立集中式的区域级监测系统。通过搭建区域级的监测系统，可方便用户自行对空调系统中的各运行参数进行详细的总结与分析，并建立集中式的展示平台，依托 B/S 架构方便运营管理人员随时随地的访问。

（3）集中展示

通过对项目现场本地各运行参数的监测，在区域级监测平台建立实时数据采集服务器，并在项目本地通过 TCP/IP 协议方式发送至该数据采集服务器。建立该数据采集服务器后，在区域级平台通过 B/S 架构方式，供相应的图形展示、数据分析等其他相对应的服务器进行数据调用。其中为了更规范各项目的监测数据，并合理运用这些监测数据对实际空调系统实施监测，应考虑以下几方面的展示内容：

1）末端空调机组的运行参数展示，如送回风机的状态、频率、送回风温湿度、机组运行工况、制冷/加热比例等参数。

2）冷热水系统的供回水温度、流量、压力，系统全年的负荷变化趋势。

3）展示建筑室内外的环境参数，体现空调系统实际运行的室内效果。

4）冷水（热泵）机组运行参数的展示，如冷凝器和蒸发器的进、出水温度、压缩机的冷凝压力和蒸发压力、机组的实际运行负载、机组运行工况与报警等一系列的参数。

5）设备耗电量参数的监测，统计系统全年能耗变化等。

6）系统运行能效的计算与展示。

7）系统运行过程中的节能与环保性的计算与展示。

图 7-28 所示为空调系统监测系统应实现的主要功能结构图。

4. 项目案例介绍

（1）冷热源系统

选取的案例工程分布于 6 个城市的 9 个不同项目的机房内。案例工程的空调冷热源均采用地源热泵系统。

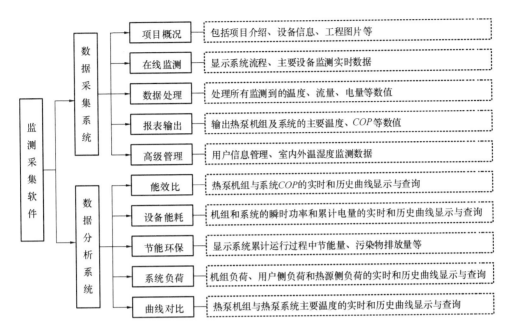

图 7-28 空调系统监测系统实现的主要功能结构图

（2）自控系统

案例工程的部分地源热泵机房已搭建了相应的监测系统，其监测内容主要包括：热泵系统各支路供回水温度、系统供回水压力、末端新风机组主要运行参数、室内外环境温湿度、地源温度场等参数。已有的监测系统采用霍尼韦尔 EBI 软件为开发环境，仅对上述运行参数进行监测，并未对空调冷热源系统的设备耗电量、热泵主机运行参数等进行监测，同时未能提供远程访问本地监测系统的功能。

案例工程在已有的本地监测系统的基础上，利用组态软件平台开发出适合地源热泵系统的全参数集中监测系统，并在区域级平台监测集中式的监管中心平台，以 C/S 模式供平台的各服务器之间互相调用数据，以 B/S 模式供用户通过 Internet 方式远程浏览访问监测系统。既实现对空调系统的远程监测系统的工程应用功能，同时借助上位机软件对相对应的空调系统性能运行参数进行分类统计与总结。

（3）现场总线形式

在案例工程的具体实施过程中，主要涉及到的现场总线形式与通讯协议有：Modbus、TCP/IP、LonWorks、GPRS、OPC 等。

其中 Modbus 通讯协议主要应用于项目现场的各种 Modbus 通讯设备与上位机软件的通讯，监测参数主要有系统供回水温度、水系统压力与流量、设备耗电量、室内外环境温湿度、地源温度场温度、热泵主机运行参数、末端新风机组运行参数等。TCP/IP 协议主要用于项目现场数据通过该协议实时传输至公司的区域级监测平台。LonWorks 协议主要用于现场的部分末端空调机组的控制器为 Lon 协议时的通讯，上位机电脑应用该通讯协议自动采集末端新风机组的运行参数。GPRS 协议主要用于部分项目的室内外环境温湿度的监测，以 GPRS 协议为传输方式的温湿度采集仪具有安装方便、可方便移动测试等优点。OPC 协议主要用于与现场已有的监控系统的数据通讯，避免在空调系统后期监测系统实施过程中重新加装已监测传感器，大大节省了该项目的施工与投资。

（4）系统实现功能

本案例工程在实际应用过程中，每种通讯协议与数据分析方法都得到了相应的实际应用。图 7-29 为监测系统具体实施过程中，传感器的安装、数据的采集、通讯调试展示、系统运行集中展示等结构。

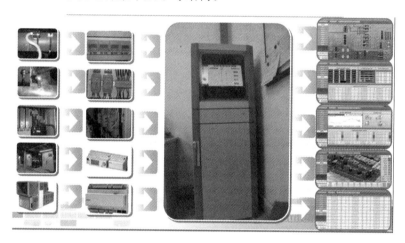

图 7-29　地源热泵系统监测体系结构

在集中监测软件应用过程中，从本地监测软件与远程监测软件的使用功能方面主要开发了以下功能：

1）热泵系统实时动态流程的监测

实现地源热泵系统实时动态流程的监测，可以直观地向用户显示整个热泵系统如机组、水泵、冷却塔的运行情况，并提供测点的供回水温度和系统压力等参数的显示。

2）热泵主机的实时监测

实现对热泵主机主要参数的监测。已为用户提供当前运行状态、运行工况、电量，和机组冬夏设定温度、机组当前设定温度、蒸发器进出水温度、冷凝器进出水温度、主机瞬时功率、压缩机开启状态、压缩机冷凝压力和蒸发压力及运行时间。便于用户了解热泵机组运行的详细参数信息。

3）末端新风机组实时监测

实现对末端新风机组的主要运行数据的监测。实现末端新风机组的实时数据监测，用图表说明这些测点的状态和温湿度。并提供每个测点的 AHU 运行工况、AHU 运行模式的显示、舒适温度设定值、经济温度设定值、送风温度、室外环境温度、制冷阀开度、加热阀开度、送风频率、排风机频率即时数据的显示、送排风状态、送排风报警、送排风过滤器的状态显示，及新风机组风阀状态温度限值。

通过监测末端新风机组的送风温湿度，并对送风温湿度进行报警提醒，使用户针对末端新风机组的运行状态能够进行合理的控制。

4）热泵系统主要设备电耗监测

实时监测热泵系统主要设备能耗，即显示天棚热泵主机、新风热泵主机、新风冷水主机、生活热水主机、新风循环泵、天棚循环泵、地源循环泵、冷却循环泵等的瞬时功率与各自的累计电量，并通过对系统进行合理划分，实时计算各分系统的系统能耗。

5）室内外环境温湿度监测

即时监测室内外环境温湿度，通过分析末端住户室内环境温湿度，结合新风机组的实际运行性能，可有效的估算出系统实际供热（供冷）量，为用户提供有效的数据支持。

6）热泵系统地温场监测及数据统计分析

实现项目地源温度场数据的长期监测，为用户提供测点的瞬时温度和平均温度，并能通过历史数据报表查询历史温度，方便用户对全年运行期间地源侧土壤温度的实施对比。

7）热泵系统运行的实时数据监测

在热泵系统运行过程中集中显示系统全部监测数据，如供回水温度、流量、压力、系统能耗、室内外温湿度、系统能效比 COP 等参数。计算系统全年运行过程中系统负荷的变化趋势，地温场的变化趋势，地温场的热平衡性等分析功能等。

8）热泵系统运行历史数据

热泵系统运行历史数据可按系统、设备、类型进行分类，如系统运行参数、热泵主机运行参数、室内外环境效果运行参数、末端新风机组运行参数等。方便用户及时准确的查询调阅空调系统的运行数据。

9）诊断数据分析报表

专家诊断数据分析报表按照热泵系统的实际运行数据，依照运行时间自动生成各种统计报表。如系统电耗与电费的日报、月报统计报表，峰谷平段的电量统计报表等。

10）专家诊断分析曲线

专家诊断分析曲线主要对系统瞬时 COP 与平均 COP 趋势曲线，系统负荷同室内外环境温度变化趋势曲线等诸多的分析参数进行对比。监测热泵系统全年运行能效比的变化趋势，并以此判断机组的运行性能等，热泵系统性能参数的监测与分析。通过监测热泵系统各主要运行参数，对各个系统的系统能效比与室外环境温度变化趋势进行合理的分析与整理，指导用户合理的控制系统的能耗，并提高系统的能效。

11）设置地源热泵系统监测软件管理中心

地源热泵系统监测软件管理中心具有用户登录、修改密码、监测软件安全等级管理划分等功能。并对各地区各项目的峰平谷电价等参数进行设置，便于区域级平台软件在运行过程中自动统计各项目的运行负荷、单位面积能耗、系统费效比等参数。

本案例工程是对分布于不同项目、不同城市的多个项目的监测系统进行项目级与区域级的工程实施，已达到实现项目级的实时监测与展示、运行数据的实时上传、区域级平台的数据展示、用户远程浏览访问等众多功能的目的。

为用户集中管理热泵系统运行数据，随时根据实际数据调整运行策略，实现供需相当，既不浪费能源，又能满足需要。大量积累热泵系统运行参数和运行经验，对于热泵系统运行策略的制定，具有指导意义。

第8章 空调系统调试案例

8.1 酒店建筑类型 commissioning 流程

8.1.1 酒店建筑类调试工作的内容

酒店建筑类空调系统的调试工作特点较为突出。在本节中所列举的 2 个酒店类项目的 commissioning 案例，其中第一个为全新建筑，第二个由既有建筑改建而成。但其机电系统，尤其是暖通空调系统的调试，成为新建白金五星酒店既能满足实际使用功能，又能更好的保证顾客对高端室内环境感到满意的迫切需求。在两个项目中，调试工作呈现以下特点：

（1）以往的 commissioning 工作都是在竣工后的运行中进行。而此项目的 commissioning 工作在施工阶段提前介入。为 commissioning 工作向施工阶段延伸，甚至向设计阶段和方案规划阶段延伸做出了有益的探索。事实证明这种由运行管理阶段向施工阶段的延伸收益颇丰；

（2）避免了很多设计缺陷。依据酒店建筑的特点和自身积累大量工程实践经验，在施工尚未开始阶段即对原设计提出很多建议和意见，避免后期大量的整改工作，减少了工期的延误，为业主挽回重大经济损失；

（3）和监理单位密切配合，在施工阶段适度介入工程质量的监督。既减少了对后续 TAB 工作的影响，又在很大程度上提高了建筑的机电品质；

（4）依据 TAB 和 commissioning 工作方法，对空调系统性能进行现场测试，并对空调系统及其自控系统进行运行验证。根据现场工作获得的结果，分析系统存在的问题，提供空调系统诊断意见以及相应的改造和调试方案；

（5）完整的后期培训和服务工作。包含对运行人员进行相应的培训，使其正确掌握空调系统的运行管理方法。

空调系统的调试内容主要包括以下内容：

（1）表 8-1——暖通空调风系统；

（2）表 8-2——空调水系统；

（3）表 8-3——热源及供热系统；

（4）表 8-4——主要设备测试以及设备性能验证。

暖通空调风系统　　　　　　　　　　　　　　　　　　　表 8-1

设备/系统		检查和测试项目
1	空气处理系统	（1）安全措施
		（2）测试步骤
		1）外观检查
		2）机械检查
		3）配电检查
		4）运行检查
2	CAV 系统	（1）安全措施
		（2）测试步骤
		1）外观检查
		2）机械检查
		3）配电检查
		4）运行检查
3	风机盘管	（1）安全措施
		（2）测试步骤
		1）外观检查
		2）机械检查
		3）配电检查
		4）运行检查
4	机械通风系统	（1）安全措施
		（2）测试步骤
		1）外观检查
		2）机械检查
		3）配电检查
		4）运行检查
5	风系统平衡	（1）安全措施
		（2）测试步骤
		1）准备工作
		2）初始测量
		3）风量调节
		（3）测量方法
		1）系统总风量、一次回风系统平衡
		2）风系统末端、二次回风系统平衡
		3）允许偏差

空 调 水 系 统 　　　　表 8-2

设备/系统		检查和测试项目
1	冷水机组	(1) 安全措施
		(2) 启动前检查
		(3) 启动步骤（单机试运转）
2	冷冻水泵	(1) 安全措施
		(2) 测试步骤
		1）外观检查
		2）配电检查
		3）泵运行检查
		①泵启动前检查
		②离心泵初始运行
3	冷却塔	(1) 安全措施
		(2) 测试步骤
		1）外观检查
		2）机械检查
		3）配电检查
		4）运行检查
4	冷却水泵	(1) 安全措施
		(2) 测试步骤
		1）外观检查
		2）配电检查
		3）泵运行检查
		①泵启动前检查
		②离心泵初始运行
5	冷却塔补水泵	(1) 安全措施
		1）性能测试
		2）控制功能测试
		3）传感器测试
		4）安全测试
		5）证明测试数据与产品性能相符
		(2) 系统运行测试
		1）连续运行
		2）保证设备的高效和稳定
		3）变频运行调试

221

续表

设备/系统		检查和测试项目
6	水系统平衡	(1) 安全措施
		(2) 测试步骤
		1) 准备工作
		2) 初始测量
		3) 水量调节
		4) 旁通阀调节
		(3) 测量方法
		1) 系统总水量
		2) 系统末端
		3) 允许偏差
7	管道水压	(1) 安全措施
		(2) 测试步骤

热源及供热系统   表 8-3

设备/系统		检查和测试项目
1	热水锅炉	(1) 安全措施
		(2) 启动前检查
		(3) 启动步骤
		(4) 初始运行
2	热水泵	(1) 安全措施
		(2) 测试步骤
		1) 外观检查
		2) 配电检查
		3) 泵运行检查
		① 泵启动前检查
		② 离心泵初始运行
3	热交换器	(1) 安全措施
		(2) 外观检查
		(3) 测试步骤
		(4) 运行检查
4	水平衡调试	(1) 安全措施
		(2) 测试步骤
		1) 水系统平衡和流量检查
		2) 旁通水阀调节

主要设备测试以及设备性能验证　　　　　　表 8-4

设备/系统		检查和测试项目
1	水泵	(1) 安全措施
		1) 性能测试
		2) 控制功能测试
		3) 传感器测试
		4) 安全测试
		5) 证明测试数据与产品性能相符
		(2) 系统运行测试
		1) 连续运行
		2) 保证设备的高效和稳定
		3) 变频运行调试
2	风机	(1) 性能测试
		(2) 控制功能测试
		1) 传感器测试
		2) 安全测试
		3) 证明测试数据与产品性能相符
		(3) 系统运行测试
		1) 持续运行
		(4) 保证设备的高效和稳定
3	冷却塔	(1) 性能测试
		(2) 控制功能测试
		1) 传感器测试
		2) 安全测试
		3) 证明测试数据与产品性能相符
		(3) 系统运行测试
		1) 持续运行
		(4) 保证设备的高效和稳定
4	冷水机组	(1) 性能测试
		(2) 控制功能测试
		1) 传感器测试
		2) 安全测试
		3) 证明测试数据与产品性能相符
		(3) 系统运行测试
		1) 持续运行
		(4) 保证设备的高效和稳定

设备/系统		检查和测试项目
5	热交换器	（1）性能测试
		（2）控制功能测试
		1）传感器测试
		2）安全测试
		3）证明测试数据与产品性能相符
		（3）系统运行测试
		1）持续运行
		（4）保证设备的高效和稳定
6	AHU	（1）性能测试
		（2）控制功能测试
		1）传感器测试
		2）安全测试
		3）证明测试数据与产品性能相符
		（3）系统运行测试
		1）持续运行
		（4）保证设备的高效和稳定
7	PAU	（1）性能测试
		（2）控制功能测试
		1）传感器测试
		2）安全测试
		3）证明测试数据与产品性能相符
		（3）系统运行测试
		1）持续运行
		（4）保证设备的高效和稳定
8	风机盘管	（1）性能测试
		（2）控制功能测试
		1）传感器测试
		2）安全测试
		3）证明测试数据与产品性能相符
		（3）系统运行测试
		1）持续运行
		（4）保证设备的高效和稳定

8.1.2 调试流程简介

依据调试服务内容和新建建筑暖通空调系统的特点，将调试工作分为 5 个主要阶段：

（1）试运行前的机械形式检查阶段；

（2）设备的单机试运转阶段；

（3）单机设备和系统性能测试阶段；

（4）系统的调整和平衡阶段；

（5）自控验证和综合性能测试阶段；

五个主要阶段的流程关系如图 8-1 所示：

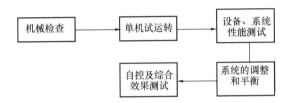

图 8-1　Cx 工作 5 个阶段流程图

Commissioning 工作可以包括，但不局限于以下工作内容，其过程简要描述如下：

（1）编制调试计划；

（2）评审承包商提交的资料；

（3）与调试团队召开调试会议以评审调试计划及时间表；

（4）确定设备启动及测试日期并纳入施工计划表中；

（5）评审安装过程及功能预检表；

（6）评审启动程序并见证设备启动；

（7）评审承包商及独立的第三方测试报告；

（8）制定并评审功能测试、验证程序及程序的实施；

（9）进行系统的功能性性能测试以验证是否满足设计意图；

（10）评审操作及维护手册的要求；

（11）评审操作及维护人员的培训程序；

（12）编制系统操作手册；

（13）编写最终调试报告；

（14）编制季节功能性性能测试时间表并汇报最终结果。

组建现场工作小组，成为业主工程项目管理重要的组成部分，建立图 8-2 所示的调试工作流程图，并明确相关单位的调试工作内容和责任。

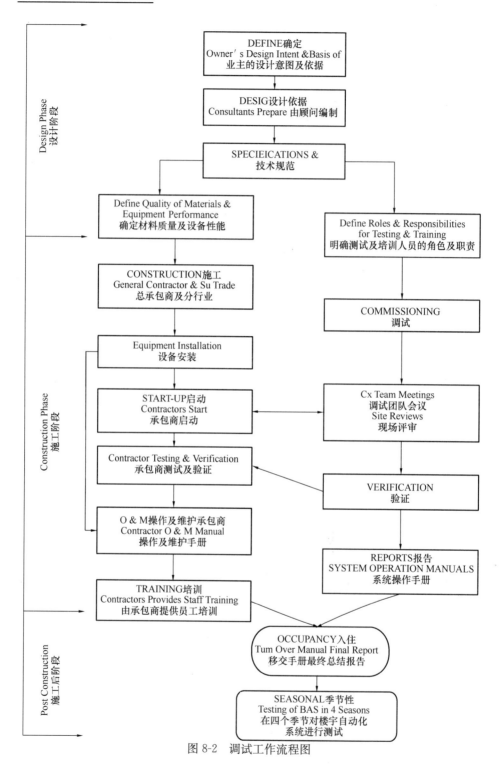

图 8-2　调试工作流程图

8.2　广州某酒店机电系统 Commissioning

8.2.1　工程概述

某超高层建筑位于广州市珠江新城 CBD 新中轴线上，是广州新建的集超甲级写字楼、公寓、高档商场、白金五星级酒店于一体的新地标式建筑。

该高端星级酒店夏季空调冷源采用电制冷冷水机组。机房设置 3 台额定制冷量 2110kW 的水冷离心式冷水机组（其中 1 台为带热回收模式的机组）和一台 1055kW 的水冷螺杆式冷水机组。冷冻水供回水温度为 7℃/12℃，冷却水供回水温度为 32℃/37℃。冷冻水系统采用冷水机组侧一次泵定流量、用户侧二次泵变流量的方式。

末端水系统分客房区和公共区两个区域。客房区总体为同程式系统，公共区为异程式系统。其中空调冷源系统主要设备有冷水机组、冷冻水泵、冷却水泵、冷却塔、膨胀水箱、补水泵等。系统采用大小搭配的方式，配有：

(1) 三大（2用1备）一小共 4 台冷水机组；

(2) 三大（2用1备）两小（1用1备）共 5 台一级冷冻泵；

(3) 3 台二级变频冷冻泵（2用1备）；

(4) 三大（2用1备）两小（1用1备）共 5 台冷却泵；

(5) 两大一小共 3 台冷却塔。

冬季空调热源为 3 台燃气热水锅炉，通过板式换热器提供大楼内的空调热水。热水锅炉提供的 85℃/65℃ 的热水，经由 2 台板式换热器后提供 50℃/40℃ 的热水。除过空调热水外，热水锅炉也为酒店的生活热水、空调热水、泳池用热等提供热源。热源系统主要设备如下：

(1) 单台热容量为 1900～2150kW 的热水锅炉 3 台；

(2) 三用一备共 4 台热水循环泵；

(3) 锅炉配套节能器；

(4) 最大软水制造单缸处理能力 1m³/h 的双缸软水器，一组双缸，一用一备；

(5) 一用一备水处理加压泵；

(6) 有效容积 1.5 m³ 的不锈钢补水箱。

冷热源系统原理图如图 8-3，图 8-4 所示：

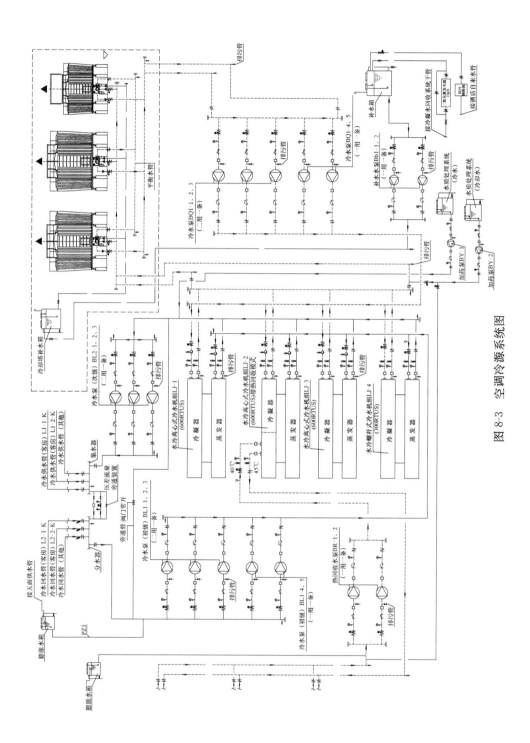

图 8-3　空调冷源系统图

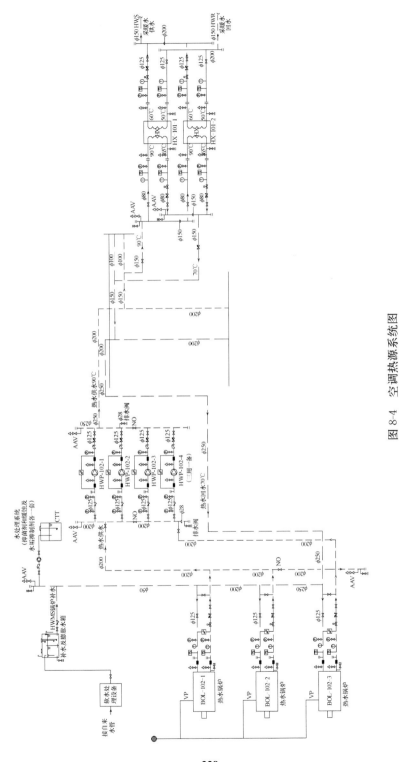

图 8-4　空调热源系统图

8.2.2　调试存在问题与解决

1. 排污泵控制与运行

（1）问题描述

地下污水集水坑内部的设计意图是 2 台污水泵的控制采取分段投入运行，并能够实现主备泵自动交替轮换运行（或自定时轮换交替运行）。当液位达到 1000mm 时，启动 1 台排污泵，当水位达到 1100mm 时，启动 2 台泵并发出报警信号。当水位降至 300mm 停止水泵运行。

但调试过程中发现随着集水坑污水水位不断升高，到达 1000mm 水位后 2 台排污泵同时排水，当水位降低至 300mm 水位后 2 台排污泵同时停止运行。同时还出现频繁报警的现象。集水坑排污系统图如图 8-5 所示。

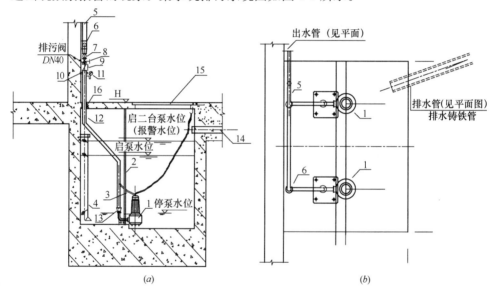

图 8-5　集水坑排污系统图

（a）排污系统剖面图；（b）排污系统平面图

1—潜污泵；2—自动耦合装置；3—电源线缆；4—液位自动控制装置；5—总排水管；6—法兰；7—可曲挠橡胶接头；8—闸阀；9—球形污水止回阀；10—法兰；11—压力表；12—单泵出水管；13—异径管；14—排水管；15—井盖；16—钢套管

（2）原因分析

1）超高报警水位的设置与 2 台泵启动运行的水位相同。导致污水量较大时段 2 台泵的启动运行和报警同时动作；

2）排污泵的 1 台泵运行和 2 台泵运行水位差为 100mm，而水位浮球阀的直径为 150mm，较小水位差和较大的浮球在污水量较大的时段容易引起报警。

（3）解决方法：

1）重新设置液位线：液位达到 300mm 水泵停止，液位达到 800mm 时启动第一台排污泵，达到 1200mm 启动第二台排污泵，达到 1400mm 超高水位报警，污水集水坑排水管的水位高度为 1500mm；

2）更换浮球：重新购置 100mm 的浮球用以替换 150mm 浮球，减小因浮球直径过大而造成的影响。

（4）整改效果

完全能够实现设计意图，且超高水位报警运作正常，不再频繁报警。

2. 风机盘管系统

（1）问题描述

客房区及后勤办公室采用四管制风机盘管加新风系统。在调试中发现的问题如下：

1）风盘出风口处的铝扣板吊顶结露现象普遍；

2）大部分房间偏热，有的温度达到 29～31℃，无法达到设计要求；

3）风盘运行中噪声较大，且伴有振动现象，无法达到设计要求；

4）凝结水盘的凝结水溢出，弄湿吊顶。

（2）原因分析

1）装修时，风盘的送风管与送风口之间连接不紧密，留有很大的缝隙。且送风口安装有较细密的过滤网，导致经过风盘处理的冷风送到吊顶内，在送风口附近的铝扣板上形成结露现象；

2）房间温度过高，原因有以下几种：

①温控器和冷热水阀执行器的信号线接反，导致部分房间内温度超出设定值后仍然送热风；

②冷热水阀的执行器和阀杆在安装时未夹紧，导致执行器虽然动作，但阀门未打开；

③为了改善施工阶段的工作条件，风盘在防护不完善情况下投入运行，导致冷热盘管翅片之间的缝隙被厚厚的灰尘堵塞，送风量偏小，达不到风盘的额定风量要求。并且降低了盘管的换热效率，导致风盘送风温度偏高；

④未按照国家标准图集设计风盘供水管的 Y 型过滤器。施工阶段管道的冲洗和运行期间的水质均影响着风盘的热交换性能。现场调试中电磁二通阀和盘管被堵塞的现象普遍存在。

⑤为了保证装修效果，天花上风盘的回风口被取消或封堵，导致送风量偏小，室内气流组织很差。

3）为了改善施工阶段的工作条件，风盘在防护不完善情况下投入运行。风盘的风机叶片和轴承上不均匀的积累了大量的灰尘，在高湿气候下污垢造成风机运行时振动和噪声；

4）凝结水盘的凝结水溢出的原因如下：

①部分凝结水排水管由于管道排布不合理，出现坡向错误；

②风盘的凝结水盘积累了大量的灰尘，和凝结水混合后形成糊状物堵塞凝结水排水管。

（3）解决方法

1）封堵送风管和风口之间的缝隙；

2）其他处理方法包括：①正确调整控制信号线；②改善施工质量，夹紧阀杆；③清洗风盘的冷热盘管；④由于增加 Y 型过滤器的方案未通过，因此采取清理堵塞、按要求重新冲洗全部管路、立即完善空调冷水和热水的水处理系统，并投入运行等措施；⑤装修配合机电单位，开回风口或清理封堵的风口；

3）完善风盘的回风箱和回风过滤器的安装，清洗风盘的风机叶轮，更换损伤的电机；

4）整改反坡的冷凝水排水管，清理凝结水盘的糊状物，清通冷凝水排水管；

（4）整改效果

室内温度、噪声、和振动达到设计要求。风口凝结水，凝结水盘的溢水现象消失。如图 8-6 所示。

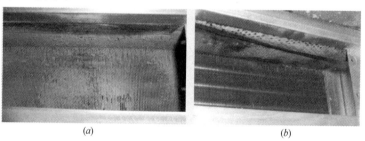

（a） （b）

图 8-6 风机盘管清洗前后对比照片

（a）清洗前；（b）清洗后

3. 冷却塔

（1）问题描述

现场设置两大一小共 3 台并联冷却塔，进水管上安装电动调节阀，而出水管未装。它们和机房的冷水机组一一对应运行。实际调试过程中发现如下问题：

1）冷却塔为上大下小的倾斜式填料塔，在风机开启时没有滴水现象。在节能模式下停掉冷却塔风机后，冷却水从上部填料滴落到屋面的地上，致使冷却塔周围的屋面有积水，影响了观景区；

2）冷却塔在冷却水泵启动时补水，停止运行时溢流；

3）开启一台冷水机组和一台冷却塔时，冷水机组时常报警。

（2）原因分析

1）此问题属于冷却塔设计问题。建议厂家加装滴水拦截装置，或调整冷却塔填料的倾斜角度；

2）冷却塔的积水盘太小。①当投入运行时，上部的冷却水还未脱离冷却塔填料时，下部积水盘水位下降引起补水；②冷却水泵停止运行时，塔填料上的水量远大于积水盘的容积，导致溢流；

3）冷却塔布水器制造不合理。从现场实际情况看，冷却塔的布水槽设计有加强筋，加强筋将布水槽分成了5格，冷却水管接至中间一格。但加强筋的高度约为30mm，导致在最外侧2格没有水。较高的加强筋影响了冷却水布水的均匀性，进而影响了冷却塔的冷却效率。即便是2台大泵开启时，在积水盘上测得冷却水的温度相差1~2℃。

（3）解决方法：

1）厂家对布水槽（器）的安装角度进行了调整，使其向填料内侧倾斜，减少填料外侧的水量；

2）增大积水盘的容积；

3）反向设置加强筋，使得布水槽（器）布水均匀如图 8-7 所示：

图 8-7　冷却塔布水不均

（a）布水槽加强筋、引起布水不均；（b）冷却塔填料上布水不均；（c）冷却塔填料上布水不均

4. 厨房通风设计与运行控制问题（一）

（1）问题描述

酒店的预备总厨房设置在地下一层。设计意图为：采用风机盘管加新风的空调系统；采用1台排风机负责该区域3个烟罩的排风与厨房辅助功能间的排风；设有单独的排烟风机负责该区域的火灾排烟；采用1台补风机负责该区域平时的烟罩补风和火灾时的排烟补风。平时运行时，开启新风机、排油烟风机和补风机；火灾时，开启排烟风机和补风机。实际调试过程中发现：

1）厨房补进大量室外未处理新风，房间较热；

2）厨房有串味现象；

3）风口处结露现象严重，详见图8-8。

（a）   （b）

图8-8　风口结露现象

（a）风口附近吊顶结露；（b）风口结露

（2）原因分析

该系统设计不能满足多种工况的运行模式。

1）该补风系统平时负责烟罩补风，火灾时兼做排烟补风。由于补风量和补风区域的不同，需要开设多个补风口。现场发现火灾排烟补风口没有安装电动密闭阀，将室外未经处理的大量热空气补入厨房区域，导致厨房舒适性差；

2）该区域的补风机未能与烟罩联动。烟罩停止运行时，不能保证厨房的负压，出现串味；

3）补风系统未经处理，室外的热湿空气进入厨房区，在风机盘管的送风口产生大量的冷凝水。

（3）解决方法

1）将补风机改为变频风机，以满足平时烟罩补风，火灾排烟补风2种运行模式下的补风量；

2）火灾补风与平时补风的补风口设置电动密闭阀，并确保能够相互正确切换；

3）减少由室外补入厨房区域未经处理的大量热空气，提高厨房的舒适性；

4）补风进行预冷或降温处理。

5. 厨房通风设计与运行控制问题（二）

（1）问题描述

该高层星级酒店的塔楼相邻的3层设置多个厨房，设计意图为：空调采用风机盘管加新风系统；厨房的烟罩按区域划分为若干个排油烟系统并设置相应的排风机引至排风管井。因管井竖向较高，在排风出口处加设两台大型排风机。每层厨房的排油烟系统设置相应的补风系统，所有的补风系统共用一个补风管井。实际调试及运行使用时发现：

1）中餐厨房烟罩区附近的风机盘管送风温度偏高；

2）厨房的补风量未达到设计风量，厨房的负压过大，导致厨房门无法关闭；

3）与之相连的中庭以及与中庭相连通的客房区走廊偏热。

（2）原因分析

1）中餐厨房采用风机盘管加新风的空调系统形式，风机盘管的制冷能力在初期能满足要求。但运行一段时间后，由于中餐的油烟在盘管上形成污垢，必然会降低风机盘管的制冷效果，导致送风温度偏高；

2）实际施工时，因空间有限，导致原设计 2600mm×700mm 的管井缩小为 1500mm×500mm，加之天花内部的管路弯头较多，导致系统阻力加大；同时，多个补风机并联，共用一个管井时，风机的入口和出口效应也增加了管路的阻力，导致送风量不足；

3）由于厨房的补风量未达到设计风量，厨房的负压过大，导致厨房门关闭不严。并大量抽取中庭的冷风，破坏中庭的气流组织，导致中庭以及与中庭相连通的客房区走廊偏热；

4）环形走廊装有射灯 118 个，每个 36W，负荷 4248W/h；T5 型灯管约 30 个，每个 28W，负荷 840W/h，合计 5088W；走廊设有新风送风口 6 个，每个风口的送风量为 100m³/h；实测送风温度为 15.6℃，制冷量为 1697W/h；走廊由于精装设计了过多的灯光负荷，而空调专业对此情况估计不足。

（3）解决方法

1）中餐厨房的空调采用风机盘管属于设计通病。风机盘管的回风改从走廊引进的方案已经无法实现，只能当实际使用效果下降时清洗或更换盘管；

2）厨房补风和中庭偏热的解决方法：

①在现有的运行条件下，扩大补风管井的截面积增加厨房的补风已经无法实现，可采用在设备层开洞，将下一层的补风机与之相连接。这样管井只负责剩余 2 层厨房，既缓解了厨房补风不足，降低了负压，又减少了抽取中庭的冷风，改善了中庭的气流组织，降低了与中庭相连通的客房区走廊的温度；

②基于施工的困难,可采用改变中庭气流组织模式。在设备层和屋顶加装新风处理机组,并在厨房的适当位置开补风口,将中庭的上升气流模式改为下降气流模式。既满足厨房补风,又解决与中庭相连通的客房区走廊偏热问题;

③将射灯更换为功率较小的 LED 灯具,既减小走廊空调冷负荷,又节约用电。

6. 洗衣房通风设计与运行控制问题

(1) 问题描述

该星级酒店的大型洗衣房位于地下二层,洗衣生产用房面积约为 350m²,层高为 3.4m。洗衣房主要的工艺设备有 7 台烘干机、1 台大型烫平机、多台各式烫衣机。

设计意图为:设置一台排风烟风两用机,风量为 40000m³/h;一台变频补风机,风量为 40000m³/h;同时为改善工作环境,还在工作区设置了风机盘管加新风系统进行岗位送冷风。其中,洗衣房的通风、工艺设备的排风与排烟系统共用管路,在运行时通过切换各风口电动阀门的开关状态,实现工艺排风与排烟的模式切换;各补风口亦通过切换实现平时补风与排烟补风的模式切换。

实际调试及运行使用时发现:

1) 洗衣房温度较高,舒适性较差;

2) 排风未达到设计风量,多台烘干机同时开启时,最小的烘干机出现排风受阻;

3) 风机盘管送风口均结露。

(2) 原因分析

1) 洗衣房补入大量未处理的室外新风;

2) 多台工艺设备的排风系统与房间的机械排风系统未设置独立的系统,而排风机为定频运行,与实际排风要求不太匹配;

3) 工艺排风不能与补风系统联动运行;

4) 由于风机盘管送风口处温度过低,而补风量过大且未冷处理,导致送风口结露严重。

(3) 解决方法

1) 对补风进行预冷或降温处理;

2) 因排风管排风温度较高,员工经过时感觉很热,通过将排风管保温,减少对人体的热辐射;另外建议对洗衣房所有的水管和风管进行保温或保冷,避免传热或结露现象。

3) 对各种烫衣机处采用岗位排风,及时排除余热余湿;

4) 将空调送风口改为木质风口或低温送风口。

8.3 北京某酒店机电系统 Commissioning

8.3.1 工程概述

某高端星级酒店位于北京一商圈核心区域。该酒店的空调风系统主要分为四种形式：

（1）风机盘管加新风系统：用于酒店管理办公区及客房。该区域均采用天花吊顶的卧式暗装风机盘管对室内温度进行调节。气流组织采用上送上回形式，送风根据房间的吊顶形式采用侧送风或下送风。

（2）全空气定风量系统：酒店大堂、休息厅、健身俱乐部、大宴会厅等大空间均采用一次回风单风机定风量系统。送风一般采用顶棚下送、侧送风等方式。

（3）全空气变风量系统：餐厅、零售店、会议室、等功能区均采用一次回风单风机变风量系统，内、外区分设末端装置，且外区末端设加热盘管。

（4）电话机房、消防控制中心则采用独立的分体式空调系统。

客房区的新风机组数量较多，系统新风量较大，中庭的排风通过热交换器与新风进行热量交换，对新风进行预冷处理。

该酒店的空调冷源系统采用电制冷冷水机组。系统配备 3 台额定冷量 800USRT 的水冷离心式冷水机组（其中一台为变频机组）。冷冻水供回水温度为 7℃/12℃，补水采用软化水。冷却水供回水温度为 32℃/37℃，水处理有加药装置，补水则采用自来水。空调冷冻水系统采用二次泵变频、四管制异程系统的供水方式。

冬季空调热源来自市政热力站，通过板式换热器提供酒店区的空调热水。同时，为保证系统可靠，另配置了两台热水锅炉提供的 95℃/70℃ 的热水作为备用。热源经由板式换热器热交换后提供 60℃/50℃ 的热水。除过空调热水外，热水锅炉也为酒店的生活热水、空调热水、泳池用热等提供热源。酒店的大堂、游泳池和客房的卫生间除了空调系统供热外，还配备地板采暖系统作为辅助供暖，系统图见图 8-9。

（1）3 台冷水机组（其中一台变频）；

（2）4 台（三用一备）冷冻水一次泵；

（3）4 台冷冻水变频二次泵（三用一备）；

（4）4 台（三用一备）冷却泵；

（5）6 台冷却塔（1 台冷却水泵对应 2 台冷却塔）。

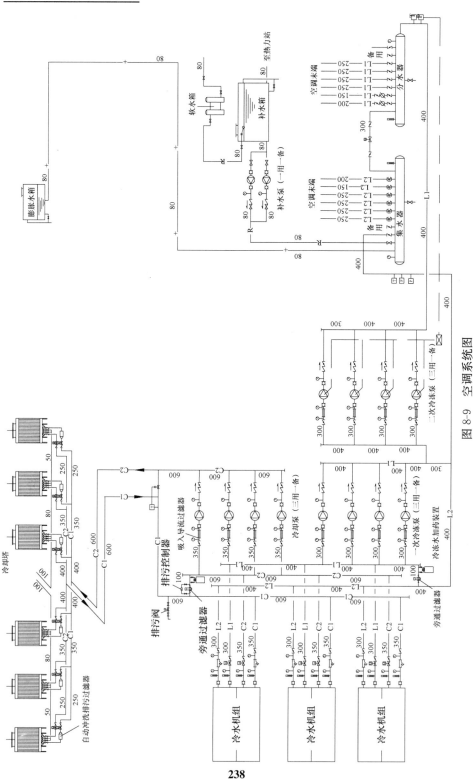

图 8-9 空调系统图

8.3.2 存在问题与解决

1. 百叶的设置与空调出风气流组织问题

（1）问题描述

宾馆某区域，空调的风管设置在吊顶内，采取侧送形式的格栅式出风口。但在调试过程中发现：

1）当空调运行时，吊顶天花有结露滴水情况。当调高温度时仍然不能有较大的改善，同时滴水严重；

2）室内风口送风不均匀，局部区域吹风感明显。

（2）原因分析

1）装修时，空调系统的送风管与装修的送风口之间连接不紧密，留有很大的缝隙。导致冷风送到吊顶内，在送风口附近的铝扣板上形成结露现象；

2）格栅式风口不具备调节功能，导致室内气流组织不均匀。

（3）解决方法

1）封堵送风管和风口之间的缝隙，避免吊顶天花与室内温差过大，形成结露；

2）更换格栅风口为双层百叶风口，调节百叶的导流方向，使气流组织均匀，消除局部的吹风感。

（4）整改效果

空调系统运作正常，室内有较好的舒适度，且风口不再出现结露滴水现象。

2. 风管保温的问题

（1）问题描述

该酒店发电机的排烟风管设置在穿过某区域的天花上，排风口接至玻璃幕墙。在调试过程中发现，通过的该区域天花的排烟风管内部出现结露滴水现象。

（2）原因分析

1）发电机的排烟风管未作保温处理；

2）且设置在室外的排烟口也未采取关闭措施；

3）风管的咬口边在底部。

该区域采用天花回风的风机盘管加新风空调形式，活动天花内的温度低于室外空气的露点温度时，室外热空气进入排烟风管，热传导造成在该区域排烟管的内表面出现结露现象，并导致凝结水泄漏到天花上；同时在该区域风管的外表面也产生结露现象。

（3）解决方法

1）对发电机的排烟风管进行外保温处理，防止外表面结露。同时将天花回风整改为管道回风并进行回风管保温；

2）在排烟风管在外墙上的排烟风口安装自垂式百叶或电动密闭阀（电动密闭阀与发电机联动），避免室外热空气进入风管内形成凝结水。

3. 区域冷热不均问题

（1）问题描述

该酒店客房区成片出现房间噪声较大，影响客人休息。部分房间实测噪音数据如下，见表 8-5：

实测噪声数据　　　　　　　　　　　　　表 8-5

房间编号	1105	1112	1115	1506	1513	1501	1418
安装风盘中档风量（m³/h）	765	765	765	765	765	1650	1350
实测噪声值（dB（A））	39	40	42	39	41	44	43

（2）原因分析

从上表中可以看出：所有房间的噪声均超过国家标准规定的上限(35dB(A))。

1）风机盘管吊杆没有按照国家标准图集施工，缺少弹簧垫片、橡胶垫片等减振材料，隔声减振不达标，见图 8-10；

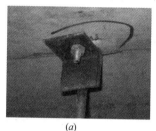

(a)　　　　　　　　　　　　　　　(b)

图 8-10　整改前的安装图片
（a）吊杆未采取减振措施；（b）吊架未采取减振措施

2）风机盘管的风机在施工阶段即投入运行，风机叶片积灰严重，导致风机偏离重心运行，磨坏轴承；

3）送风口装饰格栅过于密集，引起气流噪声。建议更换为能调节的风口。

（3）解决方法

1）严格要求国家标准图集施工，见图 8-11；

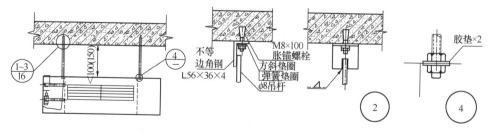

图 8-11　01（03）K403 风机盘管安装要求

240

2）更换风机轴承，清洗叶片，必要时清洗整个风机盘管；

3）更换送风口格栅。

（4）整改效果

室内有较好的噪声控制水平，客人基本不再抱怨和投诉。部分房间整改后的实测噪音数据如下，见表 8-6：

<table>
<tr><td colspan="8" align="center">改造后测试数据</td><td align="right">表 8-6</td></tr>
<tr><td>房间编号</td><td>1105</td><td>1112</td><td>1115</td><td>1506</td><td>1513</td><td>1501</td><td>1418</td></tr>
<tr><td>安装风盘中档风量
（m³/h）</td><td>765</td><td>765</td><td>765</td><td>765</td><td>765</td><td>1650</td><td>1350</td></tr>
<tr><td>实测噪声值
（dB（A））</td><td>33</td><td>35</td><td>33</td><td>34</td><td>32</td><td>34</td><td>33</td></tr>
</table>

4. 酒柜制冷问题

（1）问题描述

该酒店西餐厅工作人员多次反映该餐厅酒柜的制冷效果很差。

（2）原因分析

精装专业与机电专业缺少沟通，一味追求装修效果，把餐厅酒柜空调的室外机安装在室内密封竖井里，只在一面墙上左右安装两条百叶通风。这样不仅把室外机的热量散到空调区域，还严重影响室外机的通风散热，导致酒柜空调的运行不正常，见图 8-12。

图 8-12　酒柜空调

（3）解决方法与效果

通过与业主和精装公司协商，最终把酒柜空调的室外机移至设备层安装，基本满足了其通风散热需求。

8.4 北京某办公楼变风量空调系统诊断调试

8.4.1 工程概述

1. 建筑及空调系统概况

该建筑位于北京金融街中心区域，总建筑面积约为 37000m²，地下 3 层，地上 17 层。

夏季供冷冷源为位于地下 2 层、与 F2 地块的 A 座和商业建筑共用的冷冻机房，设有两台离心式制冷机组（1000RT）和一台离心式制冷机组（700RT），总制冷量为 9500kW，夏季提供 5.6/13.3℃ 的冷冻水，主供水管经过分水器后分为三路，分别为 A 座、B 座和商业建筑供冷。其中，建筑 B 座需要供冷的设备分为三大类：地下 1 层和顶层的新风机组、1～17 层的组合式空调机组的冷冻水盘管和部分区域的风机盘管机组。

冬季供热热源为位于地下 2 层、与 F2 地块的 A 座和商业建筑共用的热力站，由市政热网提供 110/70℃ 热水，经过板式换热器换热后，提供 60/50℃ 热水，主供水管经过分水器后分为三路，分别为 A 座、B 座和商业建筑供热。其中，建筑 B 座需要供热的设备分为三大类：1 层大厅地板辐射采暖盘管、1～17 层的组合式空调机组的热水盘管和 VAV BOX 的再热盘管。

（1）空调水系统

空调机组水系统采用四管制系统，供热和供冷分别供给。根据建筑的使用功能，水路分为 A 座、B 座和商业建筑三个环路。

空调水系统管路为异程式，空调机组、新风机组处设 STAP 压差控制阀，空调水立管各层分支处设 STAP 压差控制阀。

（2）空调末端系统

该建筑采用全空气变风量系统。分别在地下 1 层和 19 层设两个新风机房，每个机房内设新风机组一台。夏季新风经过集中处理至 10℃ 后送入每层的空调机房，一次风送风温度为 9℃。末端采用串联式风机动力箱。冬季新风不加热，经过新风机组后送入新风竖井，直接在各层空调箱处与回风混合，设计一次风送风温度为 11℃。末端采用串联式风机动力型末端装置，外区带加热盘管，冬季办公区的空调机组采用蒸汽加湿。

2. 建筑系统存在的问题

该建筑已运行近两年，在实际运行过程中主要出现的问题为：

（1）夏季大多数区域偏热，尤其是西南角位置，最高温度可达 28℃；

（2）控制系统的调控功能较差；

（3）冬季供暖一层大堂温度偏低，不能满足实际使用要求；

（4）冬季供暖局部区域冷热不均，温度调控性较差。

为了解目前该建筑 B 座空调系统的实际运行情况，同时进一步诊断出该建筑空调系统潜在的一些问题，为今后的调试和改造提供依据，业主委托中国建筑科学研究院空气调节研究所对其空调系统性能进行测试，并根据测试结果，分析系统目前存在的问题，提出空调系统诊断意见，并根据诊断建议提供相应的改造和调试方案。

8.4.2　项目诊断与调试概述

根据委托方反映的问题、现场初步检查的情况、对图纸初步了解和以往类似工程的经验，计划针对目前发现的问题进行测试和诊断，以发现造成问题的原因所在，并进一步改进，为夏季空调系统的调试做好准备。测试诊断内容按照合同的约定应包括以下项目：

（1）冷冻水循环系统测试诊断

1）A 和 B 楼系统总流量测试；

2）20 台组合式空调机组冷冻水流量测试。

（2）组合式空调机组性能测试

1）送风温度；

2）新风温度；

3）回风温度。

（3）供暖热水系统

1）板式换热器后 B 楼供热总流量（共 1 个测点）；

2）地板采暖供热总流量和温差（共 1 个测点）；

3）各层供热热水流量平衡性（共 17 个测点）；

4）组合式空调机组供热热水流量（抽测 17 台，共 17 个测试点）

（4）抽测典型层共 60 台末端变风量（VAVBOX）送风温度

（5）一层大堂的送风量、送风温度和室内外压差测试

（6）典型层末端再热盘管流量测试（抽测 10 个典型层）

（7）典型层末端控制逻辑校验（抽测 10 个典型层）

8.4.3　诊断调试过程

B 座空调系统测试诊断与调试工作于 2009 年 12 月 21 日开始，至 2011 年 3 月 15 日结束，中间经历了四大阶段，依次是冬季工况现场测试与诊断阶段、夏

季工况现场测试与诊断阶段、夏季工况现场调试阶段和冬季工况现场调试阶段。通过这四个阶段的工作，对空调系统进行了全面的测试和诊断，该建筑物业管理中心工程部的工程师积极参与对发现问题的整改工作，有利于调试工作的开展。调试过程中，由于前一家自控维保厂家配合工作的问题，造成夏季调试工作的延迟。在冬季调试期间，由于新自控维保厂家的积极配合和努力工作，保证了所有调试工作的顺利完成。

在测试诊断和调试阶段中发现的绝大多数问题，已经在各个阶段的工作中得到及时的处理和解决。其中，在夏季调试工作中，通过各层末端 VAV BOX 的一次风风量平衡工作，已从末端送风系统上，缓解了过去同一楼层内风量匹配差，从而引起冷热不均的问题。但 B 座空调系统的水系统属于一次水变水量系统，各层水量的需求在实时变化。在这种情况下，实际运行中应注意各楼层运行参数的设定问题，在保证室内效果的同时，尽量减少低区楼层水量的需求，这对保证高区楼层水量具有积极作用。在今后的系统运行中，需要根据大厦内各楼层实际需求情况，从运行参数上对系统进行细微调整。定期维保和检查工作，对保证系统长期运行的效率和功能，具有重要作用。

1. 冬季检查

在 2009 年 12 月 21 日至 2010 年 1 月 29 日期间对该建筑空调系统冬季供暖运行工况进行检测。检测期间，对其空调系统不作调整，在现状条件下按照实际运行情况开启空调系统，以发现空调系统运行存在的问题。检测诊断中，先测试系统和主要支路的总水流量，以及系统的新风量的情况，然后选定典型层后，分别对各典型层的空调系统进行测试，根据测试结果进行诊断分析。

2. 夏季检查

在 2010 年 6 月 1 日至 2010 年 6 月 30 日期间对该建筑空调系统夏季供冷运行工况进行测试诊断。检测期间，对其空调系统不作调整，在现状条件下按照实际运行情况开启空调系统，以发现空调系统运行存在的问题。检测诊断中，先测试系统和主要支路的总水流量，以及系统的新风量的情况，然后选定典型层后，分别对各典型层的空调系统进行测试，根据测试结果进行诊断分析。

3. 夏季调试

在 2010 年 7 月 15 日至 2010 年 9 月 30 日期间对该建筑空调系统夏季供冷运行工况进行调试。由检测调试方根据合同约定和现场具体情况，编写调试方案和进度安排，由各个调试参加单位达成统一后，按照调试方案与进度开展具体调试工作。

根据系统的构成，调试工作主要包括以下两方面的工作：

（1）空调冷冻水系统联合调试

第一步：测试空调机组的水流量，确定压差控制阀是否达到设计要求和正常工作，确定电动调节阀是否正常工作。包括：

1）经过压差控制阀的流量是否达到设计要求；

2）压差控制阀是否正常运行。

第二步：通过检查自控系统，确定自控系统的运行状态是否正常，逻辑关系是否合理。判断电动调节阀的开度和送风温度的设定值以及送风温度的测量值之间的关系是否正确。

第三步：在上述过程完成后的基础上，对各层冷冻水支路进行水力平衡调试。

（2）变风量系统的联合运行调试

第一步：检查空调系统的自控系统，对存在问题的空调机组进行调试，确保空调机组正常运行。对空调机组的送风量进行抽测，确保空调机组的送风量达到设计要求。

第二步：通过自控系统，调节系统定压点，确定合理静压设定值。确保空调机组的频率和定压点的设计值及测试值之间的逻辑关系正确。通过支路的 VAV BOX 的一次风阀，使最末端的 VAV BOX 一次风量达到设计要求的一次风量，确定系统定压点的静压值。

第三步：通过自控系统，调试 VAV BOX 的一次风量，确保 VAV BOX 的一次风量和室内温度的设定值、室内温度的测试值及一次风阀的开度的逻辑关系正确。

（3）调试过程小结

本项目夏季工况调试工作按照制定的调试工作计划开展。开展工作的思路为：首先从在夏季工况下问题较大的楼层开始调试，以集中发现系统中存在的问题，随后集中汇总解决问题，并对其他楼层进行调试。因此，根据该项目多年的运行情况和租户的反馈，首先对整层偏热的 20 层进行调试，随后对南侧偏热的 7 层进行调试。发现问题后，将解决问题的策略和措施扩展到其他楼层，可以有效提高调试效率。

4. 冬季调试

本项目冬季工况调试工作按照制定的调试工作计划开展。开展工作的思路为：针对测试过程中发现的关于 VAV BOX 一次风量测试不准确的问题，通过现场实测整定的方法，最大限度的解决该问题，并验证该问题解决的实际情况。首先，选取标准层进行测试，确定修正一次风量偏差方法的可行性，得出统一的修正方法；随后在其他楼层进行修正并进行相应的调试，最后对实际效果进行长时间的验证并修正。具体调试工作的计划为：

根据夏季调试发现的问题，有针对性地对自控系统进行调试。

调试前，发现目前自控软件系统中关于 VAV BOX 一次风量的计算程序中，没有找到可以用于修正的方法，必须按照现场设备整定的流程对一次风量进行校准。因此根据调试小组的讨论结果，计划以 7 层作为典型层，按照区域划分，整定部分 VAV BOX 的一次风量，以观察结果，找出修正系数 k-factor 的规律，确认该方法能否扩展到整层和整栋楼的可能性。

第一步：按照之前确定的方案，对所有楼层的 VAV BOX 的 k-factor 进行修正，并对修正后各 VAV BOX 一次风阀的控制情况进行检查。

由于现场实际情况的限制，无法对全楼所有 VAV BOX 进行逐台整定，因此，以 7 层为标准层，根据方位确定 6 个区域，在 6 个区域内选定部分 VAV BOX 进行整定，以实测 k-factor 的平均值作为该区域所有 VAV BOX 的修正值，并将此方法扩展到所有楼层。

按照该方法对 k-factor 进行修正后，经过对楼控系统的监测可以发现，修正前约 90％的 VAV BOX 一次风阀长期保持开度 100％，不具备调整功能；修正后，虽然无法保证一次风测量精度能达到逐台整定的要求，但依然能保证约 90％的 VAV BOX 一次风阀开度低于 100％，具备相应的控制功能。

再次验证外区再热水阀的受控状态，分两种工况：最大设定温度工况和最小设定温度工况。

对热水系统进行水力平衡调试。

根据之前冬季和夏季诊断和调试的结果，VAV BOX 的控制逻辑基本正确，主要功能都可以实现。因此本阶段调试后能实现大部分 VAV BOX 一次风阀的可控性，基本能够达到变风量系统根据室内负荷变化进行自动调节的功能。

第二步：监测第一步完成后的效果，通过监测 VAV BOX 实际运行情况，对部分控制功能不能良好实现的设备进行局部范围内的调整。

第三步：根据租区内实际人员和设备的分布密度情况、冷热负荷需求情况，对 VAV 系统进行局部调整。

8.4.4　诊断调试结果

1. 水量平衡调试和控制调试结果

冷冻机房 A 座、B 座和商业建筑主支管路的水流量测试结果见表 8-7、表 8-8 所示，各主支管路位置流向示意见图 8-13 所示。

各主支管路水流量测试结果　　　　　　　　　　表8-7

序号	名　　称	流量（m³/h）		管　径
		设计值	实测值	
1	总流量	1043	900	DN500
2	A座	445	350	DN300
3	B座	444	350	DN300
4	商业建筑	154	200	DN250

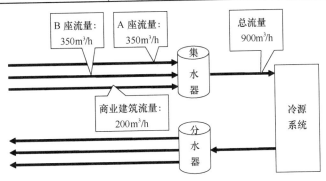

图8-13　各主支管路流量流向示意图

水力平衡调试二次验证后数据　　　　　　　　表8-8

楼层	额定流量（m³/h）	调试前（m³/h）	调试后（m³/h）	备　注
一层	13.0	17.9	14.3	—
二层	12.8	0	10.5	—
三层	21.3	20.1	17.4	—
五层	21.3	28.2	17.1	—
六层	21.3	25.0	18.0	—
七层	21.3	30.2	18.1	—
八层	21.3	10.8	17.5	—
九层	21.3	21.5	17.6	—
十层	21.3	26.7	17.1	—
十一层	21.3	31.2	29.0	缺供水管毛细管
十二层	21.3	20.5	16.8	—
十五层	21.3	23.0	17.2	平衡阀故障，无法调节
十六层	21.3	23.6	17.6	—
十七层	21.3	21.1	17.5	—

续表

楼层	额定流量 (m³/h)	调试前 (m³/h)	调试后 (m³/h)	备 注
十八层	21.3	26.6	18.4	—
十九层	21.3	24.1	16.5	—
二十层	14.1	12.8	15.0	—
地下一层新风机组	120.8	72.5	90.0	—
顶层新风机组	107.0	43.0	42.0	2个冷冻盘管中，1个冻坏

注：1. 根据该项目在夏季工况下的实际运行策略，即每天定时开启新风机组，因此相对独立地对2台新风机组水量进行调整，以满足实际使用要求；

2. 顶层新风机组表冷器已于2010年8月更换。

2. 变风量空调机组的性能测试和调试结果

各层变风量空调机组的风量调试数据见表8-9：

各层AHU风量实测数据　　　　　　　　　表8-9

序 号	楼 层	设计值（m³/h）	实测值（m³/h）
1	一层	16000	9100[注1]
2	二层	15500	11000
3	三层	25400	23800
4	五层	25400	29000
5	六层	25400	25100
6	七层	25400	24900
7	八层	25400	25800
8	九层	25400	29500
9	十层	25400	24100
10	十一层	25400	25500
11	十二层	25400	25200
12	十五层	25400	23000
13	十六层	25400	21000
14	十七层	25400	26500
15	十八层	25400	21100
16	十九层	25400	27100
17	二十层	16500	17500

注：1. 一层AHU调试时，风机按照50Hz运行，回风阀、新风阀全开。

3. 变风量自控功能的测试及调试结果

变风量自控功能调试检查结果见表8-10。

变风量自控功能调试结果 表 8-10

序号	系统服务楼层	系统是否在线	空调区域控制是否正确
1	一层	在线	正确
2	二层	在线	正确
3	三层	在线	正确
4	五层	在线	正确
5	六层	在线	正确
6	七层	在线	正确
7	八层	不在线	—
8	九层	在线	正确
9	十层	在线	正确
10	十一层	在线	正确
11	十二层	在线	正确
12	十五层	在线	正确
13	十六层	在线	正确
14	十七层	在线	正确
15	十八层	在线	正确
16	十九层	在线	正确
17	二十层	在线	正确

4. 系统变风量性能的测试及调试结果

系统变风量性能调试结果见表 8-11。

系统变风量性能调试结果 表 8-11

序号	系统服务楼层	VAV BOX 是否在线	VAV BOX 控制逻辑是否正常
1	一层	除 E2-2~E2-5，E2-16 外	全部正常
2	二层	全部在线	全部正常
3	三层	除 E2-9，E2-12 外	全部正常
4	五层	除 E2-21 外	全部正常
5	六层	除 E2-14 外	全部正常
6	七层	全部	全部正常
7	八层	E1-1~E1-8	E1-1~E1-8
8	九层	除 E1-15 外	全部正常
9	十层	全部	全部正常
10	十一层	除 E2-25 外	全部正常
11	十二层	全部	全部正常

序号	系统服务楼层	VAV BOX 是否在线	VAV BOX 控制逻辑是否正常
12	十五层	除 E1-10 外	全部正常
13	十六层	全部	全部正常
14	十七层	全部	全部正常
15	十八层	全部	全部正常
16	十九层	全部	全部正常
17	二十层	除 E2-2～E2-4 外	全部正常

5. 一层大堂改造后性能验证

针对冬季一层大堂综合效果差的问题，根据此前所做的冬季工况的测试诊断工作并提交的《冬季诊断报告》中，明确指出了地板采暖系统存在的问题和新风机组运行方式的问题。委托方物业管理部门结合实际情况，制定改造方案，对相关系统进行了改造，改造项目如表 8-12：

改 造 项 目 概 述　　　　　　　　　　　表 8-12

改造项目	改造前状态	改造后状态
地板采暖供水方式	由一层供水支管上供水	直接从大楼的采暖主管上供水
地板采暖主管管径	DN32	DN50
地板采暖动力设备	无	加管道泵 1 台
新风机组运行方式	新风机组不开启；机组内设置冷冻盘管	从采暖主管上引入热水到冷冻盘管，新风机组定时开启

6. 地板采暖流量调试结果

根据上述改造项目，检测调试方对地板采暖的性能参数进行了现场测试和调试，具体调试结果见表 8-13：

地板采暖流量调试数据　　　　　　　　　　表 8-13

名　称		设计流量（m³/h）	实测流量（m³/h）	管径	备　注
地板采暖流量	改造前	3.44	1.6	DN32	—
	改造后		3.5	DN50	未开启水泵
			4.5		开启水泵

在测试过程中发现，即使在加压水泵开启情况下，地板采暖初始测试流量也仅为 $2.5m^3/h$，并未达到设计要求。经过对地板采暖各分支管路流量进行检查测试后发现，东区分支流量仅 $0.3m^3/h$，而西区分支流量为 $2.2m^3/h$。在近似的管

路阻力情况下，说明东区分支管路存在故障。在检查和检修后，发现东区分支集水器和分水器上的阀门存在开启困难的故障。在更换新的集水器和分水器后，流量恢复正常。

7. 一层大堂静压调试结果

通常上来说，根据国家标准 GB 50019—2003《采暖通风与空气调节设计规范》的规定，为了保证室内环境效果，将外界环境的影响降到最低，原则上应保证室内对外保持 5~10Pa 的正压。根据压力平衡的原则，只有当空调系统的新风量大于排风量的情况下，才能达到这种要求。

如图 8-14 所示是"烟囱效应"的原理图。冬季室内空气温度较高，受到烟囱效应的影响，必然会形成空气上浮的情况，对于 B 座这种高层建筑来说，这种情况更加严重。当然，假设在理想情况下，建筑维护结构绝对密闭，不存在任何的泄露，烟囱效应可以避免。

但整个大楼的风系统仍存在部分问题：

（1）目前 B 座无集中排风系统，无法对排风进行有组织控制，仅在卫生间设有排气扇，大楼的排风情况基本处于无法控制状态；

（2）高层区域内部分租户人为开窗行为无法控制；

（3）电梯竖井、消防通道无法避免的渗风。

在新风机组可以正常运行后，通过改变相关送风系统的运行方式，尽量加大一层大堂对室外的静压，

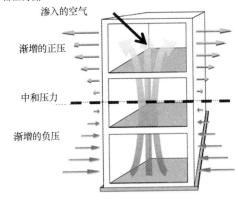

图 8-14　烟囱效应原理图

有效减少冬季工况下"烟囱效应"对大楼室内温度控制的影响。与改造前的 2009 年冬季相比，一层大堂对室外负压的问题已经得到明显改善，具体结果见表 8-14，表 8-15。

大楼对室外静压情况调试结果　　　　　　　　表 8-14

项　　目	备　　注	改造前 实测值	改造后 实测值
一层大堂静压	对西侧大门外	−9.0Pa	−4.0Pa
一层大堂静压	对东侧大门外	−9.0Pa	−4.0Pa
低区电梯厅静压	对走廊	9.0Pa	—

大楼对室外静压情况调试结果　　　　　　表 8-15

项　　目	备　　注	改造前	改造后
		实测值	实测值
顶层静压	南侧门对室外	27.0Pa	15.0Pa
顶层静压	北侧门对室外	25.0Pa	14.0Pa

建议：综合考虑各个因素的影响，在建筑中的烟囱效应是不可避免的，但可以采取一些措施，有效的降低烟囱效应对室内环境的影响。这些措施如下：

（1）加强维护结构的密封：1）一层大堂必须使用旋转门；2）加强一层大堂其他门窗的密封；3）加强顶层大门的密封；4）消防通道大门应保持常闭并加强密封；5）加强宣传，减少人为开窗现象。

（2）开启新风机组，加大一层大堂新风量。

8. 水量平衡调试和控制调试结果

热力站内 B 座的热水流量测试结果见表 8-16、表 8-17、表 8-18 所示。

B 座热水流量测试结果　　　　　　表 8-16

序号	名称	2009 年流量（m³/h）	2010 年流量（m³/h）	管径
1	B 座	155	220	DN300
备注	共 3 台热水循环泵，运行时开启 2 台水泵，运行频率维持在 30Hz，供回水压差维持 0.2MPa。			

水力平衡调试二次验证后数据　　　　　　表 8-17

楼　层	额定流量（m³/h）	调试前（m³/h）	调试后（m³/h）
一层	15.2	13.5	12.1
二层	9.7	6.6	7.5
三层	13.5	—	8.0
五层	15.2	14.7	9.5

水力平衡调试二次验证后数据　　　　　　表 8-18

楼　层	额定流量（m³/h）	调试前（m³/h）	调试后（m³/h）
六层	15.9	9.9	9.1
七层	15.9	8.0	9.4
八层	15.9	—	8.7
九层	15.9	—	8.9
十层	15.9	1.1	9.2
十一层	15.5	6.8	8.6
十二层	15.5	5.9	8.5

楼 层	额定流量（m³/h）	调试前（m³/h）	调试后（m³/h）
十五层	15.5	4.0	8.5
十六层	15.5	4.5	8.8
十七层	15.5	3.4	8.1
十八层	15.5	3.7	8.4
十九层	15.5	5.4	8.5
二十层	11.7	8.2	7.2
地下一层新风机组	—	—	29.6
顶层新风机组	—	—	43.0

注：根据该项目在冬季工况下的实际运行策略，即每天定时开启新风机组，因此相对独立地对2台新风机组水量进行调整，以满足实际使用的要求。

9. 变风量空调机组的性能测试和调试结果

各层变风量空调机组的风量调试数据见表8-19。调试后，所有VAV BOX一次风风量总和与AHU送风量之比普遍得到增大。

各层AHU风量调试结果 表8-19

楼层	调 试 前			调 试 后		
	AHU实测风量（m³/h）	一次风量总和（m³/h）	一次风量总和/AHU实测风量	AHU实测风量（m³/h）	一次风量总和（m³/h）	一次风量总和/AHU实测风量
一层	9100	4422	0.49	15984	9320	0.58
二层	11000	2345	—	13095	3247	—
三层	23800	16944	0.71	22043	16042	0.73
五层	29000	13716	0.47	22608	14285	0.63
六层	29456	19632	0.67	22695	17446	0.77
七层	25800	13717	0.53	26500	15239	0.58
八层	25800	19160	0.74	26300	21253	0.81
九层	29500	16662	0.56	26100	18197	0.70
十层	24100	16131	0.67	22840	17267	0.76
十一层	25500	13025	0.51	21400	14213	0.66
十二层	25200	15064	0.60	24800	16744	0.68
十五层	23000	9761	0.42	22182	15166	0.68
十六层	21000	10111	0.48	26285	15153	0.58

续表

楼层	调试前			调试后		
	AHU 实测风量（m³/h）	一次风量总和（m³/h）	一次风量总和/AHU实测风量	AHU 实测风量（m³/h）	一次风量总和（m³/h）	一次风量总和/AHU实测风量
十七层	26500	8041	0.30	24061	11697	0.49
十八层	21100	10472	0.50	26777	15480	0.58
十九层	27100	12686	0.47	25134	13500	0.54
二十层	17500	8322	0.48	16450	11375	0.69

注：1. 一层 AHU 调试时，风机按照 50Hz 运行，回风阀、新风阀全开。

2. 二层调试期间，大部分区域正在装修，无法调试。

10. 变风量自控功能的测试及调试结果

变风量自控功能调试检查结果见表 8-20。

变风量自控功能调试结果　　　　　　　　　　　　**表 8-20**

序 号	系统服务楼层	系统是否在线	空调区域控制是否正确
1	一层	在线	正确
2	二层	装修中	正确
3	三层	在线	正确
4	五层	在线	正确
5	六层	在线	正确
6	七层	在线	正确
7	八层	在线	正确
8	九层	在线	正确
9	十层	在线	正确
10	十一层	在线	正确
11	十二层	在线	正确
12	十五层	在线	正确
13	十六层	在线	正确
14	十七层	在线	正确
15	十八层	在线	正确
16	十九层	在线	正确
17	二十层	在线	正确

11. 系统变风量性能的测试及调试结果

系统变风量性能调试结果见表8-21。以十八层为例，具体说明调试效果。经过比较得出，调试前，十八层区域内共44台VAV BOX中仅7台处于可控状态，其一次风阀开度小于100%，不可控台数为34台，占总数的77%；而在调试后，仅1台VAV BOX一次风阀为100%，但此时一次风量接近最小设定值300m³/h，可控率已经高达98%。

另一方面，在调试前，由于绝大多数VAV BOX一次风阀全开，导致AHU送风静压较低，仅为41Pa，控制范围小，风机电机不得不全负荷运行，无法实现变频运行节能效果；而在修正后，在相同工况下，AHU送风静压已达到101Pa，提升了146%。

系统变风量性能调试结果

表8-21

序号	系统服务楼层	VAV BOX 一次风量是否准确	VAV BOX 控制逻辑是否正常
1	一层	除 E2-16、E2-17	全部正常
2	二层	装修中	全部正常
3	三层	除 E1-13	全部正常
4	五层	除 E2-21	全部正常
5	六层	全部	全部正常
6	七层	全部	全部正常
7	八层	全部	E1-1～E1-8
8	九层	全部	全部正常
9	十层	全部	全部正常
10	十一层	除 E2-17	全部正常
11	十二层	除 E2-21	全部正常
12	十五层	全部	全部正常
13	十六层	全部	全部正常
14	十七层	全部	全部正常
15	十八层	全部	全部正常
16	十九层	全部	全部正常
17	二十层	全部	全部正常

参　考　文　献

[1] FMI. "Building Commissioning Market Industry Analysis." Natioanl Energy Management Institute, Raleigh, NC. 2001.

[2] E. M. Sterling, C. W. Collett. The Building Commissioning/Quality Assurance Process in North America. ASHRAE Journal, October: 32-36, 1994.

[3] ASHRAE. (1996). "ASHRAE Guideline 1-1996: The HVAC Commissioning Process."

[4] Steve Doty. Simplifying the commissioning process. Energy Engineering, 2007. 104, 2; ProQuest Science Journals pg. 25.

[5] Maisey GE., and Milestone, B. "Total Quality Commissioning." 12th National Conference of Building Commissioning. Atlanta, 2004.

[6] Mauro FA. "Commissioning Basics for Owners." 13th National Conference on Building Commissioning, New York, 2005.

[7] Dunn WA. and Whittaker, J. "Building Systems Commissioning and Total Quality Management." ASHRAE Journal, 36(9), 37-43. 1994.

[8] PECI. Commissioning Timeline 10th National Conference on Building Commissioning, Chicago, IL. 2002.

[9] John . AH, Richard B. Casault R. The building commissioning handbook 2nd edition, APPA leadership educational facilities.

[10] Eakin D, Matta C. "What level of commissioning." Commissioning, U. S. General Services Administration, 2002.

[11] NASA. "Report on Sustainable Design, Design for Maintainability and Total Building Commissioning." National Aeronautics and Space Administration Facilities Engineering Division. 2001.

[12] Georgia state financing & investment commission, "building commissioning interim recommended guideline", sep. 2002.

[13] California commissioning guide: existing buildings, 2006 california commissioning collaboration.

[14] California commissioning guide: new buildings, 2006 california commissioning collaboration.

[15] Bert, R. "Wal-Mart Experiments with Commissioning." Cx Journal, 1(1). 2005.

[16] 槐兰兰. 空调系统 commissioning 实用评价体系的研究[D]. 河北工程大学硕士学位论文 2009.

[17] Fulin Wang, Harunori Yashida. Expeimental study on continuous commissioning a real VAV system[A]. The 4th international symposium on HVAC[C], Beijing. China, October 9-11, 2003. 959-966.

[18] Fulin Wang, H, Yoshida, K Goto. Model-based Commissioning Method for fix-plate energy recovery unit in building ventilation system[A]. Proceedings: Indoor Air 2005 [C].

2005，1132-1137.

[19] 夏春海，韩峥，朱颖心．Commissioning 在变风量改造工程中的应用[J]．暖通空调．2006，36(11)：92～98.

[20] "ASHRAE Guideline 1. 1-2007 HVAC&R Technical Requirements for The Commissioning Process"；ASHRAE.

[21] NEBB. Procedrual standards for whole building systems commissioning of new construction. The 3rd Edition，2009.

[22] ACG Commissioning Guideline 2005.

[23] A practical guide for commissioning existing building Portland energy conservation Inc,，April，1999.

[24] Amirali Shakoorian. PERFORMANCE ASSESSMENT OF BUILDING COMMISSIONING PROCESS AS A QUALITY ASSURANCE SYSTEM. Georgia Institute of Technology，May，2006

[25] Tseng PC，Harmon J. ，Edwards FC. "Commissioning and Construction Quality Control - A New Perspective on Facility Commissioning". ASHRAE Transactions，1993，99(2)，959.

[26] Dunn WA，Whittaker J. Building Systems Commissioning and Total Quality Management. ASHRAE Journal，1994，36(9)，37-43.

[27] Prowler D. Building Commissioning. //National Institute of Building Sciences. Whole Building Design Guide (WBDG)，2003.

[28] Casault R. "Third-Party Commissioning Authority? Yes，with Exceptions. " 11th National Conference on Building Commissioning，Palm Springs，CA. .

[29] Sweek T. "Non-Third Party ("Abbreviated")Commissioning：Managing Conflict of Interest. " 11th National Conference of Building Commissioning，Palm Springs，CA. 2003.

[30] ACG Commissioning Guideline 2005.

[31] High performance building guideline, city of New York department of design and construction ，April 1999.

[32] Paul C. tseng. Building Commissioning：Benefits and Costs. HPAC Heating/Piping/Air Conditioning，April，1998.

[33] "ASHRAE Guideline 1. 1-2007 HVAC&R Technical Requirements for The Commissioning Process"；ASHRAE.

[34] NEBB. Procedrual standards for whole building systems commissioning of new construction. The 3rd Edition，2009.

[35] ACG Commissioning Guideline 2005

[36] ASHRAE. (2005). "ASHRAE Guideline 0-2005：The Commissioning Process. "

[37] 雒新峰. 供热通风与空调系统运行管理与维护[M]. 北京：化学工业出版社，2010.

[38] 李志生. 中央空调施工与调试[M]. 北京：机械工业出版社，2010.

[39] 陆耀庆. 实用供热空调设计手册[M]. 第二版. 北京：中国建筑工业出版社，2008.

[40] 秦继恒，安爱明. 空调水系统水力平衡调节[J]. 暖通空调，2012，9：100-104.

[41] 贺平，孙刚，王飞，吴华新. 供热工程[M]. 第四版. 北京：中国建筑工业出版社，2009.

[42] 姜子炎，韩福贵，王福林．二次泵系统中逆向混水现象的分析和解决方案[J]．暖通空调，2010，8：51-56.

[43] 彭梦珑，屈高林．变风量(VAV)空调系统的新风量控制问题[J]．建筑热能通风空调，2002，4：29-30.

[44] "十一五"十大重点节能工程实施意见

[45] GB 50189—2005．公共建筑节能设计标准[S]．中国建筑工业出版社，2005.4

[46] GB 50365—2005．空调通风运行管理规范[S]．中国建筑工业出版社，2005.11

[47] GB/T 17981—2007．空气调节系统及经济运行[S]．中国标准出版社，2008.6

[48] GB/ T 132341．节能量计算方法[S]．中国标准出版社，1994.6

[49] GB/T 13234—2009．企业节能量计算方法[S]．中国标准出版社，2009.

[50] GB /T 2588—2000．设备热效率计算通则[S]．中国标准出版社，2000.9

[51] GB-T 2589—2008．综合能耗计算通则[S]．中国标准出版社，2008.2

[52] GB/T 15316—2009．节能监测技术通则[S]．中国标准出版社，2009.3

[53] GB 6422— 86．企业能耗计量与测试导则[S]．中国标准出版社，1986.5

[54] GB 17167—2006．用能单位能源计量器具配备与管理通则[S]．中国标准出版社.2006.6

[55] GB/ T 17166—19971．企业能源审计技术通则[S]．中国标准出版社，1998.6

[56] JGJ 176—2009．公共建筑节能改造技术规程[S]．中国建筑工业出版社，2009.5

[57] 付小平，杨洪兴，安大伟．中央空调系统运行管理．北京：清华大学出版社，2008.

[58] 李先瑞．供热空调系统运行管理、节能、诊断技术指南．北京：中国电力出版社，2004.

[59] 薛志峰．既有建筑节能诊断与改造．北京：中国建筑工业出版社，2007.

[60] 夏云铧，袁银男．中央空调系统的应用与维修．北京：机械工业出版社，2009.

[61] 李金海．误差理论与测量不确定度评定[M]．北京：中国计量出版社，2003.

[62] 费业泰．误差理论与数据处理[M]．北京：机械工业出版社，2002.

[63] 金勇进，蒋研，李序颖．抽样技术[M]．北京：中国人民大学出版社，2002.

[64] 何晓群，刘文卿．应用回归分析[M]．北京：中国人民大学出版社，2002.

[65] NAVIDI W. 统计学：科学与工程应用[M]．杨文强，罗强，译．北京：清华大学出版社，2007.

[66] 龙惟定，马素贞．《节能改造综合评估方法研究报告》[R]．上海：同济大学，2008.10.

[67] 张翠珍，杨茉．能源审计中节能量计算方法探讨[J]．上海节能，2008(4)：47-50

[68] 姚立为．企业能源审计有关问题的探讨[J]．节能技术，2000，18(1)：25-27.

[69] 白尊亮，冯驯，梁辰，等．CUSUM 方法在企业能源审计中的应用[J]．节能技术，2009，27(2)：174-177.

[70] 方修睦．建筑环境测试技术(第二版)中国建筑工业出版社

[71] 倪育才．实用测量不确定度评定(第 3 版)中国计量出版社

[72] 李江全，刘恩博，胡蓉等 LabVIEW 虚拟仪器数据采集与串口通信测控应用实战人民邮电出版社，2010.

[73] 候国屏，王坤等 LabVIEW7.1 编程与虚拟仪器设计[M]．清华大学出版社，2005.

[74] 曹勇，于丹，刘加永．虚拟仪器在暖通与制冷检测领域的研究与应用[J]制冷空调与电力机械．2008 年 05 期

[75] 李正军．现场总线及其应用技术．北京：机械工业出版社，2011.